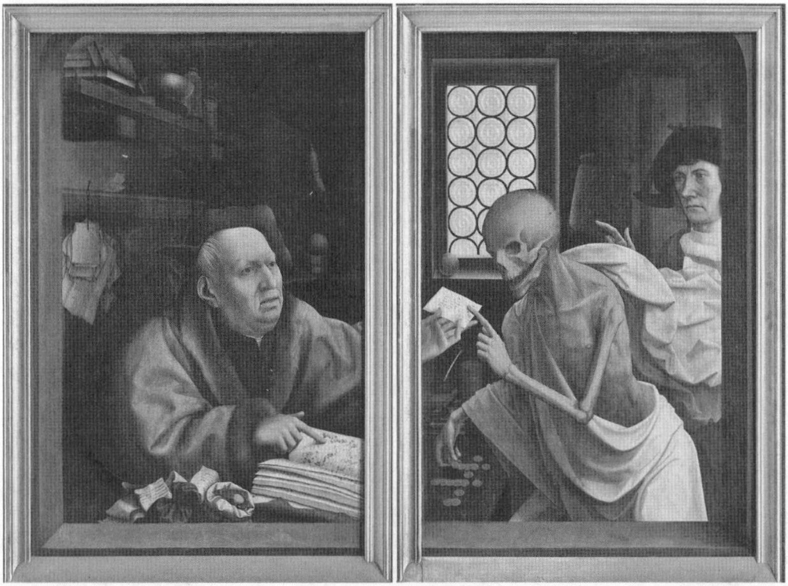

江・普羅沃斯特，〈死神與守財奴〉，十六世紀初期，比利時布魯日格羅寧格博物館。荷蘭及佛蘭德繪畫大師描繪了許多和會計有關的警世畫面，這些畫面一方面稱頌城邦人民在會計方面的本領；一方面也在警告：人類永遠也不可能徹底平衡其帳冊。人類必須對上帝當責，因為最後審判權永遠掌握在上帝手上。

漢德瑞克・特・布魯格漢，〈聖馬太蒙召喚〉，一六二一年，荷蘭烏得勒支中央博物館。會計師、銀行家和香水師的守護聖徒聖馬太傳遞的財務訊息彼此矛盾，讓基督教徒產生非常大的道德困惑。管理金錢與賺錢是否不道德？馬太堅稱為人應稱職且誠實地處理財富，但在此同時，他又主張財富是世俗且罪惡的，這個模稜兩可的道德觀點迄今仍困擾著我們。

漢斯・梅姆林，〈最後的審判〉，中聯，一四六七年至一四七一年，波蘭格但斯克波摩爾斯基博物館。這是梅迪奇銀行布魯日分行的主管托馬索・波爾蒂納里委託漢斯・梅姆林繪製的畫作。在這幅畫中，聖彌額爾總領天使手裡握著一個代表最後審判的天平，他利用它來衡量靈魂並決定誰要下地獄。一四七七年，波爾蒂納里因從事高風險的投資而毀掉梅迪奇銀行，頓時名利盡失，這可謂「生活模仿藝術」的另一個案例。

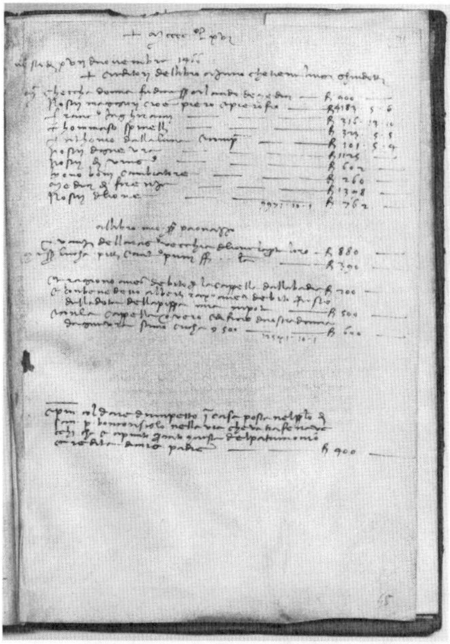

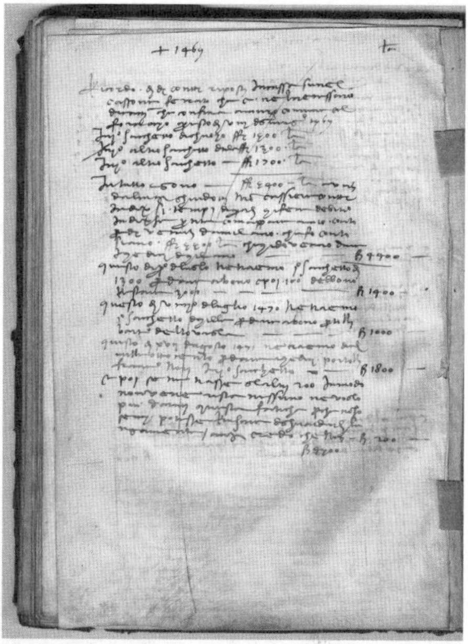

弗朗西斯科・薩塞提的「密帳」。這是梅迪奇銀行會計長弗朗西斯科・薩塞提的秘密會計帳冊裡的幾頁內容，從中可見到他身為會計師的失敗。在一四七〇年代初期這些帳目記錄完成時，薩塞提已經不怎麼關心他的查帳報告和分錄，而此時該銀行也瀕臨破產邊緣。

多明尼哥・吉爾蘭戴歐，〈羅馬教皇三世確認方濟會規則〉，一四八五年，薩塞提禮拜堂中殿的細節，義大利佛羅倫斯的聖塔特里尼塔。此時的薩塞提不再專注於紀律嚴謹的會計與銀行管理作業，而是把多數心力投注於贊助吉爾蘭戴歐在佛羅倫斯聖塔特里尼塔教堂興建的薩塞提禮拜堂，這是新柏拉圖主義者公民藝術中的巨作之一。這時的薩塞提不再自認是一個會計師，而是一名虔誠且有學養的顯貴人士，他要求吉爾蘭戴歐將他畫在他的雇主，也就是佛羅倫斯的統治者「偉大的」羅倫佐・德・梅迪奇身旁。

多明尼哥・吉爾蘭戴歐，〈弗朗西斯科・薩塞提與他兒子迪歐多羅〉，一四八八年，大都會藝術博物館。這幅畫作最值得一提的是，吉爾蘭戴歐並不是完全依照主角現場的模樣描摩這幅畫，因為在畫這幅畫像時，薩塞提已經啟程前往萊昂，為多家銀行的崩潰負起責任，而薩塞提希望把這幅畫當作給自己和兒子的紀念品。薩塞提曾是一個技藝高超且備受推崇的會計師，而他最後卻拖垮了梅迪奇銀行，並帶著破產的身分回到佛羅倫斯。

雅各普・迪・巴巴利，〈盧卡・帕喬利人像〉，一五〇〇年，義大利那不勒斯卡波迪蒙特美術館。這幅畫裡的主人翁帕喬利，是史上第一本複式分錄會計法教本的作者。帕喬利被奉為數學與會計學教師，所以在這幅畫上，他被畫在前方，他的學生兼贊助人吉多巴爾多・達・蒙泰費爾特羅，也就是烏爾比諾公爵則站在他後方。這幅畫可謂空前絕後，因為後來沒有任何會計師能在畫作上獲得如此優越（相對於貴族）的地位。

楊・哥薩爾特，〈商人的畫像〉，一五三〇年，華盛頓特區國家美術館。西元一五〇〇年代初期，安特衛普和它周遭的城鎮已成為世界貿易暨會計專業的中心。楊・哥薩爾特這幅著名的人畫像旨在歌頌成功的荷蘭商人楊・史諾克・雅各伯茲（Jan Snouck Jacobsz，一五一〇年至一五八五年）的財富，以及他用來累積財富的工具——會計。

昆丁・馬西斯，〈銀行家（或放款人）和他的妻子〉，一五一四年，法國巴黎羅浮宮。透過昆丁・馬西斯的畫作，我們可以研究當時的商人如何藉由善加管理金錢與慷慨對基督教奉獻，來度過虔誠的人生。注意，畫中的妻子手上拿著一本彩繪祈禱書，上面描繪了聖母瑪麗亞，另外，背景的層架上則擺放著帳目和匯票。

馬里納斯・凡・雷莫斯瓦勒，〈錢幣兌換商和他的妻子〉，一五三九年，西班牙馬德里普瑞多國家博物館。馬里納斯・凡・雷莫斯瓦勒在馬西斯完成〈銀行家（或放款人）和他的妻子〉畫作之後，另外繪製一幅不同版本的畫作，他將原畫的宗教層面寓意全數移除，以會計帳冊取代聖詩書，從而稱頌佛蘭德人的會計本領和優質管理人的美德。

昆丁・馬西斯，〈兩個錢幣兌換商〉，一五四九年，西班牙畢爾包藝術博物館。到了一五四〇年代，諸如昆丁・馬西斯和馬里納斯・凡・雷莫斯瓦勒等畫家，開始將會計描繪為一種可能隱含詐騙和不道德行為的財務活動。馬西斯和馬里納斯・凡・雷莫斯瓦勒都畫了許多版本的這類畫面：不值得信賴，且可能是猶太人的「貨幣兌換商」或「稅吏」。

馬里納斯・凡・雷莫斯瓦勒，〈兩個稅吏〉，一五四〇年，倫敦國家美術館。在這幅畫作中，稅吏正在記錄帳目，凡・雷莫斯瓦勒生動地描繪出會計師常用的工具：分類帳、匯票、封印和檔案盒。不過他也透過這項畫作，將財務管理、扭曲的人物和諷刺的頭飾聯結在一起，或許他是想要點出人類貪婪的傻念頭，以及期待擁有管理財富的能力的傲慢。這些畫作非但沒有歌頌會計作業和商業，反而是在警告世人，不要對人類的財務計算及管理工具太有信心，否則將可能有危險。

楊・德・貝恩，〈德・維特兄弟的屍體〉，一六七二年至一六七五年，荷蘭阿姆斯特丹國家博物館。儘管喬罕・德・維特擁有精煉的財務及會計技能，又致力於現代政治專業的模範-荷蘭共和政治模型；但在一六七二年，他和他哥哥柯爾尼利斯卻被重新掌握大權的奧蘭治親王處死。在這個親王的命令下，一個暴民將他們處以極刑，不僅取出他們的內臟，還把他們的手指和腳趾砍下，更吃掉他們的內臟。

威廉・賀加斯，〈結婚不久後〉，一七四三年，倫敦國家美術館。賀加斯這幅畫作生動地呈現出羅伯特・沃波爾時代的英國菁英分子對待會計的矛盾情節。畫中一個宿醉的子爵不知道是在妓院廝混一夜，或是剛和情婦狂歡一晚，回家後累癱在椅子裡，而他妻子在家舉行漫長的牌局宴會後，也才剛起床。他們的管家帶著嫌惡的表情走開，手上拿著收據，和他們完全不感興趣且明顯尚未經過結算的分類帳。

約書亞・瑋緻活與兒子們的公司，以深藍色碧玉製成的雅克・內克爾的大徽章，一七七〇年至一八〇〇年，紐約大都會藝術博物館。約書亞・瑋緻活精緻又寶貴的碧玉陶器製品之一，這個徽章是法國大臣兼《上呈國王的帳目報告》作者雅克・內克爾的半身像。雖然瑋緻活激進的異教徒朋友為了實現內克爾所信奉的政治理想而奮鬥，瑋緻活卻滿足於銷售政治人物的浮雕、獲取利潤及平衡自身帳冊的生活。

托馬斯・希奇，〈約翰・毛伯瑞與他的金錢代辦，包尼安〉，一七九〇年，英國圖書館。十八世紀中期，英國工業家和殖民主義者極端成功地利用會計賺到了前所未見的大量財富。由於他們對自己的財務管理技巧深具信心，故當時有一系列描繪英國重要商賈的畫像問世，圖畫上多半是描繪著主角微笑看待其會計帳冊的模樣。不過，世人對會計的這種愉悅信心隨著狄更斯時代（約一個世紀後）的來臨而降低。

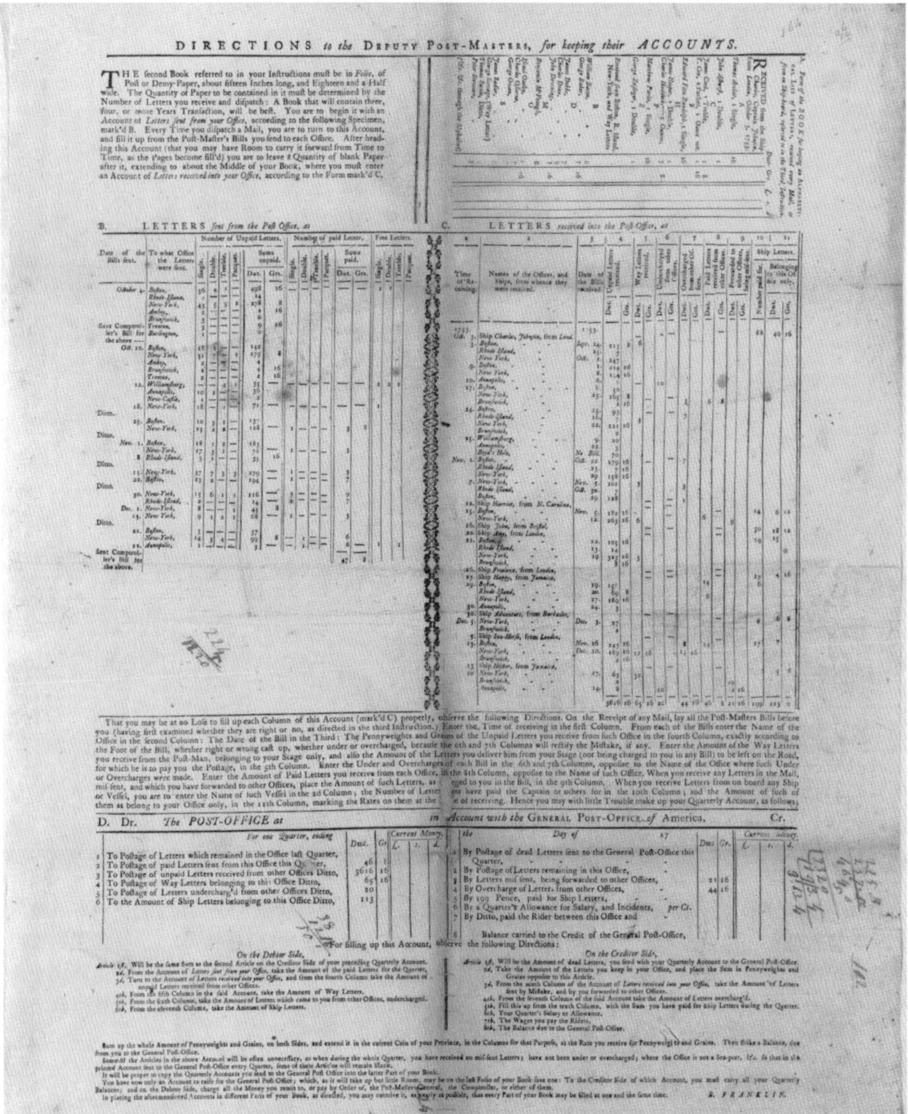


班傑明・富蘭克林，《郵政副總局長的記帳指示》，費城，一七五三年，賓州歷史協會。班傑明・富蘭克林醉心於會計作業。他記錄複式分錄帳冊，撰寫和會計有關的文章，甚至在分類帳帳冊的頁面上構思他的自傳要怎麼寫。擔任英國的美國殖民地郵政總局長時，他為每一個郵局辦公室製作了這一份大型海報。這份大型海報不僅解釋要如何記錄郵局的帳目，當中也包含了複式分錄會計法的迷你指導手冊。每個到郵局的人都能利用這份大型海報學習會計的基本原理，因為富蘭克林認為會計是日常生活中不可或缺的必要工具。

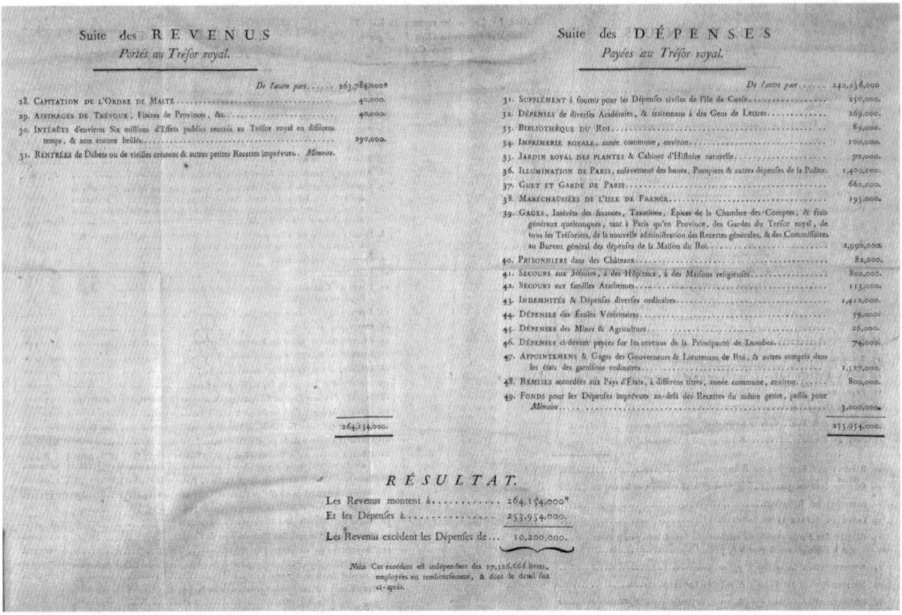

## Suite des REVENUS
*Portés au Tréſor royal.*

| | |
|---|---|
| *De l'autre part*...... | 263,784,000ʺ |
| 28. CAPITATION DE L'ORDRE DE MALTE............ | 40,000. |
| 29. AFFINAGES DE TRÉVOUX, Fiscres de Provinces, &c............ | 40,000. |
| 30. INTÉRÊTS d'environ Six millions d'Effets publics rentrés au Tréſor royal en différens temps, & non encore brûlés............ | 290,000. |
| 31. RENTRÉES de Débets ou de vieilles créances & autres petites Recettes imprévues.. | *Mémoire.* |
| | 264,154,000. |

## Suite des DÉPENSES
*Payées au Tréſor royal.*

| | |
|---|---|
| *De l'autre part*...... | 240,036,000 |
| 31. SUPPLÉMENT à fournir pour les Dépenſes civiles de l'île de Corſe............ | 250,000. |
| 32. DÉPENSES de diverſes Académies, & traitemens à des Gens de Lettres............ | 269,000. |
| 33. BIBLIOTHÈQUE DU ROI............ | 89,000. |
| 34. IMPRIMERIE ROYALE, année commune, environ............ | 100,000. |
| 35. JARDIN ROYAL DES PLANTES & Cabinet d'Hiſtoire naturelle............ | 72,000. |
| 36. ILLUMINATION DE PARIS, enlèvement des boues, Pompiers & autres dépenſes de la Police. | 1,400,000. |
| 37. GUET ET GARDE DE PARIS............ | 660,000. |
| 38. MARÉCHAUSSÉES DE L'ISLE DE FRANCE............ | 195,000. |
| 39. GAGES, Intérêts des finances, Taxations, Épices de la Chambre des Comptes, & frais généraux quelconques, tant à Paris qu'en Province, des Gardes du Tréſor royal, de tous les Tréſoriers, de la nouvelle adminiſtration des Recettes générales, & des Commiſſaires au Bureau général des dépenſes de la Maiſon du Roi............ | 2,990,000. |
| 40. PRISONNIERS dans des Châteaux............ | 82,000. |
| 41. SECOURS aux Jéſuites, à des Hôpitaux, à des Maiſons religieuſes............ | 800,000. |
| 42. SECOURS aux familles Acadiemes............ | 113,000. |
| 43. INDEMNITÉS & Dépenſes diverſes ordinaires............ | 1,412,000. |
| 44. DÉPENSES des Écoles Vétérinaires............ | 59,000. |
| 45. DÉPENSES des Mines & Agriculture............ | 26,000. |
| 46. DÉPENSES ci-devant payées ſur les revenus de la Principauté de Dombes............ | 74,000. |
| 47. APPOINTEMENS & Gages des Gouverneurs & Lieutenans de Roi, & autres compris dans les états des garniſons ordinaires............ | 1,527,000. |
| 48. REMISES accordées aux Pays d'États, à différens titres, année commune, environ...... | 800,000. |
| 49. FONDS pour les Dépenſes imprévues au-delà des Recettes du même genre, paſſés pour *Mémoire*............ | 3,000,000. |
| | 253,954,000. |

## *RÉSULTAT.*

| | |
|---|---|
| Les Revenus montent à............ | 264,154,000ʺ |
| Et les Dépenſes à............ | 253,954,000. |
| Les Revenus excèdent les Dépenſes de... | 10,200,000. |

*Nota.* Cet excédant eſt indépendant des 17,326,666 livres, employées en rembourſement, & dont le détail ſuit ci-après.

雅克・內克爾，《上呈國王的帳目報告》，巴黎，一七八一年，普林斯頓大學罕見書籍與特殊收藏部門，罕見書籍區。法國路易十六的財務總監雅克・內克爾在極具革命性且暢銷的《上呈國王的帳目報告》中的最後結算結果。史上首度有政治人物利用盈餘聲明來宣示他的政治勝利，以這個例子來說，相關的盈餘數字是一千零二十萬里弗爾。內克爾開創一個利用大（但不精確）數字來進行政治宣傳的傳統，雖然這是非常陳腐的傳統，但迄今仍有很多人使用。

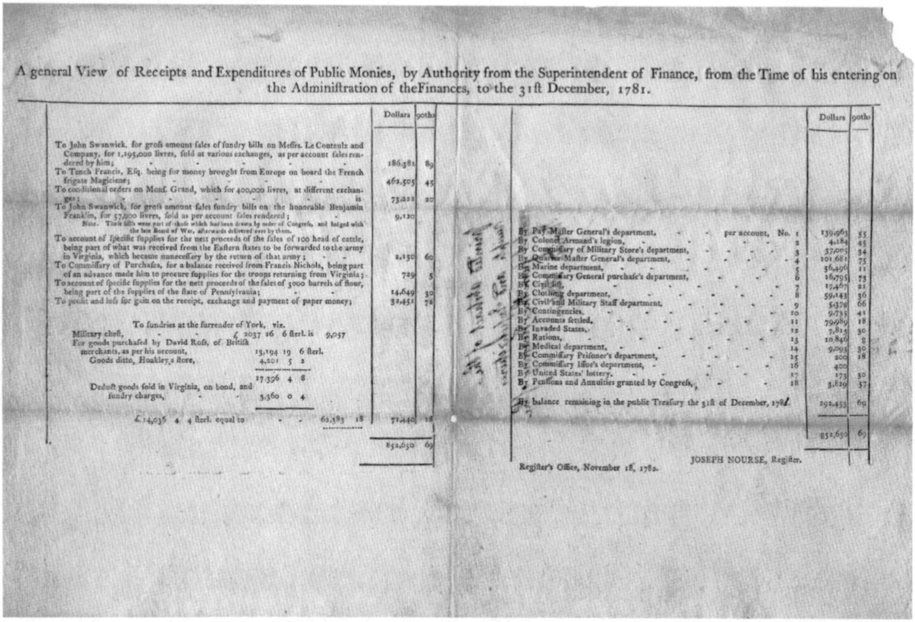

A general View of Receipts and Expenditures of Public Monies, by Authority from the Superintendent of Finance, from the Time of his entering on the Administration of the Finances, to the 31st December, 1781.

| | Dollars | 90ths |
|---|---|---|
| To John Swanwick, for gross amount sales of sundry bills on Messrs. Le Couteulx and Company, for 1,195,000 livres, sold at various exchanges, as per account sales rendered by him; | 186,381 | 89 |
| To Tench Francis, Esq. being for money brought from Europe on board the French frigate Magiciene; | 462,505 | 45 |
| To conditional orders on Monsr. Grand, which for 400,000 livres, at different exchanges; is | 73,222 | 20 |
| To John Swanwick, for gross amount sales sundry bills on the honorable Benjamin Franklin, for 57,000 livres, sold as per account sales rendered; | 9,120 | |
| Note. These bills were part of those which had been drawn by order of Congress, and lodged with the late Board of War, afterwards delivered over by them. | | |
| To account of specific supplies for the nett proceeds of the sales of 100 head of cattle, being part of what was received from the Eastern states to be forwarded to the army in Virginia, which became unnecessary by the return of that army; | 2,150 | 60 |
| To Commissary of Purchases, for a balance received from Francis Nichols, being part of an advance made him to procure supplies for the troops returning from Virginia; | 729 | 5 |
| To account of specific supplies for the nett proceeds of the sales of 3000 barrels of flour, being part of the supplies of the state of Pennsylvania; | 14,649 | 30 |
| To profit and loss for gain on the receipt, exchange and payment of paper money; | 32,451 | 72 |
| To sundries at the surrender of York, viz. | | |
| Military chest, £ 2037 16 6 sterl. is 9,057 | | |
| For goods purchased by David Ross, of British merchants, as per his account, 13,194 19 6 sterl. | | |
| Goods ditto, Hoakley's store, 4,201 5 2 | | |
| 17,396 4 8 | | |
| Deduct goods sold in Virginia, on bond, and sundry charges, 3,360 0 4 | | |
| £ 14,036 4 4 sterl. equal to 62,383 18 | 71,440 | 18 |
| | 852,650 | 69 |

| | No. | Dollars | 90ths |
|---|---|---|---|
| By Pay-Master General's department, per account, | 1 | 139,963 | 55 |
| By Colonel Armand's legion, | 2 | 4,184 | 45 |
| By Commissary of Military Store's department, | 3 | 37,005 | 54 |
| By Quarter-Master General's department, | 4 | 101,681 | 75 |
| By Marine department, | 5 | 56,496 | 11 |
| By Commissary General purchase's department, | 6 | 16,795 | 73 |
| By Civil list, | 7 | 17,467 | 21 |
| By Clothing department, | 8 | 59,143 | 36 |
| By Civil and Military Staff department, | 9 | 5,378 | 66 |
| By Contingencies, | 10 | 9,735 | 41 |
| By Accounts settled, | 11 | 79,989 | 18 |
| By Invaded States, | 12 | 7,815 | 30 |
| By Rations, | 13 | 10,846 | 8 |
| By Medical department, | 14 | 9,093 | 30 |
| By Commissary Prisoner's department, | 15 | 200 | 18 |
| By Commissary Issue's department, | 16 | 400 | |
| By United States' lottery, | 17 | 173 | 30 |
| By Pensions and Annuities granted by Congress, | 18 | 3,829 | 57 |
| By balance remaining in the public Treasury the 31st of December, 1781. | | 292,453 | 69 |
| | | 852,650 | 69 |

Register's Office, November 18, 1782.

JOSEPH NOURSE, Register.

美國財政部登記簿，《公共資金收入暨支出概觀，由財政監督人授權，從他接掌財政事務起，至一七八一年十二月三十一日止》（費城，一七八二年），一七八二年共和國財政部迪金森60.2，費城圖書館公司。受內克爾的《上呈國王的帳目報告》啟發，美國財政監督人羅伯・莫里斯也發表他自己為美國政府製作的國家帳目抄本。自此以後，透明的會計作業成為美國開國元勳最重視的要務，而透明會計作業的訴求也被奉為「神主牌」，納入憲法第一條第九項。

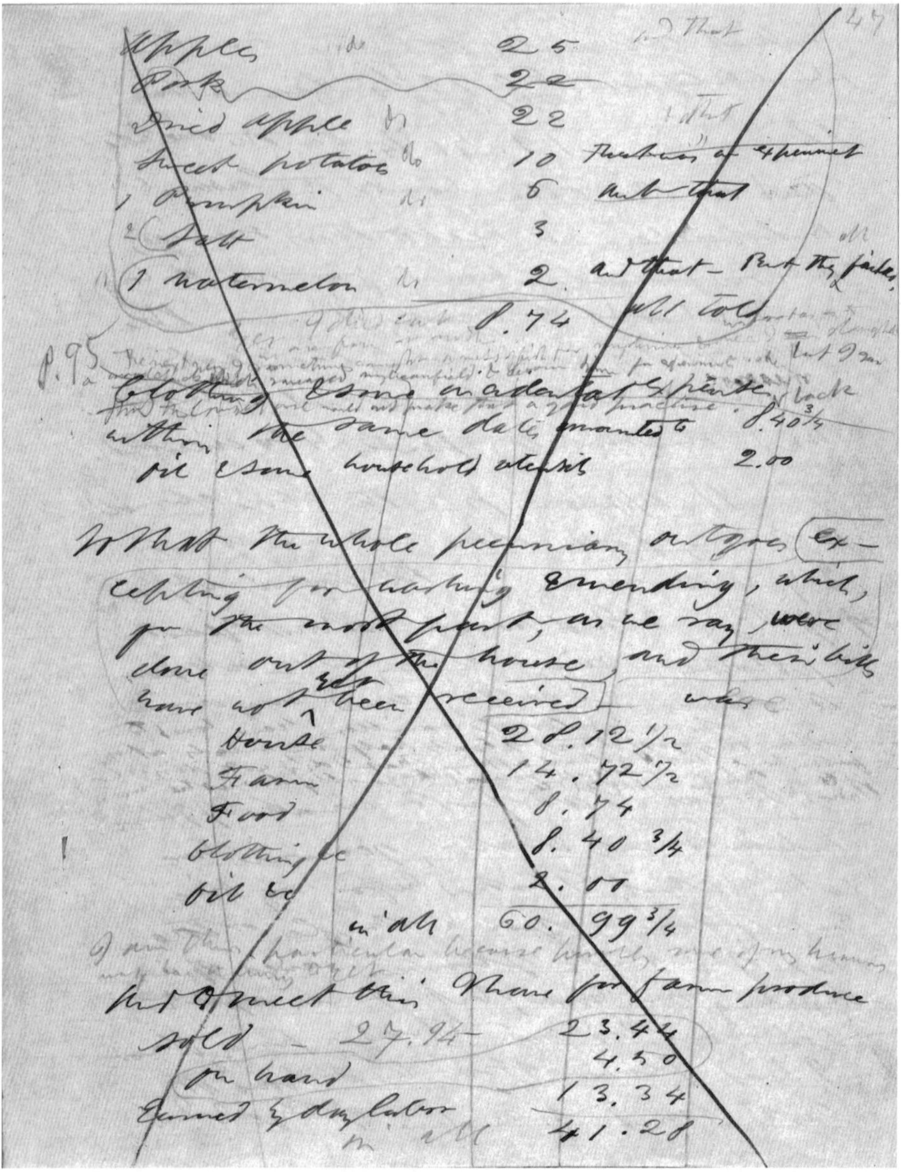
Apples 25
Pork 22
Dried apple 22
Sweet potatoes 10
1 Pumpkin 6
Salt 3
1 watermelon 2
8.74
Clothing & some incidentals within the same dates amounted to 8.40¾
oil & some household utensils 2.00
So that the whole pecuniary outgoes excepting for washing & mending, which, for the most part, as we say, were done out of the house and their bills have not been received — were
House 28.12½
Farm 14.72½
Food 8.74
Clothing &c 8.40¾
Oil &c 2.00
in all 60.99¾
And to meet this I have for farm produce sold 23.44
on hand 4.50
Earned by day labor 13.34
in all 41.28

亨利・大衛・梭羅，《湖濱散記》中所使用的帳目，一八四六年至一八四七年，亨庭頓，MS 924，第一卷，第五十九頁，影像來源：加州聖馬利奧亨庭頓圖書館。身為美國先驗論者的領袖之一，亨利・大衛・梭羅希望能藉由拒絕物質商品來回歸自然以及純淨的精神狀態。這幾頁罕見的資料是他的經典著作《湖濱散記》的工作附註，透過這些資料可發現，他將會計原則顛倒過來應用，以回推的方式計算帳目，試圖釐清生存所需的最低需求。

# 大查帳

THE

# RECKONING

*Financial Accountability and the Rise and Fall of Nations*

掌握帳簿就是掌握權力，會計制度與國家興衰的故事

雅各·索爾 JACOB SOLL ——著 陳儀——譯

謹將本書獻給瑪格麗特・雅各（Margaret Jacob）

# 目錄

PRAISE

# 各界好評

《大查帳》是一本美妙、有趣但威力十足的故事書，它訴說的主題一般人可能難以置信——會計決定了一個社會及一個組織的興衰存亡。但在經過二十幾年來觀察、研究、諮詢當代的商業活動之後，我對此主題深信不疑，因為誠信與當責，雖然極端重要但太過於抽象隱晦，只有透過一筆筆真實可靠的交易記錄、一份份坦誠溝通的財務報表、一次次深刻反省的查核檢討，方足以真正實踐誠信與當責。《大查帳》為讀者提供了一次悠遊西方會計發展歷程與經濟榮枯的精彩導覽。

——劉順仁，台灣大學會計系教授，《財報就像一本故事書》作者

很多人早就知道或至少懷疑合格公眾會計師（CPA）是這個世界的真正統治者。本

書證實了這一點。《大查帳》是一部述說權力、王國及文化變遷的傳奇故事，它讓我們認識了從羅馬帝國到鍍金年代，主導權力、王國及文化的「半」藏鏡人。

——詹姆斯・高伯瑞（James K. Galbraith），《常態的終點》作者

從事會計師行業二十多年，對於會計與財務當責的關係，甚至對政治及文化的影響，以往只是模模糊糊的悟到，從沒想的這般清楚。雅各・索爾以獨到的見解，透過一個個發生在不同時代、不同國家的歷史故事，明明白白的告訴讀者，會計如何決定一個社會國家的興盛與衰敗。《大查帳》是一本會計人一定要閱讀的書，對於「會計」應該會有一番新的體認。即使不是會計人，相信也可以從《大查帳》這本經濟與政治史傑作，獲得很大的趣味及知識。

——周建宏，資誠聯合會計師事務所執行長

會計不端行為誘發了歷史上幾個最大的騙局。雅各・索爾的《大查帳》一書以說服力十足的論點，強調清晰會計準則與全球化管理監督在歷史及人文意義上的重要性，內容引人入勝。願意以戒慎恐懼的心態閱讀這本重要著作的政治人物及商界人士，皆將獲益良多。

——亞瑟・列維特（Arthur Levvit），美國證券交易委員會前主席

GUIDE READING

# 導讀　大小之間

政治大學會計學系教授　馬秀如

《大查帳》的英文原著主標題為The Reckoning，本單純為計算之意，副標則為Financial Accountability（財務當責）與Rise and Fall of Nations（國家的興衰）。以「大」為名的書，有《大趨勢》（*Megatrends*）、《大數據》（*Big Data*）、《大發現：一場以科學來型塑世界的旅程》（*To Explain The World*）等；以「大」為名的電影，有《大賣空》（*The Big Short*）、《大騙局》（*Deception Point*）、《大藝術家》（*The Artist*）；知名的法國大革命亦稱大。這些中文稱「大」的名詞，其原文可能有「大」，可能沒有，但在中文，都冠以「大」之名。稱一七八九年的法國革命為大革命，或描述少數集睿智與勇氣於一身的人與市場對作的賣空行為，指二〇〇八年的金融海嘯為大，強調其規模、影響之驚人，大概沒人會質疑；但本書的原文書名沒有「大」，只有計算，而會計的計算好像只動用「加減乘除」，且大部分只有「加減乘」，「除」僅在計算折舊時才會用到。這麼簡單的事，在命名時加入「大」字，是否誇大？或自抬身價呢？

我倒認為這樣命名沒有小題大做，也非自抬身價，因為「計算」一事的影響真的很大！我們可能沒有仔細想過計算的影響有多大，待本書舉出一個又一個西方世界的例子，說明一個國家到底是興還是衰，都由主事者對計算的態度，以及計算的品質來決定時，便再也不能說它不大。更何況本書指出興衰有別的國家，不只一個，是nations，至少有法、義、英、荷、西、奧、葡、日耳曼、瑞典以及美國等，長長一串。既然有那麼多個國家，那麼中文書名中的「大」就一點也沒誇口。

本書講的是歷史故事，大部分是描述古時人物的行為，分析他們會（能）如此做的原因，以及做了這些行為以後的後果，但也觸及不久前的過去——二〇〇八年席捲全球的金融海嘯。這場金融海嘯之所以會出現，與過去一樣，都是因為部分人的貪婪、不好好計算、不好好揭露的結果。他們先是計算錯誤，之後又掩蓋正確計算的結果，把財務當責置之腦後，盡情誤導，終至一發不可收拾。本書回顧西方世界過去七百多年來財務當責的歷史，讓讀者清楚見到財務資訊的品質與政治當責效率的關聯，並進而決定國家興衰的事實。

書名中除了計算（reckon），尚有當責（accountability）一詞。有時當責會遭人誤解為「應當去責備某人」、「苛責某人」之意，然而它講的其實是一個人要負起對別人的責任，如不負責，他人會要求你負責。這個詞來自「held someone『accountable』for something」中的「accountable」；而Ac**count**ability中，有數數（count）的動作，表示要某人對某件事負責，必須先把他該負責的帳算清楚。西元前一七七二年巴比倫的漢摩拉比法典規定「以牙還牙、以眼還眼」，也暗示了計算，要先算清楚眼是多少、牙是多少，然後才知要還多少。演變至今，這個從襁褓中的嬰兒就開始學的數數動作，便形成會計（accounting）這個技術或學科的核心。

數數、會計的觀念，早在漢摩拉比法典的時代即已用到，但究竟什麼是會計呢？老闆常說「找會計去要錢」，很少人會質疑這句話的正確性。若照此推論，管錢的人就是會計，那麼出納又是什麼角色？難道出納就是會計？

所謂會計，其實是一連串過程的總稱。整串過程從一筆筆交易發生後逐步進行，先衡量每筆交易的經濟後果（也稱財務影響），例如這個月的電費究竟付出多少錢等；衡量完經濟後果，便要記錄、分類、彙總這些經濟後果，並編成財務報表，再交給讀者使用，實踐財務當責。

某一筆交易金額可能小，看似不起眼，但一家公司、一個國家不是只做一筆交易，而是同時進行很多筆交易，會計便是要與每一筆交易打交道。這項工作看起來卑微、繁瑣、微不足道，但很多筆交易累積起來，滴水穿石，就不是小事。如果誠實、透明對待每筆小事，便可取得他人的信任，把公司、國家導向興盛；但若不誠實、不透明，早晚會被懷疑、看穿，喪失他人的信任，公司、國家便會走向衰敗。沒有小，哪來大！大小之間，興或衰的大後果，就是植基於這一筆筆小交易的苦功，沒有前面一筆筆小基礎所賺到的信任，後面哪來輝煌快樂的興盛；或者，另一方向，黯淡悲慘的衰敗！

本書談的是西方世界的經濟制度，而中華民族也有自己的經濟制度，與西方世界略有不同。在中世紀以前，歐洲流行自然經濟，封建領主的莊園自給自足，對商品交易的興趣不高，很少與外界在經濟上發生關係，所以看不見什麼創新的宏觀經濟制度；但相反地，中國社會早在西元前七世紀有文字記載的時代，就是一個語言相通、貿易自由的統一市場，物產商品化的比率甚高，商人階層頗為活躍。中國社會所採行的經濟制度，很早就符合經濟原則，其經濟活耀的程度，讓一些經濟史學家認為在中國歷史上，只出現過政治性的封建制度，未出現過經濟性的封建制度。

自殷商以來，中國的統治者就強調社會分工的專業化，並採取多種措施讓社會的基本型態朝商品經濟的方向邁進。《周禮》一書中記載周朝國家管理市場的制度，由「司市」負責管理市場，其下設有「載師」、「閭師」、「胥師」、「賈師」、「司虣」、「司稽」、「質人」、「廛人」等職位，分別掌管土地的出租、市場貨物的出入、貨物真偽的辨別、物價的管理、市場秩序的維持、服飾和物品規格的檢查、成交書契的驗證以及稅收和罰款的收繳。當時職務分工之細膩，顯示商業活動之興盛。

來到兩千多年前的春秋戰國時期，諸國征戰，最重要的資源是人：賦稅、夫役、兵丁，無一不出於人。當然商鞅主持秦國政務時深知此事，率先建立戶口登記制度，使秦國的稅收能力與全民動員能力大增，在爭霸戰中勝出，統一諸國，建立秦王朝。

秦末，劉邦的軍隊攻入咸陽，別的將領忙著搶金銀、美女，蕭何卻只取秦王朝的戶籍檔案資料，以供漢王朝使用。劉邦後來之所以能知天下戶口多少、強弱之所在、人民之疾苦，就靠蕭何拿到的這些資料，資訊的價值由此可見一斑。

漢代續採秦制，年年於仲秋時更新人口相關資訊：每個縣衙都須進行「案比」，要求該縣居民要向戶主如實報告家庭成員的個人資料（姓名、性別、年齡、身份、籍貫），以及財產的數目，並接受官府驗查。縣衙在更新逐筆戶籍資料後，便要造冊，上報郡；郡彙總所轄各縣的資料後，便須上報中央政府。中央則設「計相」與「戶曹」等官職來管轄全國戶籍，管轄的方式是由小到大，層級分明。若沒有一筆筆各戶的戶籍，就沒有全國的人口統計，大處著眼，小處著手，先宏觀規劃，後微觀執行，彙總微觀執行的結果，得宏觀的彙總數據，作為下次宏觀規劃的依據，道理仍是沒有小，哪有大！這個從小到大的過程，絕對無法省略。

中國的城市發展，在漫長的興盛期後轉入漫長的衰敗期，轉折點發生在中世紀；同時，歐洲卻重新開始城市化，商業文明大步邁前，而本書很大的篇幅就是在介紹西方於中世紀發生的事。阿拉伯人將印度人發明的數字傳入歐洲，取代羅馬數字；北義大利商業興起，義大利人為了配合管理的需要，一方面創造新的組織型態，一方面基於過去已有的單式簿記法，發展出複式（double-entry）簿記法，著眼於一件事的二個不同層面，每件事都記二次，第一次叫「借」，第二次叫「貸」；碰上印刷術的發明，新的記帳方法廣傳各地。透過企業和政府組織的運作，複式簿記法下的會計資訊，成為資本家和政治家用以獲取利潤的工具；國家、企業一旦開始運作，產生會計與審計事務，數字、道德和政治就再也難以切割。縱使每個時代都有不道德的取巧之人，總是能利用自己所掌握的機會，找到得手的辦法，侵占公物、假造帳冊；不過睿智的政治家或商業對手也總能找到相對應的手段。

東方的明太祖朱元璋在當皇帝前，想知道手中掌握多少馬匹，就用地方方言下條子：「教總兵官將各營內新舊見在馬疋數目報來，毋得隱瞞，就叫小先鋒將手抹來回話。」這張手諭保留到今天，該手諭中的「見在」是現在，「馬疋」是馬匹，條子強調資訊的內容須正確完整，不得隱瞞、不實，也強調資訊須具比較性，新舊都要，還要求回饋資訊的速度須及時，且及時到緊急的程度：「叫小先鋒立時面送」。

清朝雍正帝的要求，則不僅是光擁有資訊而已，他還使用資訊，利用資訊做出決策，採取一些令後世子孫不得不驚嘆的行動。有一位名叫布蘭泰的人，於雍正初年在山東任布政使，到雍正三年十一月被調湖南任巡撫，於是攜山東任內的庫存現銀七千五百餘兩上路，充作差旅盤纏及新職的公私日費，七個月耗盡七千五百兩，乃用借條向下屬藩庫預支二千兩。雍正透過政府會計資訊知悉布蘭泰之借支行為後，出面追討。同年十一月底，布蘭泰向雍正表示自己要還錢，至於還錢的方法則是賣屋賣地。布蘭泰上奏明說：「臣於京城內有住房一所，原價銀三千三百兩，有地一處原價銀五百五十兩，臣已令姪孫善住作速轉售，俟田房賣出，即將所借銀二千兩交還湖南藩庫，以清錢項。」然而這奏摺上卻沒明說償還欠款的明確日期。

雍正看到此簽呈，硃筆一揮，長篇大論：「可笑之極。大凡過猶不及，從未聞督撫賣房售地做官之理。聖人云：『雖小道必有可觀，至遠恐泥。』正為此等事也。將房地用完時又如何措置？況直省督撫皆奏朕，有一萬兩養廉金犒賞之需。今覽你此奏，朕實無一些嘉獎處，但朕知你居心操守，所以信你此奏；而未免哂你扁淺不通，氣度窄狹也。教朕如何批諭令你要錢也！」，以「可笑之極」四字作為對布蘭泰行為之評論，具體落實財務當責，要布蘭泰對自己的借支行為負責。

唯有資訊透明，財務當責才有可能，也才有可能吏治清、國力強。然而如無雍正的勵精圖治，乾隆即使有擴張版圖的雄心，也不可能有足夠的財力來落實，資訊透明的價值，不可小覷。衡量治理（governance）是否良好（good）的八項標準中，當責及透明占二項；OECD的公司治理六個原則中，透明及董事會（Board）承擔其責亦占二項。唯有當資訊透明時，才可能要求應負責的人擔負起自己的責任；當應負責的人已盡其責時，大眾的信任才能建立，讓看不見的手順利運作，資本主義的效率順利發揮，促使社會呈現正面、有活力的狀態，眾志成城，企業及國家才會興旺。

人類進入民主時代，自由活動的範圍變大、交往頻繁，戶口管理的功能改變，從限制，甚至鎮壓，改成為協調、服務，但對資料可靠的要求卻不會改變。進入資訊時代後，資訊之可取得性和及時性均可提升，但其對可靠的要求不會稍減。本書作者先讓讀者了解財務當責的重要，再詢問讀者一個問題：既然國家衰敗的案例這麼常見，為何財務當責只是理想，難以實現？明述資訊之公開與可靠，仍是尚未達到的目標。

一個人要做到資訊透明，須從一筆筆的交易開始著手，作成清楚的文書記錄，而不是只記在自己的腦子裡，文書記錄上的一筆筆小金額可隨時查對，是對自己及家戶善盡財務當責的表現。儒家經典《大學》從一個人的修身談起，進一步到齊家、治國，最後平天下，強調當責須從小個人開始，擴及至家戶，逐步發展到大國家。二〇〇八年金融海嘯的慘況，就是國家治理失敗的後果，若沒有一家家公司的不誠實，哪有國家（複數）等級的金融海嘯的發生！沒有小，哪有大！

INTRO.

# 引言

二〇〇八年九月，就在我即將完成一本和法國國王路易十四（Louis XIV）大名鼎鼎的財政大臣讓—巴普蒂斯特・柯爾貝爾（Jean-Baptiste Colbert）有關的書時，發現了一件很了不起的東西：路易十四的黃金手抄本會計帳冊——柯爾貝爾命人製作了一些可讓太陽王隨身攜帶在外套口袋的小型黃金手抄本會計帳冊。從一六六一年起，路易十四每隔兩年都會收到一份記錄他的支出、收入及資產的新帳目。在各國歷代的君王中，他是第一個擁有如此尊榮地位而又對會計那麼感興趣的人。所以，看起來這似乎是現代政治與財政當責的起點：一個國王為了隨時隨地能推算其王國的財務狀況而隨身攜帶他的帳目。

不過，令我同樣驚訝的是，這個實驗超級短命，沒多久就落幕了。一六八三年，柯爾貝爾一過世，向來喜歡發動昂貴戰爭又愛好奢華宮殿（如凡爾賽宮）的路易十四，馬上就放棄這個隨時關心帳務的習慣，因為在此時的路易眼中，那些會計帳冊已不再是有助於他成功治理國家的工具，而是彰顯他是一個失敗的國王的證據，因為長年的征戰與奢華的生活，導致他身陷赤字的泥淖，這些帳冊只會讓他入不敷出的問題更顯得無所遁形。儘管早年路易十四一手打造了一套會計與財政當責制度，但此刻的他卻開始摧毀這個王國的中央行政管理體制。他的半途而廢導致柯爾貝爾一手規劃的模式徹底遭到破壞，從此以後，每個部會的帳冊不再統一，清晰的中央登記簿也不復存在，當然，各部會也因此無從針對國王的財政管理提出有效的批評，甚至完全無法了解整個王國的財政狀況。如果優良的會計方法能有效敦促主其事者在財務狀態不佳時誠實面對真相，此時的路易十四似乎寧可漠視這個優良的辦法。從他的名句「朕即國家，國家即朕」便可見他不是隨便說說的。自此「國家正常運作」的訴求再也無法凌駕他的個人意志。直到一七一五年，臨終前的路易才終於承認，他的揮霍無度實質上已讓法國破產。

玩味著太陽王的黃金筆記本，我深深感覺到它絕對不只是某種古代遺跡，更是一個意義深遠的寓言故事。事實上，路易十四盛極而衰的故事看來似曾相識，因為就在二〇〇八年九月的那個星期，一個相似到驚人的狀況發生了：在雷曼兄弟銀行（Lehman Brothers Bank）倒閉事件的醞釀過程中，也出現了相當雷同的情節。曾幾何時，一度被視為美國與世界資本主義不朽企業的雷曼兄弟，幾乎在瞬間變成一座海市蜃樓。一如藉由扼殺政府優良會計制度以獨攬大權的路易十四，美國的投資銀行從業人員也藉由假造帳冊〔透過交易估值過高的次級房貸和信用違約交換（credit default swap）〕，賺走了數不清的財富，儘管他們任職的企業因此而被摧毀。會計師和監理機關向來假設這個金融體系是健全的，但直到這一刻，世人才終於發現它的設計一開始就隱含機能上的缺陷。

如果路易十四寧可假裝不知帳務狀況，那麼華爾街及其監理單位似乎也是刻意漠視當時正威脅著整個金融體系的腐敗現象。紐約聯邦準備銀行（New York Federal Reserve）董事長提摩西・蓋特納（Timothy Geithner）理當至少擁有相當專業的金融市場知識，但他似乎也不知道（或不完全知道）距離他辦公室幾個街區外的雷曼兄弟究竟在搞些什麼名堂。證券暨交易委員會（Securities and Exchange Commission，簡稱SEC）的責任是要強制企業落實良善的會計作業，但它似乎也和蓋特納一樣，沒有察覺到雷曼兄弟的問題。四大會計公司——德勤（Deloitte）、安永（Ernst & Young）、安侯建業（KPMG）與資誠聯合（PricewaterhouseCoopers）——也不例外。看起來，似乎沒有人認真查核過這家銀行的帳冊，因為他們都沒有注意到雷曼兄弟竟為了掩飾無力償債的問題，而利用會計舞弊手段來竄改公司帳目。[1]

就在二〇〇八年九月雷曼兄弟破產後不久，另一家美國投資銀行也開始搖搖欲墜，全世界的金融體系瞬間危如累卵。那年十月，小布希政府為挽救金融體系而緊急介入紓困各銀行——國會通過問題資產紓困計畫（Troubled Asset Relief Program，簡稱TARP），為問題銀行提供大量資金，這個作法等於是為美國的資本主義經濟體系裝上了由政府提供的維生系統。二〇〇九年歐巴馬總統上任後，隨即任命蓋特納擔任財政部長。但儘管歐巴馬宣稱要打造一個全新的當責時代，整個華爾街卻還是瀰漫著一種若無其事的氣氛，因為政府高達三千五百億美元的美國銀行業資本重整計畫，適時且有效地化解了一度危及世界經濟的金融混亂，加上這是一次無條件的政府金援，因此事後也沒有任何查帳人員試著查核所有接受紓困的銀行怎麼花那些錢。總之，美國經濟跌了一大跤，但銀行業者卻像沒事人般，至少逃過被懲罰的命運。

因惡性簿記作業而遭受金融危機威脅的不只是銀行業，六年後，美國、歐洲國家和中國等主要國家先後面臨了更大規模的潛在會計與當責危機。從各地不透明的銀行，到希臘、葡萄牙、西班牙與義大利的主權債務，乃至世界各地的地方政府融資活動，每個債務實體的資產負債表、負債水準及退休負債報告，看起來都大有問題。民間查帳機構和公共監理機關的步調也永遠慢半拍。舉個例子，正當我們最需要謹慎的查核報告來評估資產負債表的同時，美國證交會卻還是因為資金嚴重不足，做起事來綁手綁腳，另外，政府的監理法規也導致四大會計公司積極查核企業帳冊的能力遭到箝制。

無論是民間或官方，鮮少人站出來呼籲重視財務當責文化薄弱的危險。雖然一方面有人抱怨銀行業完全沒受到懲罰；另一方面，卻也有人對政府擺明了干預華爾街的自由而表示某種憤慨。但無論如何，這段時間幾乎沒有人嚴肅討論什麼是財務當責、它要如何運作、它的來源，以及為何現代社會的政府與國民，似乎都無法或不願意要求企業或要求自己當責，結果導致社會經常性地發生財務當責乃至政治當責危機。

《大查帳》一書就是要填補這個缺口。本書回顧過去七百年的時光，追溯財務當責的歷史，期盼能了解為何人類總是那麼難以實現理想中的財務當責。會計是建構商業、國家與王國的基礎之一，它能幫助領導人打造政策，還能幫助領導人衡量他們的權力。然而，若會計作業不當或重要性遭到忽視，反而會讓人陷入毀滅的循環，一如二〇〇八年金融危機清楚呈現在我們眼前的慘況。從文藝復興時期的義大利、西班牙王國與路易十四統治下的法國，再到荷蘭共和國、不列顛王國和早期的美國，便可清楚見到一個不變的事實：會計與政治當責的效率，決定了一個社會的興盛和衰敗。優良的會計作業能衍生一種必要程度的信賴感，協助建構穩定的政府與活力的資本主義社會；相反地，低劣的會計作業與隨之而來的逃避當責，則會引發金融混亂、經濟犯罪、人民暴動或更糟的結果，古今中外這樣的例子屢見不鮮——不管是在我們這個動輒發生數兆美元債務與巨大金融醜聞的時代，或是梅迪奇家族（Medici）主導下的佛羅倫斯、荷蘭的黃金時代以及不列顛王國的全盛時期，乃至一九二九年的華爾街等，無一例外。自古以來，似乎只有在財務當責維持正常功能時，資本主義與政府才得以興盛繁榮並幸免於大型危機的傷害，可惜它正常運作的時間總是相對短暫。早在接近一千年前，世人就已懂得如何維持良好的會計作業，但如今很多金融機構與政權卻選擇不善加維護此一作業。歷史上曾經繁華的成功社會，不僅是因為擁有豐富的會計與商業文化才興盛，更因為它們努力設法打造一個健全的道德與文化基礎架構，來處理人類在會計事務上常見的忽略、歪曲與失敗。本書就是要檢視為何世人總是無法記取那樣一個簡單至極的教誨。

歷史上第一批成功的資本主義社會，發展出成熟的會計系統以及和這個系統互相呼應的財政及政治當責。一三四〇年時，熱那亞共和國（Republic of Genoa）的中央政府辦公室就記錄了一套大型登記簿。它透過複式分錄簿記法（double-entry bookkeeping，以下簡稱複式簿記法），詳盡記錄了整個城邦的財務。會計讓人得以用一種徹底不同的方式來思考政治的正統性：擁有平衡帳冊的企業才是好企業，不僅如此，擁有平衡帳冊的政府才是好政府。身為海洋共和國的熱那亞，無時無刻都能掌握它的財務狀況，甚至能針對未來的困難擬訂計畫。可以想見，熱那亞人、威尼斯人、佛羅倫斯人和其他商人共和城邦（至少它們的執政階層）都能做到一定程度的當責。我們甚至可以將這個模式想像為現代政府的源頭：半理性（semirational）、井然有序且大致上勇於當責，儘管它聽起來有點理想化。[2]

雖然這些政府都很成功，但事實證明，要長期維持一個當責的社會與政府，卻是知易行難。十六世紀時，由於義大利各共和城邦趨於衰敗，大君主國逐漸興起，世人對會計事務的興趣也日益消退。儘管此時的商人對複式分錄會計作業實務已越來越熟稔，但除了瑞士和荷蘭（這兩國是在君主國林立下僅存的共和主義堡壘），其他國家並未將會計視為一種政治管理工具。持平而言，在一四八〇年至一七〇〇年文藝復興鼎盛時期與隨之興起的科學革命中，各國的國王確實多少曾投注一點心思在會計事務上。例如英格蘭的愛德華七世（Edward Ⅶ）、西班牙的腓力二世（Philip Ⅱ）、奧地利女皇伊莉莎白一世（Elizabeth Ⅰ）、路易十四，以及日耳曼、瑞典及葡萄牙等國的國王，都曾培養檢視帳目的習慣，而且保留司庫（treasurer，即財政或出納人員）的編制和會計帳冊。但他們都沒有能力建構類似十四世紀熱那亞人與其他北義大利共和城邦那種國家級的複式分錄會計系統，更別說像那些共和城邦那麼謹慎地控管這套簿記系統了。當然，這或許是因為他們內心壓根兒沒有懷抱這樣的自我期許；事實上，若想維持良好的國家分類帳，國王必須一肩承擔起維護平衡帳冊邏輯的責任，但儘管各國的君主戮力於行政管理改革，到頭來他們還是認為自己只需要對上帝當責，無須對記帳人員負責，而這就是君主政體與財務當責文化之間固有的內在衝突，這個衝突也正是導致歐洲地區幾個世紀以來反覆爆發金融危機的關鍵因素。

在君主眼中，透明的會計作業是危險的，而且這樣的想法可能也是事實。一七八一年——也就是法國大革命爆發前八年——國王路易十六（Louis XVI）的財政大臣韋爾熱納伯爵（comte de Vergennes）就意識到，因介入美國獨立戰爭而背負了巨額債務的法國已形同跛腳；然而他也警告，絕對不能對外揭露國王的實際債務狀況，因為一旦公開揭露皇家的帳目，肯定會傷害君主政體一心追求的最關鍵目標：保密。最終來說，韋爾熱納伯爵對財務黑洞的認識實屬淺薄，他根本不知道那時的法國其實已瀕臨破產；不過他對君主政體的觀點倒是一點也沒錯：公開帳冊等於是打開當責的防洪閘門，最後的局面將難以收拾。的確，從一七八〇年代起，法國政治辯論圈有史以來頭一遭開始公開討論皇家帳目和整個王國的財務困境的嚴重性，而隨著這些辯論越來越白熱化，路易十六也漸漸喪失他身為帝王的部分神秘性。基於這一點以及其他眾多相關的原因，他最終被送上了斷頭台。

但即使是十九世紀名義上開放的民選政府，一樣經常無法切實當責。在十九世紀英格蘭統治整個王國並成為世界金融中心的那段期間，貪污和逃避當責的行為，也導致它陷入財政管理災難。此外，儘管美國在十九世紀期間謹慎設計了財務當責的機制，它同樣也先後深陷大型財務會計舞弊、醜聞與鍍金時代（Gilded Age）強盜大亨（robber baron，譯註：指十九世紀末藉由殘酷剝削手段而致富的美國資本家）等危機。綜觀歷史，我們找不到一套足以敦促國家堅定當責的完美模型。而即使到了當今的民主社會，無論是企業或政府，一樣想盡辦法逃避在財務層面上當責。

有史以來，人類總是反覆飽受各種金融危機威脅，不久之前，我們也才經歷過類似的處境；因此，此時此刻似乎是深入檢視金融當責史的絕佳時機。怪的是，很少史學家選擇這麼做；持平而言，過去確實有很多史學家曾深入檢視各國的金融史，但當中卻鮮少人承認「會計」與「當責」是決定各國興衰的關鍵要素。事實上，將複式分錄會計制度——真正屬於西方國家的發明——視為歐洲與美國經濟史的核心要素，似乎再自然也不過。透過會計與當責研究，我們便得以粗略了解歷史上眾多機構和社會的成敗歷程。每個人都知道，梅迪奇銀行、荷蘭的商業優勢和不列顛王國都曾盛極一時，但有目共睹的是，他們的成就早已被淹沒在歷史的洪流裡。由此可見，如果上述每一個實體或機構曾創造巨大的成就，那麼它們勢必也經歷了嚴重的衰退與失敗，而在它們的故事中，會計必定也扮演著核心的角色。所以透過財務當責史的透鏡來觀察資本主義的歷史，便可知道資本主義的發展並非一帆風順，也不是單純的榮枯交替循環。確切來說，資本主義和現代的政府隱含一個固有的弱點：在很多關鍵時刻，會計和當責機制會突然瞬間瓦解，導致原有的危機惡化，甚至成為引爆財務與政治危機的導火線。因此，至少就財務層面來說，精通會計、切實當責，且持續不斷地善加處理會計與當責的種種挑戰，是造就一個成功社會的重大關鍵。

如果沒有複式分錄會計制度，現代資本主義不可能存在，現代國家也不可能形成，因為它是計算利潤和虧損的必要工具，而利潤和虧損是財務管理的基礎。複式分錄大約是一三〇〇年左右，在托斯卡尼和義大利北部開始興起。在那之前的遠古時代與中世紀時代大型社會並未使用這個方法，但也因為如此，那些社會的進展緩慢。事實上，複式分錄會計法的發明堪稱資本主義和現代政治歷史的起點。談了那麼多，究竟什麼是複式分錄會計法？單式分錄會計法（例如結算支票簿的收支平衡）只單純記錄單一帳戶的收入與支出；相反地，複式分錄會計法是一種落實嚴格控制與精確計算利潤、虧損及資產價值的方法。它用一條垂直線將頁面區分成兩區，一邊是貸方（credit），一邊是借方（debit）。帳目中每記錄一筆貸項，就一定要記錄一筆對應的借項。記帳者必須將收入和支出分別記入其專屬欄位，接著再予以加總，貸方總額必須等於借方總額。舉個例子，每出售一頭山羊，必須將利潤記錄在左邊，售出的商品則應記錄在右邊。所以，這時必須算出售山羊的利潤或損失，也就是當場加以平衡。一旦計算出餘額，就算處置完成，這時，畫上一條橫跨兩側的直線。只要這麼做，就隨時都能了解獲利和虧損的狀況。[3]

我們也可以利用會計師所謂的基本會計方程式來了解資本主義的複式簿記法：一個組織控制的資產，一定永遠正好等於該組織的債權人及所有權人對那些資產的聲索權（claim）。因此，複式分錄法讓企業和政府得以隨時掌握其資產與債務狀況，並防範且嚇阻竊盜情事的發生。總之，由於能明確記錄與計算財富、收入與利潤等績效衡量指標，複式分錄會計法也成為財務規劃、管理與當責的工具之一。[4]

現代經濟思想之父——從亞當・斯密（Adam Smith）到卡爾・馬克思（Karl Marx）等人——都認為，複式分錄會計法是發展成功的經濟體及現代資本主義的必要元素。一九二三年時，德國社會學家暨資本主義理論先鋒馬克斯・韋伯（Max Weber）就寫道，現代企業和會計是分不開的，「企業根據各種現代簿記方法來計算並達到（借貸）平衡，藉以判斷它創造收入的能力。」在韋伯眼中，會計是促進錯綜複雜的資本主義經濟體制持續成長的必要文化元素之一，他將會計和新教徒（Protestant）工作倫理的種種基本特質，並列為促使早期美國人成功駕馭資本主義文化的關鍵。[5]

極具影響力的德國經濟學家維納・索姆巴特（Werner Sombart）更直言不諱：「一個沒有複式簿記的資本主義簡直是無法想像：這兩個現象就像皮與肉，兩者緊密相連。」另外，奧地利裔美國經濟學家、政治科學家暨「創造性破壞」（creative destruction）一詞的創造者喬瑟夫・熊彼得（Joseph Schumpeter），不僅將會計視為資本主義的核心，更感嘆經濟學家不夠重視會計。他寫道，唯有了解會計實務作業的前因後果，才能建構出有效的經濟理論公式。[6]

這些思想家都認定會計是促成經濟成就的根本要素之一，也是了解經濟歷史的關鍵。然而，他們所未察覺到的是，當責的文化是政治穩定的基礎，而當責文化正肇基於複式分錄會計制度。複式分錄的重要性不僅在於它能用來計算利潤，更因為它衍生了平衡帳冊的中心概念，而利用平衡帳冊的概念，我們就得以判斷一個政治組織的行政績效，進而約束它切實當責。在中世紀時代的義大利，平衡的帳冊不僅和上帝的審判／罪惡的計算等與神有關的層面互相呼應，也代表著優質的企業與良性的政府。當然，懷抱一套價值觀是一回事，要怎麼堅守這些價值觀並堅持財務當責又是另一回事，而歷史也告訴我們，無論是在古代或現代，這都是件知易行難的任務。本書將說明，當一個社會不僅把會計作業當成財務交易的一環，還把它當成道德與文化基礎架構的一部分時，財務當責的功能才較能有效發揮。綜觀中世紀時代到二十世紀初期的歷史，有能力駕馭會計，又能維持財務當責及信任的長期傳統的社會，都是藉由全面性的文化參與來實現這樣的目標，其中，諸如佛羅倫斯與熱那亞等義大利共和制城邦、黃金時代的荷蘭，乃至十八、十九世紀的英國和美國，都把會計融入他們的教育必修課程、宗教與道德思想、藝術、哲學和政治理論。舉例來說，會計是但丁（Dante）、荷蘭繪畫大師（Dutch Masters）到奧古斯特・孔德（Auguste Comte）、托瑪斯・馬爾薩斯（Thomas Malthus）、查爾斯・狄更斯（Charles Dickens）、查爾斯・達爾文（Charles Darwin）、亨利・大衛・梭羅（Henry David Thoreau，一八一七至一八六二年）、露意莎・梅・阿爾柯特（Louisa May Alcott）和馬克斯・韋伯等人的理論、政治研究、偉大畫作、社會與科學理論以及小說裡的主題之一。他們透過全面性文化參與，將原本屬於實用且商業範疇的數學，漸漸昇華為崇高的且人性化的思想；而在這種良性循環下，這些社會不僅得以將會計的用途最大化，更建立了當責的複雜文化，當然也從中體悟到那樣的文化可能會造成什麼樣的困難，進而衍生了資本主義和代議制政府。

會計與當責之間微妙的相互作用，足以決定一家企業或甚至一個國家的命運，因此金融歷史不僅是記錄眾多週期性危機或趨勢的歷史，也是一段述說個人與社會和會計之間的故事；這個故事述說個人與社會如何一步步精於控制會計與文化生活之間的相互作用，但又如何經常失去這個能力，以至於意外陷入原本可迴避的金融危機（有時甚至是災難性危機）。歷經這段漫長的歷史，會計和財務當責終於漸漸成為世俗事務的一環，可惜世人依然難以輕鬆駕馭它們。不過令人驚嘆的是，即使已經過了七百年，中世紀時代義大利的會計發展史，為我們留下基本教誨，迄今依舊中肯：「會計是創造財富與政治穩定的根本要件，但它極端困難、脆弱甚至危險。」

CHAPTER 1

# 早期會計、政治與當責簡史

《末日審判書》的決定一如最後審判裡的判決，沒有改變的餘地。

——伊利主教理查．費茲奈喬（RICHARD FITZNIGEL），一一七九年

奧古斯都大帝（Emperor Augustus）因他打造的建築物、他的雕像，以及古代歷史和羅伯特・格雷夫斯（Robert Graves）的名著《我，克勞迪斯》（*I Claudius*）中那個過度謙虛且慈祥的形象而聞名於現代。奧古斯都自稱他發現羅馬時，那裡只是一個寒酸的磚造城市，但到他離世之際，羅馬已被改造為光彩耀眼的大理石之都。不過，我們倒是可以從奧古斯都對其治權的自述——《奧古斯都神的功業》（*Res gestae divi Augusti*，約西元一四年）——找到他的權力關鍵。奧古斯都在那份自述中描繪了他的建築物、軍隊和卓越功績，也提到很多數字；事實上，他就是用那些數字來衡量自己的成就，例如：他誇口

自己曾從私人金庫撥付一億七千萬的古羅馬幣給戰勝的羅馬士兵。而奧古斯都用來表彰自身偉大成就的各項財務數字，都擷取自當時尚嫌原始的會計帳冊分錄，顯然身為朱利歐—克勞迪（Julio-Claudian）朝代的真正始祖及羅馬帝國之父的奧古斯都，已經懂得「會計及數字的透明度」和「政治正當性及成就」之間的關聯性。[1]

但一如會計史上的所有情況，沒有人注意到這當中的意義，沒有人談論奧古斯都身兼帝王與會計師的雙重角色的故事，所有追隨並努力仿效羅馬帝國之父的後世君王和國王，都未曾精準複製《功業》的模式。即使這些帝王知道或了解自身帳冊上的數字，也鮮少人將那些數字當成衡量其皇家權勢的指標，當然也未能利用這些數字來宣揚他們的政績或成就。

在奧古斯都的世界裡，會計帳目隨處可見，甚至非常普及，不管是受過奧古斯都的羅馬教育而成為戶長（pater familias）的平民或者達官顯要，都會毫不感覺羞辱地說自己知道如何使用會計帳目。但儘管奧古斯都早就將會計當作管理的工具及彰顯政治正當性的手段，世界各地的領導者卻花了大約一千七百年，才終於學會透過發表會計帳冊上的財務數字，來鞏固自身政治權力及行動的正當性。如今，奧古斯都眼中的優質作業已成為一種標準常例，但它卻花了超過一千年才獲得這樣的肯定。在古代的美索不達米亞、希臘和羅馬，會計的發展相當緩慢，直到中世紀時代的義大利人將它轉化為複式簿記法之後，會計才成為資本家企業和政府行政組織用來獲取利潤的強大工具。

古代有長達幾千年的時間，到處都充斥會計帳目，但在這段漫長的時間裡，會計作業幾乎未見任何革新，也很少人能像奧古斯都那麼流暢地使用這些工具。早在古代的美索不達米亞、以色列、埃及、中國、希臘和羅馬，單式分錄會計法就已存在；希臘人、托勒密王朝的埃及人和阿拉伯人雖創造了不可思議的文明高峰，並精通幾何學與天文學相關的數字，卻也未能發展出足以精準計算利潤和虧損的複式分錄會計法。[2]

古代的財務僅限於商店會計作業，也就是基本存貨目錄的製作。馬克斯・韋伯相信，那是因為商業和家庭彼此獨立，且古人缺乏評估企業在特定期間內（例如一年）之利潤的概念，也缺乏評估企業總資產價值的概念。不過，儘管古代人不像現代人那麼了解資本與利潤，但會計的文化和思維，還是在古人的公共生活中佔有重要的一席之地。[3]

所有曾在歷史上留下記錄的地方，也都留下了記帳的遺跡，換言之，古人會製作極原始的帳目。例如：美索不達米亞人將合約、倉庫和貿易記錄製作成總簿記帳目——通常是麵包店的帳目。在當時，會計的主要用途是用來製作存貨目錄，但也用來計算穀物的剩餘情況，這是隨著定居式村莊、農業和市場而產生的文明遺跡。另外，蘇美人在西元前三五〇〇年基於會計目的而創造了黏土代幣。他們用這種代幣來代表運出或收到的商品，但很快的，代幣就被一種寫了基本存貨帳目的黏土平板取代，在亞述人和蘇美人的手工藝品中，這種平板很常見。巴比倫的漢摩拉比法典（Code of Hammurabi，西元前一七七二年）不僅因它的「以眼還眼、以牙還牙」法規（這是最早期的會計模式）而聞名，也以商務交易的基本會計規則和國家審計法規而人盡皆知。其中的法規一〇五條明定，如果代辦人在收受金錢時沒有使用封蠟且簽字，一律不能在他的會計帳冊中記錄這筆交易。國家會保留一定數量的流通貨幣存貨，而抄寫員會將國家持有的通貨存貨抄寫在國庫白銀局（House of Silver of the Treasury）的記錄上，他們甚至會透過存貨的基本帳目來掌握穀物與麵包店的情況。[4]

一旦國家開始專注在會計與審計事務，數字、道德和政治就再也難以切割。例如在古代的雅典，一般認為會計和政治當責密不可分。打從一開始，雅典的民主政府就以一套複雜的簿記與公共查帳系統為核心。雅典人認為金庫是屬於神的，所以將金庫設在提洛島（Delos），並責成財政官員嚴密監督金庫的狀況。國家讓卑微的國民和奴隸接受簿記教育，並雇用他們擔任簿記員。大致上來說，雅典人偏好由公共奴隸來擔任主計員和查帳員，原因是奴隸可以拷打，自由人則不行；當局另外也設置了較高層級的官員和帳冊檢核人員，負責監督公共帳目。和寡頭政治體制（只有少數勢力強大者執政，而且沒有財務當責體制可言）相反的是，民主的雅典已擁有當責的體制。具體來說，根據當時最基本的民主政治哲學，所有雅典公務人員的帳冊都必須接受查核。即使是掌握議會權力的雅典最高法院（Areopagus，最高上訴法院）成員，以及祭司和女祭司，全都必須製作完整的資金會計帳目，而不僅公務相關的帳目必須接受查核，餽贈相關的帳目亦然。

此外，所有雅典國民必須向國家提報完整的公開帳目結算後，才能出國、將財產奉獻給上帝或訂立遺囑。羅基斯塔埃〔logistae，亞里斯多德（Aristotle）在他最後一本有關雅典憲法研究的書中提到公共會計人員〕就負責查核公務人員和城市地方行政暨司法長官的帳冊。就算查帳人員沒有聽說上述職員和官員有任何貪污舞弊的情事，一樣必須公開查核他們的帳冊。[5]

然而，儘管雅典人發展出這種會計記帳系統和政治當責文化，貪污依舊猖獗，相關人士也一直抗拒當責的概念。例如尊貴的將軍暨首席政治官亞里斯泰德（Aristides，西元前五三〇至四六八年）就曾抱怨，很多人認為羅基斯塔埃嚴格查帳的作法很不足取。雅典人願意容忍特定程度的舞弊行為，並認為這是人之常情，無須感到意外；也因如此，激進的查帳作業反而被視為對現況的一種威脅。歷史學家波利比烏斯（Polybius）就提到，即使國家有十個查帳人員與十個官方封印和公開見證人，還是難以確保一個人的誠實。他含蓄地表示，聰明人總是能夠找到假造帳冊的辦法。[6]

姑且不論誠實與否，到了羅馬時代，隨著羅馬本國經濟基礎逐漸壯大，當地的會計作業也日益蓬勃發展。亞里斯多德曾提出一個管理公共財務、房屋或財產的概念，他稱之為Oikonomia，這就是economics（經濟）一詞的起源。但Oikonomia的意義和現代經濟觀念中一切以獲利為目標的財務管理並不同，它原是指良善的政府和家庭管理，羅馬人採納了亞里斯多德的概念，當時連民間的家庭都展開會計記帳作業。國家命令戶長必須記錄家庭帳冊，而且規定家庭帳冊必須接受收稅官的查核，戶長必須連續不斷地記錄一種交易簿（也就是所有收據的日記簿），而且每個月必須將交易簿上的記錄，轉登到一份收入與支出登記簿——這本登記簿甚至常會記錄未來的收入，還有尚未清償完畢的貸款與負債。銀行也會記錄相同的基本單式分錄帳冊，且銀行甚至人民都必須平衡自身的帳冊，供執政官（praetor，城市或省的地方行政暨司法長官）查核。[7]

羅馬共和國和早期的羅馬帝國是由一組稱為財政官（quaestores oerarii）的審計官員管理，他們負責監督公家金庫。普林尼（Pliny）在他的《博物誌》（*Natural History*）中提到，西元前四九年——也就是凱撒（Caesar）跨越盧比孔河（Rubicon）那一年——羅馬的金庫裡存有一萬七千四百一十磅黃金，二萬二千零七十磅白銀，還有六百一十三萬五千四百枚古羅馬幣。金庫的會計人員會和鑄幣廠的會計人員及其助理保持流暢的溝通，以確保國庫擁有足夠的流通貨幣可支付國家支出與多數軍事費用。[8]

羅馬的財政官將公家金庫的鑰匙存放在農神殿（Temple of Saturn，是如今羅馬最古老的聖蹟），那裡也保存了記載羅馬法律的石板。金庫裡的抄寫員會將每個月的現金收入與現金支出記錄在登記簿上，記載的內容包括名字、日期和每一筆交易的類型。另外，他們也用獨立的登記簿來記載負債以及軍事和省級財政官的經常性帳目。中央會計署（tabularium）是由一名指揮官負責監督，裡面的職員包括管理員、抄寫員、會計人員和出納人員。[9]

一如雅典的情況，羅馬的國家會計作業也不嚴謹，經常可見舞弊情事。西塞羅

（Cicero）在他的《菲利比克》（*Philippics*，西元前四四至四三年）中攻擊馬克・安東尼（Mark Antony，向來因不可告人的債務與財務處置而聞名）的內容裡，就曾抱怨帳目記錄不良的問題。他聲稱馬克・安東尼的會計帳冊做得很糟糕，並把他從凱撒那裡偷來的「無數金錢揮霍殆盡」，西塞羅甚至指控安東尼假造帳目和簽名。雖然馬克・安東尼因帳冊問題而遭到西塞羅高分貝譴責，但身為副執政官的安東尼並未因此坐牢。那年稍晚，他還重返權力核心，和雷必達（Lepidus）、屋大維（Octavius，即後來的奧古斯都大帝）組成三頭政治。接著，意圖報復的安東尼開始追捕西塞羅，最後把他的頭和手砍下來，放在廣場示眾。從西塞羅的悲慘下場，便可清楚見到，凡是掌權者都不可能善意對待任何一個呼籲他們公開帳冊的人。[10]

不過從事不良會計作業的人遲早會被這樣的行為反撲。奧古斯都後來殺了馬克・安東尼——因他指揮軍隊的技巧和他的記帳能力一樣拙劣——從此獨攬大權，成為大帝。他撥亂反正，整肅整個王國，並改正如今所謂的帝國會計帳冊。奧古斯都一反其政敵的作為，一心維護優質的會計帳冊——即他的帳目。事實上，羅馬歷史學家塔西陀（Tacitus）聲稱，奧古斯都會親自記錄會計帳冊，甚至在他登基為大帝（西元前二七年至西元一四年）後依然如此。這些帳目記載了整個王國的財務狀況、軍事與建築專案的統計數據，以及省級稅收金庫的現金金額。[11]

奧古斯都後來還利用這些個人帳目裡的數據，撰寫《奧古斯都神的功業》，而且命人將《功業》廣泛銘刻在各公共建築物的牆面上，並將它張貼在全王國各地的告示石版上。即使坐擁羅馬每年高達五億古羅馬幣的收入，奧古斯都還是相當謹慎，例如他表示自己的多數成就——建築物、軍隊和對士兵的個人獎賞——都是以他私人的金庫支應。他也透露了自己如何記錄個人財富的帳目、付錢給鎮民以換取士兵所需物資的細節，同時也揭露了相關的總額，用以宣揚他有多麼慷慨賞賜。換言之，奧古斯都非常積極地思考如何管理這個王國——他將自己個人的會計帳冊用來作為發想與規劃各項專案以及宣揚政績的工具之一。[12]

從此以後，公布帝王會計帳冊變成羅馬的傳統。儘管提貝里烏斯大帝（Emperor Tiberius）並未延續這項傳統，全民的卡利古拉（Caligula）還是公布了概要的帝王會計帳冊；向來以特別愛好黃金而聞名的尼祿（Nero，西元三七年至六八年）則提名了幾個執政議員來管理農神殿的金庫。有非常多事證可證明，奧古斯都開創的帝王財務大臣辦公室，至少一直運作到戴克里先（Diocletian，西元二四四年至三一一年）統治時期。[13]

雖然這個會計制度被當成帝王管理國家甚至確保正當性的核心工具之一，它還是隱含一些重大的缺失。儘管羅馬人記錄帳冊，帳目也都經過查核，但舞弊情事依舊一如預期地發生，而且一貫地被容忍，尤其是牽涉到領導人物的欺詐案件。此外，羅馬帝國的經濟運作並不重視利潤與未來的盈餘，而偏偏複式簿記法的首要功能是以追求這兩者為目標。地中海讓羅馬帝國得以藉由運輸和貿易維持生計，問題是，這個帝國卻缺乏任何中心指導概念或制度可用來建立貿易作業相關的理論。取而代之的，當時的貸款是根據當鋪模式來進行，而這阻礙了信用文化的發展。在他們的概念裡，宮殿裡的財富和貯藏起來的黃金，比用來賺取利潤的投資資本型財富更加重要。儘管當時也有大量的實務與理論研究報告問世，但卻從未出現任何商用經濟概念。[14]

羅馬財政官的中央辦公室的位置隨著時間的流轉而不斷變遷，由此可見國家對這個部會的重視程度因帝王而異。後來隨著羅馬帝國逐漸衰敗，帝王一手管轄公共帳目的情況也更加明顯。不僅如此，當時的帝王還反覆對每個人灌輸一個概念：所有「報酬來自帝王慷慨的賞賜」，而非來自國家〔這是愛德華・吉本（Edward Gibbon）的說法〕。後來的帝王認定金庫是屬於神的，而到了君士坦丁大帝（Constantine，西元三二五年）在博斯普魯斯海峽（Bosporus）設立他的新羅馬首都時，金庫首長已改由一名貴族擔任，不再是專業的文官。[15]

羅馬在西元四七六年垮台後，整個國家分崩離析，變成不同帝王、國王和地主的個人封地。那些顯貴人士利用各種手段終結了這個文官制國家，並認定自己只需要對上帝負責，代表再也沒有人能查核國家的帳目；然而儘管西方帝國崩潰，它的後嗣——天主教教會和它的大量修道院——依舊繼續透過基本的會計與查帳作業來管理土地、商品和資金收付。隨著哥德人、法蘭克人、維京人入侵，查理大帝（Charlemagne，西元七四二年至八一四年）、奧托大帝（Emperor Ott，西元九一二年至九七三年）乃至威廉一世（William the Conqueror，西元一〇二八年至一〇八七年）等新國王再度陸續尋求建立一套更能壓榨財富，且有助於善加管理因征服所擴充土地的法律規定。封建制度（由君主、諸侯和農奴組成的系統，是日耳曼各個王國、郡和古羅馬封建制度彼此融合而產生，但這個制度不斷改變）最大的矛盾之一，就是由於個人持有公共土地使得文書作業與會計作業緩慢但穩定增加。中世紀時代的骨幹除了因基督教信仰而誕生的教堂、教父和教會的修道傳統，還包括秘藏在查理大帝的執政記錄——教士會法規（Capitularies）——裡的稅賦及財產概念。此時會計依舊是政府的重要核心工具，但不管是有錢的修道院、法蘭克人國王和地主，沒有人真正體會出隱含在奧古斯都財務作業裡的啟示。

進入西元一〇〇〇年後，隨著貿易活動增加，著作、記錄和法律交易案件自然也同步增加，會計的重要性因此水漲船高。當威廉大帝在一〇六六年成功入侵英格蘭後，他看見了一個全新的機會。以迅雷不及掩耳的速度一口氣併吞這整個國家後，威廉大帝得以從頭草擬所有的封建制度文件，並因此獨攬整個國家的大權，不再受傳統封建模型種種不可避免的複雜性所束縛——那些複雜問題主要是長期以來，朝代的繼承和聯姻關係導致土地持有權變得支離破碎，使整個疆域變得像一盤大雜燴且爭議不斷。於是，在完成英格蘭的諾曼征服（Norman Conquest）後，正是將英格蘭行政體系中央集權化的大好時機。這個改變衍生了大量的新封建土地合約，因此無論是世俗的統治者或基督教會的統治者，都必須維護更清楚的財務記錄。《末日審判書》（Domesday Book，一〇八六年）是威廉大帝個人的記錄，也是記載財產權、法律特權、義務和基督教會權利的帳目，當中還詳列了威廉可根據先前的皇家合約徵收哪些稅賦。這份報告書的標題（代表「最後審判日」）明確地將皇家的查帳作業和上帝的最後審判畫上等號，也等同宣示世界上沒有人能逃過這項作業的審查。[16]

到了一二〇〇年代期間，貿易活動與通貨流動漸漸恢復，國家和土地所有權人的記帳作業開始改善，諸如許可證與命令狀、執照、信函、公文、財務帳目、財務調查和租賃合約、法律記錄、年鑑、年代史、契據登記簿（封建政府與基督教會的契約）、登記簿（法律或行政，通常是由法院和議會保管）以及學術和文學著作等手寫記錄因而激增，而這些書面文件全和會計帳冊的記錄有關。法律、財產和稅賦相關事務都需要記載、收集和保存會計作業和記錄，那是每一個國家的資訊網路的基礎。此時，英格蘭的財政大臣（Exchequer，也就是處理收入的皇家財政官員）開始記錄極端詳細的帳目（稱為財稅卷宗（pipe roll），因為相關記錄是寫在一捲捲的羊皮紙上），上面記載了收入、支出和罰金。不過，這些工具主要是用在皇家收入的徵收上，而不是要從投資活動或勞工身上壓榨利潤。[17]

國家的正式文件不僅收藏在大臣官邸和城鎮本部，也存放在法務部門與議會的憲章館。其中存放在憲章館的文件比較開放可供律師查閱，另外地方行政暨司法長官、部會首長和君王也會私下收藏這些文件。此時，作為封建領主統治權與中世紀時代經濟中心的封地莊園漸漸成為會計中心。雖然封建領主對利潤沒有什麼概念，但他們經營莊園的根本目的就是要創造盈餘。在當時，唯有特權人士才有能力保留書面帳目記錄，因為各種尺寸的羊皮紙非常昂貴，非一般人所能負擔。另外，記錄的維護也很貴，因為訓練一個熟練的抄寫員，得花費很多成本，況且有能力完成這項訓練的人並不多。基於上述種種原因，很多會計帳目只是單純用來管理每天的支出，不會被當成長期記錄來保存。[18]

在英格蘭，鎮長、看管人或合法的土地管理人，都必須學習基本的單式分錄會計方法——包括統計所有債務免除信函中提及的總額、為各種交易和財產（例如馬匹）書寫適當的標題，並製作基本的簿記帳本。首先，鎮長必須製作拖欠款項的報表，而且必須登記收入及其他形式的財富。接著如果莊園必須花錢購買某些短缺材料，他還必須將這些支出連同勞工成本一一條列出來。[19]

查帳是公證人和名譽郡長的工作重點。他們必須檢核政府官員的帳目，尤其是收稅官和財政官員的帳冊。審計（audit，即查帳）一詞的起源，來自早期的統治者和領主是透過耳朵聆聽（而不是用眼睛檢視）的方式來了解他們的帳目，這個字是從audience及auditio演變而來，意思是聆聽，指相關人員以口頭的方式，向君主或領主報告帳目，供其檢驗。十三世紀的查帳官員被稱為Auditores comptorum scaccarii，也就是「國庫帳目的查帳人員」。而在此時的英格蘭，議會掌握了越來越大的國家支出及稅收審查權，我們甚至可以說這種混合式政府結構本身，就內建了審計（查帳）的功能，因為國家的財政必須接受不同政府機關檢驗。然而，國王的支出和個人收入（相關數字有可能非常龐大）通常還是對外保密。雖然國王偶爾會向議會出示粗淺的支出帳目，但這樣的情況很罕見，所以實質上來說，英格蘭的國王並不受任何有效的審計系統監督。愛德華三世（Edward III，在位期間為一三二七年至一三七七年）曾說，除了上帝，國王無須對任何人交付會計帳冊；而歐洲其他國王也頑強地堅持這個作法，直到十九世紀才終於改變。[20]

但那麼多的會計帳冊和卷宗有發揮應有的功能嗎？當然，某種程度上，一個每日勤於記帳的會計師，應該有能力掌握「某種程度」的帳目實況。至少現金和存貨管理確實是如此，但即使是這兩個項目，都無法達到絕對精準掌握的程度，原因是羅馬數字系統隱含一些固有的內在誤謬。不管一個記帳人員有多麼執拗，過多的X、L和I等符號，經常會形成諸如DCCCXCIII（它代表八百九十三）等極端累贅的數字，當然也沒有空間可用來表達分數。所以，若不是使用阿拉伯數字和由阿拉伯數字衍生的分數，就難以消除這些內在誤謬，因此如果希望複雜的貿易活動能更加興盛與成長，就需要新的數字和新的財務會計方法。[21]

早在十二世紀，北義大利就已興起為歐洲最富裕，且人口最多的地方。當時由商人經營管理的佛羅倫斯、熱那亞和威尼斯等共和城邦，是支配這整個地區的主要力量。

這些北義大利共和城邦沒有國王，而他們的貴族不僅逐漸都會化，更承認城邦政府的職權，也因此這個地區漸漸發展出一種嶄新的面貌。一個由許多富裕城邦拼湊而成的地區，各城邦的治理階級是透過貿易來累積財富的貴族商人，多人合夥企業、銀行與遠距貿易從這裡開始發跡，而這些活動也漸漸發展出資本主義的利潤與複式簿記等概念。

拜占庭位於北義大利的東方，這兩地之間的頻繁接觸，讓北義大利受到深遠的影響。拜占庭的帝王、法院和流通貨幣諾米亞（nomisma）及當地的豪華市集——買賣糖醋果、椰棗、杏仁果、絲與希臘古代學習手卷等各種物資及知識產物——都對北義大利影響深遠。希臘人在羅馬帝國留下的足跡，時時提醒著義大利人記住他們的過去，而他們的奢華生活也深深吸引著義大利人。威尼斯、熱那亞、佛羅倫斯、米蘭、盧卡（Lucca）、比薩（Pisa）和其他貿易城市經常性地派遣裝載各種物資的船舶，在東地中海富饒的貿易網絡中穿梭，並在當地建立各種產業。當時羅馬教皇——神父、最高祭司、高等教士與羅馬的世俗統治者——不僅控制著主教與帝王宮廷，也掌握了徵稅、制定法律的權力，另外也主導西歐到拜占庭東正教教堂間的外交關係。

雖然義大利各個城市是神聖羅馬皇帝（德國人或奧地利人）名義上的屬地，但令人嫉妒的是，它們卻得以建立由各種行會（guild）、議事會、議院和總督統轄的獨立商人共和城邦。這些城邦的官員通常是民選產生，他們扮演類似企業經理人的角色，管轄時間固定，而且支領薪水。[22]隨著整個商人城市網的形成，會計作業和國家管理理論也快速發展，並促成了當責概念的興起。換言之，在這個地區商人以商業的方法自我管理，有大量證據顯示，當時很多人採用單式簿記法。一二〇二年時，比薩商人李奧納多・費波納契（Leonardo Fibonacci，大約一一七〇年至一二四〇年）完成了一份有關計算的創作——《計算書》（*Liber abaci*）。他是在阿爾及利亞的地中海港口城貝賈亞〔Bougie，今日的貝加亞（Bgayet）〕從事貿易活動時，學會了算盤的技巧和阿拉伯數字。費波納契的父親是個政府官員，但他本人選擇從商，並創作了這一份教人如何在紙上快速計算數字的教本。這份教本的功能不僅是用來計算數字，還包括很多有助於解答各式財務問題的實用指令，且這些指令採用穆斯林發明的代數來解答複雜的數學題——例如「一對兔子一年內將繁衍出多少隻兔子（三七七）」之類的題目。教本裡條列了各種不同的問題，包括「以胡椒交易薑」、「三人組成一家企業」或匯率計算等，另外，也教人如何記錄這些交易的帳目。[23]

雖然費波納契不是第一個使用阿拉伯數字的基督教徒，他的著作卻是將阿拉伯數字導入北義大利商人社會的主要媒介之一，在這之後，所謂的「算盤」才終於有了明確的定義——裝有可移動的木製珠狀計算器的木板，其中有些算盤製作方法是在木板上鑿出溝槽，再將珠子嵌入溝槽內，有些則是在木板上嵌入珠串。此外，誠如先前提到的，如果使用羅馬數字，就不可能計算分數，更無法解出複雜的方程式，阿拉伯數字不僅精確，而且快速，而算盤法的問世，更意味著數學可應用到實務和直接交易上。[24]

到了十三世紀末，算盤學校在托斯卡尼已經相當普遍，很多知名的教師（多半來自佛羅倫斯）開始散播費波納契那本書上的概念和阿拉伯數字；不僅如此，他們還教導學生如何使用算盤。一二七七年時，一份威尼斯官方文件提到，城邦裡出現一位算盤會計方法的大師；另外，文件也記錄了一二八四年時，政府從佛羅倫斯聘請了一名Maestro Lotto，也就是公設算盤教師。自此，算盤學校成為義大利共和城邦的商人國民學習實務與專業知識的教學中心，這些學校教導學生學習如何應用數學和其他學科，例如字母表、翻譯指令和教義問答等。[25]

就這樣，中世紀義大利商人完成了古希臘人、波斯人、羅馬人、大型亞洲帝國和各地封建領主所未能完成的事——他們在不譁眾取寵也沒有公開表揚的情況下，發明了複式簿記法——從此以後，利潤的計算方式出現了革命性的躍進。而義大利商人為何能實現這樣的貢獻？唯一的解釋是，他們迫切需要複式分錄來計算多重合夥企業、股權與利潤等；換言之，他們是在尋求問題解決方案的過程中開發了這個方法。雖然我們無從得知究竟是哪個人最先想出這個方法，但至少知道，最早發展出複式簿記法的是托斯卡尼的商人。相關的記錄或許有商榷餘地，不過在已發現的文件中，最早使用複式分錄的分類帳文件不是來自在歐洲各地經營商品貿易的里尼耶利菲尼兄弟公司（Rinieri Fini，一二九六年），就是出自在佛羅倫斯和普羅旺斯之間經營貿易的法洛菲商業公司（Farolfi，一二九九年至一三〇〇年）。法洛菲公司的檔案不僅是一份簡單的分類帳，它還透露出某種符合現代慣例的非凡訊息——那是一個為了即時計算商業交易與財產而設計的帳冊系統。從交叉對照的借項與貸項便可看出，這些項目其實是互相抵銷的；不僅如此，從法洛菲公司的分類帳記錄可見到，該公司將預付租金記錄為一種遞延費用，並以複式分錄的方式將之概念化。例如，它為了未來四年使用某一棟房屋的權利而事先支付十六里弗爾（livres tournois），到第一年結束時，四里弗爾被沖銷為當期費用帳目，剩下的十二里弗爾餘額則還是留在帳簿上，作為事後再預處理的遞延支出。[26]

除了上述分類帳，沒有任何文字或其他要素可證明複式分錄會計法是在何時興起。看起來，它似乎不是任何個人發明的，然而倒是有一些基本理論可說明，為何它會在大約一三〇〇年出現在義大利。阿拉伯數字的使用是原因之一，另外隨著貿易逐漸鼎盛，商人需要越來越多的資本，於是合夥關係逐漸形成，而合夥關係的權利與義務比獨資複雜許多，便需要複式分錄會計法來釐清。就這樣，中世紀的會計師開始把簿記作業當成衡量財產的工具，更用它來計算各投資合夥人的股權和股利分配。商人不僅利用會計來記錄收入及支出帳目，也用會計來加總並計算可供投資人聲索的累積利潤，若沒有複式分錄，就無法衡量越來越複雜的利潤分攤金額，唯有使用複雜的會計作業，才能算出各合夥人長期下來的應得權益。信用的收付也需要使用複式分錄，如果一筆債務是分期逐步償還，可以透過複式分錄看出任何特定時間點的應償還金額。[27]

貿易的擴張意味商人不再能隨時把商品帶在身邊，而且越來越依賴代辦人，從商品離開倉庫的那一刻起，除非確認商品售出並取得收入，否則複式分錄會先將商品的運出視為一筆損失，唯有透過能互相抵銷的借項和貸項，才有辦法記錄「運出商品」和「因此取得的商品銷售收入」等活動。[28]

最早的複式分錄帳目是採短文的形式記載，貸方和借方的短文呈現彼此上下呼應的狀態；後來，短文變成以左右對稱的方式書寫，也就是寫在兩個並排的欄位上，並以純數字取代短文和描述。最早期的複式分錄範例是熱那亞商人賈柯巴斯・德・邦尼加（Jacobus De Bonicha）一三四〇年的帳目，這份帳目被記錄在該國的中央分類帳上，記載的是利潤豐厚的黑胡椒貿易相關的交易。這個分錄來自現存已知最早以複式分錄記載的政府會計帳冊分類帳，該範例來自熱那亞一點也不足為奇，因為這個城市和拜占庭向來維持熱絡的商業運輸和貿易往來；從這個分錄便可約略揣摩出早期複式分錄的外觀——採左右對稱形式，且兩方的總和相符。[29]

雖然銀行業者在簿記作業的進展遠遠領先各個城邦，但熱那亞人卻想出如何利用複式分錄，來管理與記錄整個城市熱絡的財務交易——包括稅金收入、國家支出，乃至國家的貸款與負債、對士兵的付款以及總督個人的帳目等。一如企業，熱那亞也從事放款業務並設置商業帳戶，它還為這些帳戶進行投資，而且不僅記錄費用，更值得注意的是，它還記錄利潤與損失帳目。這個城市的分類帳包含詳細的商品帳目，如中國絲與胡椒，另外也有海關收入帳目。熱那亞人不僅根據複式分錄的嚴謹規則來平衡各個帳目，國家的會計師也會提供實際的帳冊附註，並且完整加註每一筆交易在轉登到主要分類帳前的原始記載頁次。另外，他們每年都會結清主要的分類帳，並把進行中的交易也結轉到新的分類帳。[30]

熱那亞財產管理人的分類帳不僅是為了計算財務狀況和維護帳目記錄的目的而設置，這些分類帳的設計也為了追求內部當責。自古以來，財務報表一向難以擺脫舞弊的問題，所以財產管理人下令，在記載所有交易時，都必須有公證人當場見證。他們不允許塗改、要求

### 1340 年
### 熱那亞自治市財產管理人

| 1340 年 8 月 26 日 | 1340 年 8 月 26 日 |
|---|---|
| 借記賈柯巴斯・德・邦尼加，且於第 61 頁貸記安東尼奧・德・馬瑞尼斯（Anthonio de Marinis）49 里伯爾，4 索里第<br><br>項目。9 月 5 日，於第 92 頁貸記馬佐丘・皮尼洛（Marzocho Pinello）12 里伯爾，10 索里第<br><br>項目。1341 年 3 月 6 日。於新分類帳的第 100 頁，將本帳戶的餘額 16 索里第貸記到他的帳戶。<br><br>合計 62 里伯爾，10 索里第。 | 貸記賈柯巴斯在塔薩洛里（Taxarolii）軍團，代表熱那亞自治市取得船舶與其他必需品而支出的金額，如分類帳第 231 頁所示。上述品項是司令官及其政務會的成員訂購，他們的決策已於 1340 年 8 月 19 日，由公證人蘭弗蘭奇・德・維爾（Lanfranchi de Valle） 以書面記載。<br><br>62 里伯爾，10 索里第。 |

分類帳的所有頁面都必須編上頁次，而且要求所有交易在登入分類帳以前，必須先行核實；最重要的是，在一三二七年，這個財務查核制度透過一條所謂「依銀行慣例記錄的分類帳相關規定」（About Ledgers to Be Kept After the Manner of Banks）的法律，被明訂為官方正式制度。這項法律命令，自治市內所有企業都必須委託兩位官方會計師記帳，相關帳冊也必須每年接受城邦政府查核。[31]

不管是現代財務學的研究者或政府單位，應該都會對這些帳冊之精細感到驚嘆。因為這些帳冊不僅內容清晰，數字平衡，而且能內部檢核是否存在舞弊情事；這個會計與當責系統，遠遠超過更早期的先人所發展的所有系統。不過儘管這套系統非常創新且有效率，但文藝復興時期以後的義大利並未繼續沿用；位於北方的大君主國也是過了很久以後，才開始採納這個古老商人共和城邦的行政管理辦法。大約又過了六百年，複式分錄才再次被用來作為管理中央國家分類帳和查核國家合併財政的工具，直到中世紀及文藝復興時期的思想家，在財務秩序的必要性和基督教徒清點金錢的道德敗壞行為（在基督教徒的認知中，「數鈔票」是一種道德敗壞）之間找到一個平衡點後，歐洲各國政府才真正開始使用會計。

CHAPTER

# 2

# 以上帝與利潤之名：依據聖馬太的訓示而記錄的帳冊

上帝不可估量。

——拉斯佩的福爾詹提俄斯主教（FULGENTIUS OF RUSPE），五三三年

一三八三年一月十日，弗朗西斯柯・達提尼（Francesco Datini）從亞維農的羅馬教皇市回到他位於佛羅倫斯北部普拉托（Prato）的家，一如那個時代越來越多的富豪托斯卡尼商人及銀行家，達提尼也是透過和羅馬教廷之間的貿易而致富。他涉足外匯交易，在法、英兩大君主國的百年戰爭期間買賣武器和盔甲，同時投資羊毛貿易（英格蘭、卡斯提爾（Castile）、佛蘭德（Flanders）、香檳省（Champagne）和佛羅倫斯等地眾多眼光精準的商人，透過羊毛貿易活動而獲取了極為可觀的財富），在克服國際貿易的種種風險後，達提尼獲得大約九％的報酬。由於他把事業管理得有聲有色，所以儘管他的行為舉

止相當謙虛，他的鄰居也知道他是個有錢人，只不過地方的收稅官卻始終找不到他把財富藏在何處。「我們不知道（他的財富在哪），」他們困惑地表示：「但上帝知道。」達提尼為人節制，虔誠信奉上帝，而且嚴守紀律；最重要的是，他是個優秀的會計師，不過他先入為主地認定自己卓越的賺錢技巧是一種罪惡。1

回到佛羅倫斯三年後，達提尼在一三八六年宣布，他在普拉托的總財產價值三千佛羅倫斯金幣。收稅官自作聰明地假設他把其中多數財富投資到其他地方；無論如何，如果他們找不到這些錢，就無法對他課稅。在當時，一隻豬價值三佛羅倫斯金幣，而一匹好騎的馬價值約十六至二十佛羅倫斯金幣，一個女僕一年的工資約十佛羅倫斯金幣，一個女奴（達提尼和他的某個女奴生下了他唯一承認的孩子）價值大約五十至六十佛羅倫斯金幣，而一件深紅色的長袍（像達提尼畫像中穿的那種長袍）則價值八十佛羅倫斯金幣。達提尼在普拉托為自己蓋了一棟宅邸，在那裡結婚，後來又在一三八九年搬到佛羅倫斯，繼續重操舊業。他也經營藝術品交易，而他穿著一襲紅色長袍的身影，也不止一次出現在當代的畫作上。其中最值得一提的是，他是弗拉・菲利波・利比（Fra Filippo Lippi）的名畫〈切波聖母像〉（Madonna del Ceppo）中可敬的人之一，目前這幅畫作還存放在普拉托的公共博物館。一四一〇年過世時，達提尼留下了大約十萬佛羅倫斯金幣的巨額遺產。2

一如現代，在一三八三年，一個人若非身懷十八般武藝，否則難有致富的一天。因為奪走歐洲一半人命的黑死病——達提尼的雙親都死於此疫——疫情才剛結束不到四十年，貿易路線也因強盜和海盜猖獗而遭到阻斷；儘管如此，還是有某些地方的經濟欣欣向榮，而北義大利就是當時繁榮的中心。早在一三四〇年代，義大利人就已發明了複式簿記法、匯票和海事保險，而且還採用帳面移轉、票據和口頭協議等成熟的付款方式。英格蘭、佛蘭德和卡斯提爾的資金與羊毛都會流經北義大利，在這當中，佛羅倫斯就扮演大型銀行業務中心的角色。佛羅倫斯不僅因當時幾個文學人物如但丁而聞名，也因鑄印著這個城市市花的佛羅倫斯金幣而著稱。佛羅倫斯金幣大小和目前的五美分鎳幣相當，其中一面印著佛羅倫斯的百合花，另一面則印著施洗者約翰（John the Baptist）——共和城邦硬幣並未鑄印國王或帝王的頭像。佛羅倫斯金幣是重三・九三盎司的二十四K黃金，所以即使以今日的標準來說，它也是一種非常有價值的硬幣；因此為了避免小偷藉由金幣切邊或刨薄等手段來圖利，佛羅倫斯金幣只透過有官方封印的皮袋流通與兌換。由於佛羅倫斯的銀行家對佛羅倫斯金幣的評價非常高，所以它自然也成為歐洲各地的標準通貨。[3]

達提尼是在亞維農賺到人生的第一桶金，他主要是在當地為羅馬教皇處理貿易與銀行業務。早期的銀行活動多半都和羅馬教皇及教廷有關，因為教皇和教廷擁有巨額的什一稅（tithe，也稱教區稅）與租稅資金收入；且教廷非常需要轉匯、兌換或委託保管這些資金。在中世紀時代，若想賺取巨額的財富（諸如佛羅倫斯銀行家帕魯齊（Peruzzi）和亞伯提（Alberti）等人累積的那種財富），多半必須經營能迎合羅馬教皇需要的業務。全新的信用與交易工具讓羅馬教廷的成員，得以透過銀行業務和利息獲得可觀的利潤；另外，銀行的存在也讓他們能夠將財富轉移給自己的家人。在亞維農時，達提尼只是一個小商人，他和合夥人以八百佛羅倫斯金幣的原始投資金額，賺到一萬佛羅倫斯金幣；但真正讓達提尼致富的，不僅是他經營銀行業務的能力，他處理各式各樣國際貿易的能耐，更是他的拿手絕活。尤其當時與羅馬教廷有關的國際貿易相當興盛，達提尼也銷售盔甲、衣物、奴隸、香料、葡萄酒和橄欖油。達提尼在女兒吉妮維拉（Ginevra）一三九九年四月結婚時，舉辦了豪華的婚宴。其中每一套餐點都包含超過五十道菜餚，包括義大利麵、小牛肉、餡餅、鴨肉和鴿子肉，而這些細節都條列記載在他的帳冊裡。[4]

達提尼的檔案被保留至今，他過世時留下了十二萬四千五百四十九封商業信函，與五百七十三份會計帳冊和分類帳，目前這些檔案都還保存在普拉托博物館，堪稱中世紀時代最大的個人財務檔案。從達提尼的檔案可清楚看見中世紀時代義大利人的生活，以及當時的商業有多麼複雜，從而了解為何唯有身懷高超技藝的人，才有能力記錄複式分錄帳冊。他的檔案裡也包含了各種家庭物資的支出清單，如食物、衣物、奴隸、狗、猴和孔雀等。他也將所有個人財產全部列成一份清冊，包括家具、大量的珠寶收藏，甚至葡萄酒的成本（本地葡萄酒是一瓶一里拉（lira），即二十個銀幣）。[5]

即便達提尼已去世超過七百年，他的商業概念聽起來卻熟悉得令人不得不感到訝異。他經由合夥關係取得資金，並因此獲得亮麗的成就。他本身投入的自有資金並不多，但他卻有能力吸引眾多合夥人和投資人提供資金；而唯有透過專業的會計作業，才能實現這樣的合作模式。因為每一項事業不僅需要維護基本的會計作業，還需要計算每位合夥人與投資人在每個時刻的權益，以及依個人持有股份而可分得的利潤。每個合夥人的股份和最後的股利，是根據其投資金額的比例計算而來，不過有些投資人是收取七％或八％的固定利率。[6]

在達提尼那個時代，一個人必須紀律嚴謹、擁有高明數學技巧、有能力處理許多帳冊，同時還得有能力將不同帳冊上的資訊記錄、分析與轉登記到其他帳冊上，才有能力維護複式簿記會計作業。在現代人眼中，達提尼的記帳系統看起來是一套以皮革、羊皮紙、紙張和木頭製成的巨大計算系統，一直到達提尼過世一個世紀後，才終於有某些闡述他的方法的會計教本問世。後來，荷蘭畫家以圖畫來呈現達提尼所描述的作業，例如，馬里納斯・凡・雷莫斯瓦勒（Marinus van Reymerswaele）的〈兩個稅吏〉（Two Tax-Gatherers，大約一五四〇年－一五四〇年，倫敦國家美術館）畫作中，就畫了會計帳冊、硬幣、早期的筆記本和用來裝紙的木盒子。達提尼的多數帳冊是他的最高經理人坎比歐尼（Cambioni）和他本人親手記錄的，而且他會在這些帳冊印上他的商標。[7]

達提尼的會計流程的第一步，是將一整天的交易寫進所謂的「備忘書冊」（Quadernacci di Ricordanze），其中的交易包括收入和支出、備忘錄、收據和帳單——有點像是剪貼簿與筆記簿的混合體。另外，他也會記錄和日常生活有關的交易，像是購買一名奴隸、享用了一頓美好的晚餐，幫女兒買了一個鈸、一隻狗、一副眼鏡和一頭騾等瑣碎的交易，他都一一記錄下來。完成備忘書冊後，達提尼會把這些片段資訊記錄到一份稱為Memoriali的帳冊。此時他會依照日期，更有條理地記錄這些資訊，接著他再以複式分錄的形式，把所有交易記錄到一份以精緻皮革裝訂成冊的libri grandi，也就是主要分類帳。達提尼的每家公司都有設置以上所述的整套帳冊，而且每一本分類帳的首頁一定會寫上一段宗教表白：「以聖三位一體、所有聖徒與天堂裡的天使之名」——更適切來說，就是「以上帝與利潤之名」。[8]

另外，達提尼也會針對公司以零用金交易的日常買賣記錄借方與貸方帳冊，且他也記載負債的帳目。由於他的公司經營非常複雜的交易，所以對他來說，「帳冊的整合」堪稱管理公司大金庫的核心要務。他利用其他帳冊來記載倉庫的庫存貨品、房地產、薪資和他位於普拉托的製衣工業帳目；也記錄自己家裡的帳冊，上面記載了被單、蠟燭和煤炭、食物與傭人薪資，還有達提尼本人越來越驚人的高級衣物支出等；最後，他用他的秘密帳冊libro segreto，將上述所有帳目全部結合在一起。當時不管是中型商人或大商賈，都會記錄這種秘密帳冊，這種帳冊有點像會計帳冊，又有點像日記，是商人。開誠布公表述自身實際財務狀況的安全管道。達提尼透過這些秘密帳冊記載他的真實——也經常是沒有被課到稅——的商務交易，上面詳列所有契約、公司每個合夥人的股份與借方金額，還有像是記載孩子出生、祖先生平與主人翁日常想法等類似私人日記的分錄。這種秘密帳冊堪稱最巨細靡遺的個人資料，當中包含所有和商業利潤及上帝有關的事。達提尼在其中一組主要分錄中，詳列了他昂貴又華麗的祈禱書、他大方餽贈給教會的禮物，以及他對窮人的施捨。透過這組分錄便可發現，他把一部分利潤奉獻給教會，而且每次為自己添購任何奢侈品（如鯡魚、橘子或葡萄酒）時，都會從中拿出一部分給救濟院或修道院。這本秘密帳冊也記錄了一家企業的最後計算結果，而這個結果可能和主要分類帳上公開的計算結果不同。[9]

達提尼的帳冊涵蓋範圍之廣、數量之多，簡直能用排山倒海來形容，唯有個人紀律與管理紀律嚴明的人，才有辦法善加記錄這些帳冊，總之，這是一件艱巨的任務，達提尼雖過著被葡萄酒、高級服飾、松雞、珠寶和奴隸情人圍繞的享樂生活，他工作時還是非常有計畫，一切有條不紊。在寫給旗下某個事業的經理人的信件中，他警告對方要日夜思考手邊的工作該怎麼進行，而且必須藉由隨時做筆記和記錄帳冊等方式，對自己耳提面命。[10]

儘管達提尼非常成功，但他還是無時無刻都活在夢魘裡。他總是擔心自己會家道中落，擔心事業投資會崩潰，例如他曾寫道，這些壓力「令我極端苦惱」；所以，為了隨時掌握自身事業的狀況，他亟需優良的會計帳冊。但要擁有優良的會計帳冊，光是命令員工記載必要的記錄是不夠的，他還堅持嚴懲的紀律。舉個例子，如果員工在實際收到某一筆錢以前，未能先切實在帳冊裡記下這筆金額，他就會對該員工罰款。另外，員工每犯下一筆登帳錯誤，就會被罰一個索里第，達提尼相信，十個索里第的罰金，就足以永久矯正員工的簿記錯誤。這種懲罰也隱含宗教與懺悔的寓意，他在日記中寫道，這是「一個被祝福的規定」。事實上，這類作法的成效似乎很好，因為所有證據都顯示，達提尼的財富並非來自某一筆足以讓他成為暴發戶的巨額交易；相對地，他的財富是點點滴滴、積沙成塔而來——細節果然非常重要。[11]

整體而言，達提尼的所有帳冊象徵著現代財務與資訊時代的誕生，也讓他成了一個精通數字、數據和文書工作的商人。馬克斯・韋伯曾說過一段名言，他說資本主義是從新教徒的工作倫理中產生，而這種工作倫理肇基於自律和西格蒙德・佛洛伊德（Sigmund Freud）所謂的「延遲享樂」（delayed gratification），以及對快樂原則（pleasure principle）的控制。從達提尼身上便可發現，儘管他對奴隸女孩情有獨鍾，且喜愛享用松雞、穿著高貴的服飾，但西歐的原始資本主義工作倫理，確實是逐漸從這種嚴守紀律、戒慎恐懼、崇愛聖人、信仰天主教的義大利貿易世界（義大利因與拜占庭及鄂圖曼帝國之間的關係而擁有鼎盛的貿易活動）中產生。義大利人發明了複雜的多重合夥人企業、銀行和複式簿記法，若沒有鋼鐵般堅定的工作倫理，這一切都不可能實現。達提尼曾描述他在亞維農的某個合夥人邦寧賽格納・迪・馬戴歐（Boninsegna di Matteo）的工作內容，他說馬戴歐沒有做別的事，就是持續不斷地閱讀與記錄帳冊，而達提尼也打包票說，「在所有工作完成以前，他不會從椅子上起身」。這個模式其實很單純：一個人必須忠實地將所有事務記錄到會計帳冊，同時要設法維持清晰的計算結果，且還必須抱持戒慎恐懼的心理，時時警戒。一三九五年時，達提尼寫信跟妻子訴苦，說自己快被事業壓垮，擔心自己隨時會發瘋。戒慎恐懼的心理驅使達提尼努力工作，而他維護優良帳冊記錄的作法，則讓一切得以井然有序，達提尼的經理人之一就曾抱怨，他有整整兩年沒有一個晚上是徹夜飽眠的，而且對自稱「愉快地躺在溫暖被窩」的人嗤之以鼻。[12]

達提尼律己甚嚴，所以多數商人不使用複式簿記會計法的現象，總讓他感到不可思議。你可能會假設，很多和達提尼做生意的人都看過他怎麼記錄自己的帳冊，並進而仿效他，因為在從事交易時，他總是打開他的備忘書，並隨時做記錄。不過，達提尼回到普拉托後，對他的朋友史托爾多・迪・羅倫佐（Stoldo di Lorenzo）抱怨，家鄉的其他商人根本不記帳，只是試圖用腦子把所有事務記憶下來。他說：「只有上帝知道他們是怎麼管理事業的！」[13]

雖然達提尼知道複式分錄是追求精確與取得控制力量的主要工具，但他周遭的很多人卻都漠視這個方法。舉個例子，普拉托的藥師班納迪托・迪・塔柯（Benedetto di Tacco）只採用相當原始的記帳系統——一本分類帳和一本補充帳冊。他在主要分類帳中登記應收帳款和應付帳款，並記錄了一百零六人欠他的債務；另外，他還在一本較小的帳冊中（他的libriciuolo）中記載各項交易的細節，例如因出售羊皮而收到一索里第與四迪納里（denari）之類的；接著，迪・塔柯會把交易的總和轉登到他的分類帳，並以畫線刪除的方式來結清帳目；他還提到自己會在一個可擦拭的黑板上將帳目列成表格，偶爾也和其他人一樣，在散落的紙張及其他帳冊上製作表格式帳目（但因為沒有裝訂成冊，這些帳目早就遺失）。換言之，迪・塔柯雖然使用會計，卻沒有使用複式簿記法，所以他無法計算出真正精確的結果，而且他的計算也不像達提尼的計算那麼精確或完整；再者，他雖使用了一些基本的會計方法，但沒有定期且有計畫地利用這些基本方法來建立他的記帳系統。的確，當時很多商人即使只使用單式分錄，而且只在腦子裡記帳，一樣能把事業經營得有聲有色；但達提尼深知，如果不使用他那種簿記系統的數據管理工具，就不可能經營好那麼大型的企業。[14]

當時不斷有人提醒達提尼，某些人對他的專業和會計相關作業很不滿。原因是當時的很多銀行業務違反教堂的教會法（canon law），這項法律雖然在強制執行上保有相當的彈性，卻公開宣告放款行為是有罪的。身為一個托斯卡尼良民，達提尼不僅虔誠信仰他的宗教，對財富的追求也一樣腳踏實地，他企圖以他的座右銘「以上帝及利潤之名」來結合兩個不太相容的概念——一個新，一個舊。

雖然現代人可能無法置信，但中世紀時代的銀行家和商人，確實向來為利潤而生的罪惡感所苦。聖安波羅修（Saint Ambrose，三三七年至三九七年）就曾警告，高利貸

（透過放款收取利息）與受多於施都是罪惡。一一七九年的第三次拉特蘭議會（Lateran Council）更決議，拒絕為放高利貸者舉行基督教葬禮，因為他們認為高利貸和貪婪的基本罪惡息息相關，且被視同強盜、說謊、暴力與騷擾等罪惡。舉個例子，但丁把放款人描述為將老實人變貧窮的小偷，他在《神曲・地獄篇》（*Inferno*）中，描述放高利貸者一心迷戀掛在自己脖子上的錢囊。猶太教允許教徒在放款時收取利息，不過舊約聖經卻對此設限，規定信徒只能把錢借給群落以外的人。總之，放款人因宗教而被迫成為一種有利可圖，但受人憎恨的角色。[15]

當然，教堂裡的道德主義者也努力嘗試在禁令之中尋找出路。湯瑪斯・阿奎納（Thomas Aquinas）就曾以公平價格（just price）的概念提出幾個例外，允許商人針對任何可能的損害（damage）收費。至於怎樣叫損害，則取決於當事人的定義，而文字的定義方法可就多了，所以無論是古代或現代，律師都非常重要，一定要找一個優秀的律師當靠山。在達提尼時代，一個著名的傳道者弗拉・傑柯波・帕薩凡提（Fra Jacopo Passavanti）就曾抱怨，商人用諸如存款、儲蓄、購買和銷售等字眼來掩飾其放款行為，他還警告，不管用什麼詞語來表達金錢的「交流」，這種交流都是「可鄙的」。[16]

當然，商人和教會總是能找到一些遊走於高利貸法邊緣的方法。達提尼經由外匯兌換賺錢，這項業務可說是中世紀銀行業的基礎。銀行家發行可以在巴黎、倫敦、日內瓦或布魯日（Bruges）交換外國通貨的票據，而在計算匯率時，當然會採用對放款人（銀行）有利的匯率。實質上來說，這就是以收取利息為目的的放款行為，而放款行為違反教會法；但不管怎麼說，教會需要借錢，而有錢的主教則需要一些安全的投資與儲存管道，來安置他們的財富。樞機主教和羅馬教皇當然樂意把錢交給銀行家斟酌裁量（discrezione），也就是說銀行家可以根據自己斟酌後的結果，給予存款人特定的報酬——也可以說是餽贈——而那說穿了就是利息。銀行支付給存款人的利息總額，取決於銀行本身的利潤，所以，儘管不見得每個年度都會支付利息，但這種利潤分享共識是非常清楚的，諸如達提尼和梅迪奇等銀行家經營的銀行業務非常多元，放款生息只是其中一種。

對追求財富但又信仰虔誠的中世紀商人來說，利潤向來是個令人頭痛的問題。中世紀義大利人雖會記錄會計帳冊，但他們永遠不曾忘記，最終來說，沒有一個凡人有權做最後的結算，因為最後結算的權力掌握在上帝手中。不過他們相信一個人如果努力行善，同時設法揣摩上帝將會怎麼評斷他，最終還是有辦法平衡自己的罪惡和善行；事實上，教會將幫助世人完成這件事。就這樣，罪惡感和會計糾結在一起，成了會計發展的必要元素。

達提尼並不真的相信自己是在為上帝賺錢，而他也常在書信中提到這個觀點。他會清點自己的財富和罪惡，也計算過他自認欠上帝多少債務；但直到生命接近終點時，他才終於將這一切連結在一起。償還道德負債稱為補贖（penance），而這牽涉到某種會計作業，在複式分錄出現以前，會計作業和記錄道德帳目的文化息息相關，這堪稱當時人類精神生活的精髓。中世紀基督教徒對財富的態度，有助於解釋為何某些人會記錄帳冊，但某些人卻質疑甚至拒絕記錄帳冊——儘管記帳確實很有幫助。

人和神之間的聖約是所有宗教的基礎，人類必須向神祇或上帝奉獻，如果遺忘或疏於奉獻，就會在宇宙審判時刻遭到懲罰。上帝給予奉獻者的獎賞不是利潤，而是凡人的生命與靈魂的不朽。在多神崇拜的宗教，未能誠意奉獻的人將遭到直接的懲罰，像是吉爾加美什（Gilgamesh）的大洪水；而以希伯來人來說，亞伯拉罕（Abraham）曾和上帝訂定一份聖約，摩西（Moses）也一樣。摩西從西奈山（Mount Sinai）帶來十誡，並將它寫在石板上，那就是上帝為人類設下的規定，如果世人不遵從，就會遭受懲罰。而舊約全書和它複雜的法律條文堪稱道德會計的範本，信仰者必須透過道德與心靈會計，釐清上帝對他們有何期待；另外在猶太法典裡，人類的每一種行為都有一個對應的道德負債。

不過這樣還是難以釐清，一個好猶太教徒和基督徒是否一定要努力維護優良的帳冊。人類能有條不紊地處理好自己的事務嗎？或者說，既然上帝會幫凡人記帳，那人類是不是就不太有必要自行記帳？畢竟最終來說，正人君子的生命帳冊（上面記載這些人的名字）與壞蛋的死亡帳冊都掌握在上帝手中，每個人的評價都是由上帝決定。

聖馬太（Saint Matthew）融合了希伯來、希臘和全新的基督教傳統，將會計的文化導入基督教信仰；不過馬太傳播的訊息卻有點模稜兩可。他聲稱正人君子應該誠實記錄優良的帳冊，不要浪費金錢，但又倡議拒絕瑪門（Mammon，意味罪惡的物質財利）和祂的世俗物質誘惑。馬太〔也就是所謂的利未（Levi）〕曾是希律王（King Herod）和羅馬人的收稅官，有一次，耶穌邀請馬太離開他的稅關，隨他出席一場筵席，馬太從此改變信仰，成為耶穌的門徒。耶穌為馬太的改變信仰辯護，說祂的到來「不是要召集正人君子，而是要召喚罪惡者」（馬可福音2：17）。在耶穌眼中，馬太是個有用的人，因為他受過數學和會計訓練，而且懂得多國語言；換言之，馬太擁有其他門徒所缺乏的技巧。馬太後來成為耶穌十二個門徒之一、第一名福音傳教士以及守護聖徒，直至今日他持續守護著銀行家、收稅官、會計師和香料製造者（據信他將他愚鈍的下屬變成一棵有香味的果樹）。

中世紀與文藝復興時期的藝術家以馬太的謀生技能來呈現他的樣貌，有時候是用他的福音書，有時是他坐在計算桌旁的模樣。他既是個資金製表員，也是個道德寓言編撰人，但這兩種形象其實很類似。卡瓦拉喬（Caravaggio）的畫作〈聖馬太與天使〉〔The Inspiration of St. Matthew，一六〇二年，羅馬聖路吉教堂（Church of San Luigi dei Francesi）〕中，畫著正在寫福音的馬太，而這個活動和他在計算桌旁的活動很類似，其他藝術家也描繪他手持會計帳冊或坐在會計桌旁的模樣。[17]

馬太提醒世人，時時都應以誠實的態度處理財富；不過他又主張財富是世俗、物質化的東西，且可能成為罪惡。馬太在「天資寓言」中，勉勵世人要以忠實的方式，利用自己辛勞工作賺來的錢去獲取利潤，如果借來的錢沒有再善加投資，負債行為就不值得被原諒。他還說了一個故事來闡述他的意思：某人因故必須遠赴海外，所以他將財物交給僕人保管和管理，但那個懶惰的僕人卻只是把那些金幣埋起來，等到那個人歸來，他決定懲罰那名僕人，因為他沒有將那筆錢財拿去投資，為主人創造更多財富。他說：「你應該把我的錢委託給銀行家，那麼一來，待我歸來時，才能連本帶利收回我的錢。」[18]

但馬太並沒有明說人類是否有「在土地之上創造獎金」的義務，他警告：「你不能既服侍上帝，又服侍瑪門。」他認為人類理當努力工作賺錢，但也必須認知到，最終來說，金錢只是瑪門，也就是罪孽深重的貪婪之源。馬太堅持世人應該明辨罪人的世俗物質世界，和只有上帝能恩賜的真正糧食之間的差異。他說：「人不是光靠麵包就能活下來，更仰賴上帝口中說出的每個字。」就這樣，馬太用一種二分法來區隔物質世界的糧食和上帝恩賜的糧食。奧古斯丁（Augustine）後來將之發展為一種反物質主義（antimaterialist）的神聖觀：「於是他對他們說：『那就把凱撒的東西還給凱撒，把上帝的東西納給上帝吧。』」這實在是令人感到混淆的教誨——中世紀教堂或許貪求金幣，卻也鼓吹世人對抗瑪門。

或許是馬太的啟發——藉由會計寓言和隱喻的使用——拔摩島的約翰（John of Patmos）才會產生靈感，寫下圖文並茂且蘊含深義的啟示錄（Book of Revelation）。啟示錄中詳細討論了生命冊和死亡冊的細節——上帝手中握有許多會計帳冊，他決定孰生孰死，同時計算上天堂和下地獄者的最終善惡結算結果：

> 而我看見大大小小的死者站在上帝的面前；那些書冊全被展開，另一本書冊也被攤開，那是生命冊；而依據書冊上記載的事項——與他們的所作所為有關的事項——死者獲得審判。（啟示錄20：12）
>
> 沒有被寫入生命冊的每一個人都會被打入火湖。（啟示錄20：15）

後來，基督教思想還是持續使用這類會計隱喻，在四〇〇年代早期，中世紀教會的主教奧古斯丁根據平衡帳冊的概念來描述基督對人類的救贖。對奧古斯丁來說，基督是一個商人，他購買人類的重生與永生：「他將自己的手臂伸展在十字架上，作為救贖我們的代價。」[19]

奧古斯丁曾是修辭學教授，熱愛葡萄酒且經常流連妓院，但他後來卻透過佈道，諄諄勸戒世人應像清教徒般拒絕他一度沈溺的肉欲世界。奧古斯丁懷抱摩尼教徒的見解，認定肉欲與塵世裡的物質是邪惡的，只有心靈是優美的。也因如此，他要求信徒揚棄世俗的知識和亞里斯多德的偉大科學，要求人類應轉以上帝之城取而代之，在那裡投資自己，並進而償還尚未清償的罪惡債，以及償還基督為了救贖人類而濺出的鮮血。

黑死病肆虐後的那段期間，整個世界對宗教極度虔誠，「上帝將執行最後審判」的概念成為世人的中心思想，啟示錄裡描繪的形象也顯得不是那麼異想天開。喬凡尼・薄迦丘（Giovanni Boccaccio）在《十日談》（*Decameron*）裡，描述一三四八年那場瘟疫是如何橫掃佛羅倫斯，街道上堆滿了一具具屍體，並導致這個管理健全的富裕城市瀕臨崩壞。他寫道，逃離的人期盼那些死者已經幫所有人還完人類積欠上帝的一切債務。但薄迦丘提醒他的讀者，生命是短暫的，而死亡卻是無時不刻都在發生。[20]

面對逐漸從東方逼近的瘟疫與上帝的憤怒，達提尼在寫給妻子的信中表現出真實而深沈的無助感。弗朗西斯柯・托萊尼（Francesco Traini）在比薩大教堂留下的〈死亡的勝利〉（Triumph of Death，大約一三五〇年）壁畫，就是在一三四八年黑死病爆發後那段期間完成的。他以那些畫來闡述儘管人類竭盡所能逃避死亡，但最終仍難逃一死的那種思維，從諸如此類的圖像，以及當時的定期佈道內容與偉大文獻，在在可看出那時的人類是多麼無助。尤其是在佛羅倫斯，諸如但丁與薄迦丘等偉大作家，不斷提醒世人牢記生命的短暫，同時讓世人體悟到人類遲早要為自己的不完美和罪惡付出代價——每個人都知道必須離開這個陰森恐怖的地方，但在攀爬煉獄山的過程中，所有人都難逃因自己過往罪惡而受苦的宿命，幸好大家最終都能抵達頂端的天堂。但丁寫道，這趟旅程無論如何都得展開，因為這是上帝審判過程中的一環：

> 不過，讀者，我不希望你
> 因為聽到上帝將如何要求我們償還過去的債務
> 便偏離你的良善決心。

別老是想著懲罰的形式：

想想懲罰以後將發生什麼事；即使最糟的懲罰

也不會拖到最終審判日以後。[21]

一三〇〇年代，信仰、善行和罪惡被安置在一個會計隱喻裡，並聲稱它們能相互抵銷。教會宣稱但丁所謂的「欠上帝的債務」是可以設法清償的，並開始編造一些方法，聲稱那些方法能改變上帝生死帳冊上的清算結果，甚至可能在一個人展開煉獄山攀爬之旅前就改變。教會宣稱，真心的信徒必須先對教會坦承自己的罪惡，由教會先進行善惡清算作業，一旦清算結果出爐，信徒就必須藉由補贖來平衡他們的道德帳冊，而所謂「補贖」是指以善行或金錢——這很矛盾，路德（Luther）後來也對此有所抱怨——來償還信徒本身積欠上帝的債務。此時的教會代表一切，它是靈性的泉源、與上帝交流的機構，以及金錢機器。但這部金錢機器卻也和靈性、法律、倫理等考量緊密糾結，於是，羅馬教皇宮廷的大廳裡擠滿了會計人員，由於虔誠的信徒會為了免除自身的罪惡繳納大筆現金，故在這座宮廷裡，數字也成為衡量羅馬教皇陛下受景仰程度的指標之一。[22]

達提尼也付了錢，但他不僅經由補贖的程序付錢，還將大量財富留給窮人——透過這個作法，他的利潤和他的清算系統得以融入這個記載道德帳目的世界。由於瘟疫、百年戰爭，和羅馬教廷分裂為羅馬與亞維農教廷等紛亂的影響，教會思想家意識到，補贖能產生一種撫慰作用，讓世人較能坦然看待無情又可怕的死亡與不確定的來生。赦免（Indulgences）——饒恕、免罪或寬饒——被解譯為縮減一個人必須花費在補贖上的金錢或禱告的時間，兩者都是為了縮短自己在煉獄的沈淪，因為教會可以運用它的力量，代表個人向上帝說情。[23]

基督教徒的會計概念比「償還罪惡債」的單純想法深奧許多。基督濺出的鮮血被視為拯救人類的珍寶，且誠如聖彼得在他的第一份書信中訓誡的，基督利用這些血液，將人類從惡魔手中救贖出來。法國道明會樞機主教聖齊爾的修（Hugh of St. Cher，一二〇〇年至一二六三年）相信，基督的鮮血被「儲存在教會金庫的一個桶子裡，而桶子的鑰匙屬於教會所有」，唯有教會才擁有開啟這個金庫的鑰匙；換言之，只有教會擁有洗滌人類罪惡的能力。「為教會贏得的大量基督鮮血」被視為「一種取用不盡的功勳基金」，而人類可以基於救世的目的取用這些基金。[24]

多數基督徒透過基督鮮血帳目的概念而開始接觸到會計觀念，他們體認到，善行與補贖能抵銷掉罪惡，縮短自己沈淪在煉獄的時間，同時換取來生。道德貸項、借項和餘額都是救贖的必要元素，一二〇六年至一二〇九年間擔任巴黎大學名譽校長的克里莫納的普拉耶波斯提尼厄斯（Praepostinius of Cremona）更進一步聲稱，付錢以求免罪的人將獲得寬恕；換言之，世人可以用白銀和黃金來償還他們積欠罪惡金庫的債務。雖然後來新教徒抱怨這個中世紀傳統為基督教導入了某種格格不入的商業元素，但從舊約聖經、馬太與奧古斯丁都可發現，這樣的元素向來都存在，而且是以一個中心概念為基礎——人可以藉由支付基督的血液和透過信友禱詞來贖罪。[25]

一如達提尼的案例所示，「欠上帝債」的概念和害怕面對最後審判的心態，激發了一種和個人當責有關的自覺。事實上，達提尼直到過世前，都還是為了上帝和利潤之間的衝突而感到為難。達提尼每天都會把他的利潤登入帳冊，但他也相信這些利潤會導致他和上帝之間的距離一天比一天更疏遠。到了一四二〇年代，瑟納的聖伯爾納定（Bernardino of Siena）在佈道時表示，服從父母的人將獲得上帝獎賞的財富，而不服從父母的人將陷入貧窮的苦難。不過達提尼並不覺得自己優異的管理能力有讓他更靠近上帝，因為他的部分優良管理能力是和放款有關。事實上，他承認自己從事高利貸行為，而他心知肚明，放款被視為一種罪惡，所以他也一直為此事所困擾。[26]

會計帳冊上的借貸項兩相抵銷後的結果對達提尼越有利，就代表他積欠上帝越多債務；所以，達提尼的會計帳冊不僅衡量他的利潤，也衡量他必須因自己的罪惡而還給上帝多少錢。儘管達提尼並不特別虔誠信神，他還是不斷想方設法，試圖償還自己對上帝的債務。一三九五年，聽過一場大齋節（Lenten）佈道後，他寫信給妻子，信中提到：「我一生累積的罪惡，已達到人類罪惡的極限……因為我未能好好管理自己，且直到今日，我還不知如何節制自己的欲望……所以我非常樂意支付罰金。」一如那個時代的其他人，他也害怕面對最後的審判（主要是對瘟疫的恐懼，因為一四〇〇年時，瘟疫再度逼近佛羅倫斯，並導致東歐一片荒蕪）因此他參加了比安齊（Bianchi）補贖朝聖團，穿著兜帽白袍，和遊行隊伍一起赤腳長途步行整整十天。[27]

此外，修道士也不斷催促達提尼將財富留給窮人。雖然友人警告他這麼做只是把錢送給皮斯托亞（Pistoia）的富有主教，但達提尼不顧朋友的懇切勸說，將錢留給普拉托的教士，讓他們可以從事善行，像是援助病患、為貧窮的婦女找丈夫，以及打擊貧窮等。他也堅持由他的事業夥伴執行他的遺囑，確保這些錢只會被花在協助窮人的用途。遺囑執行者根據他的指示，將他龐大的財富——十萬佛羅倫斯金幣——用來建造一家專門醫治窮人的醫院——方濟各馬可濟貧之家（Casa del Ceppo dei Poveri di Francesco di Marco）。在弗拉・菲利波・利比的〈切波聖母像〉畫作中，達提尼的人像迄今依舊栩栩如生，而達提尼過世後六百多年，達提尼子女創立的醫院也依舊屹立在當地。醫院古老的門上刻著一篇碑文，文中盛讚達提尼是「基督貧民的商人」。如今，普拉托市還是會依照習俗，為崇敬達提尼的生日而舉辦大型集會，不過，達提尼在瀕臨死亡的最後時刻，還是百思不得其解，他不懂為什麼他必須死？因為身為忠實會計師的他不僅虔誠信奉上帝，而且慷慨奉獻，所以他實在難以接受上帝對他的最後審判。[28]

CHAPTER 3

# 不可一世的梅迪奇家族：一個警世故事

如果商人的手指上沾了油墨，那就是個好兆頭。

——李昂．巴第斯塔．亞伯提（LEON BATTISTA ALBERTI），一四三七年

佛羅倫斯是個古怪的城市，在天氣晴朗乾燥的日子，一到傍晚時分，沈重的岩石經常散發出一種瑰麗的色彩，形成堪稱舉世無雙的美景；時而潮濕、時而乾燥的氣候，讓整座城市經常煙霧瀰漫，在那樣的日子裡，它看起來就像是快要飄浮到周圍壯麗山丘上的世俗樂園菲耶索萊（Fiesole）。不過，佛羅倫斯還有另一種面貌，坐落於山谷的它被周圍的山丘圍繞且束縛著，所以夏天時若沒有一絲絲的風，氣溫就會高得令人抓狂，空氣中還不時散發出腐臭味，濕氣更是高得令人不敢領教；然而一到了冬天，天氣有時相當惡劣，從東北方的木吉羅山丘（Mugello）颳下的狂風與暴雨著實令人難以承受，不

過傳奇的梅迪奇家族，就是從木吉羅山充斥野豬的黑森林裡發跡。當暴風雨從亞平寧山脈（Apennines）襲來，佛羅倫斯的岩石就會變成黑色，看起來簡直就像要滲出粗糙的煤炭，那裡的寒冷是濕冷——頑固又持續的濕冷。若想擺脫這種濕冷感受，唯有躲到預感石（foreboding stone）後的烈焰附近，那裡有熱騰騰的蔬菜湯、燉肉麵包和基安蒂葡萄酒（Chianti）等救濟品可以驅寒。而這就是佛羅倫斯美麗又殘酷的雙重面貌，也正活脫是梅迪奇家族的最佳寫照。

要了解會計的雙重本質——會計是實現成就的動力，但也可能是個陷阱——一定要先了解梅迪奇家族、這個家族和佛羅倫斯的關係，以及他們對金融史及西方文化的決定性影響力。在佛羅倫斯，梅迪奇家族展現了良善財務的力量，但也因抵擋不了漠視會計的誘惑，最終淪為犧牲品。梅迪奇銀行早期的大老闆，利用會計創造出一部讓他們得以支配當代文化與政治局面的財務機器，在此之前的歷史上，幾乎沒有一個家族能擁有那麼大的影響力，但短短一個世代後，這個家族卻幾乎完全喪失那種呼風喚雨的力量，不僅是因為他們的會計作業趨於拙劣，更因為他們不再將會計視為自己和後代不可或缺的一門知識。最大的諷刺是，到最後，梅迪奇家族不再仰賴銀行業務來維持他們的力量，而且這個改變不盡然是出於他們自己的選擇；事實上，偉大的梅迪奇家族因怠於經營祖先留下來的銀行業務，最終摧毀了整個家族的根本基業。

科西莫・德・梅迪奇（Cosimo de' Medici，一三八九年至一四六四年），人稱長者（il vecchio），死後更被封為國父（pater patriae），是個精明且實事求是的銀行家，而他的父親也是中世紀銀行家。梅迪奇家族是佛羅倫斯的大家族之一，科西莫的父親喬凡尼・迪・比西・德・梅迪奇（Giovanni di Bicci de' Medici）還擁有一個多少有點榮耀的頭銜gonfaloniere，也就是佛羅倫斯共和城邦暫時性的標準執法人與高階地方行政暨司法長官。雖然梅迪奇是佛羅倫斯的重要古老家族之一，卻稱不上當地最有錢的家族，也不是聲譽最好的市民，畢竟他們是透過圓滑的手腕來賺錢，而且一如之前的所有成功銀行家，「和羅馬教廷做生意」是他們累積財富的主要管道。科西莫的父親賺到了非常可觀的財富，過世時共留下了十一萬三千佛羅倫斯金幣，更勝達提尼留下的遺產。[1]

如果說讓梅迪奇家族致富的推手是科西莫的父親，那麼科西莫就是將家族的銀行變成國際超級強權的大功臣，而他本人後來也成為他那個年代最富有的歐洲人。梅迪奇家族利用他們一點一滴謹慎賺來的財富，支持佛羅倫斯文藝復興時期昌盛的藝術圈，和梅迪奇家族本身的政治勢力；可以說，文藝復興繁榮昌盛的基礎，其實建立在世俗的優質簿記作業之上。科西莫是古典文藝復興運動的主要守護者和贊助人，他將這場運動概念化，並大方贊助相關的支出，甚至從旁激發了許多靈感；不過，即使他一手打造了這麼一個全新的世界，他還是繼續堅守他身為中世紀商人父親所留下的很多習慣。

科西莫也是出生在一個黃金年代，因為從很多方面來說，一四〇〇年代初期那段時間的佛羅倫斯不僅是基督教的中心，更是世界貿易、金融和教育學習中心。共和城邦掌璽官柯路西歐・薩盧塔蒂（Coluccio Salutati，一三三一年至一四〇六年）本身也是一個知名的文藝復興學者，他公開宣稱自己的時代是黃金時代，他曾問：「哪裡還有但丁？哪裡還有佩脫拉克（Petrarch）？哪裡還有薄迦丘？」那個年代的幾個關鍵作家不僅讓托斯卡尼語成為具支配力量的義大利方言，他們更創作了許多現代文獻和人文主義研究。一般認為，佛羅倫斯人就是透過對前人的研究，才能重返古希臘與羅馬時代的繁榮與富庶，當時古典文藝復興運動便是聚焦在結合人道主義與新興資本主義／工業的實務知識。[2]

當時的佛羅倫斯既是銀行與商業中心，也是歐洲最首要的教育學習中心。托斯卡尼是讀寫素養相當高的地區，而其中很多讀寫內容都和商業記錄的記載有關。在佛羅倫斯的十二萬個居民當中，隨時都大約有八千至一萬人處於就學狀態，其中有一半的就學人口是去上算盤學校；另外也有非常大量的記錄顯示，即使是勞工和工匠都懂得閱讀、書寫和記錄帳冊。在當地，所謂「成為一個人文主義者」（umanista），幾乎等同於「成為一個拉丁學者和教師」；另外佛羅倫斯也充斥藝術家、詩人和哲學家。在那裡，銀行家、商人、工匠和律師各自學習其所屬行業的知識，但也學習哲學及古代學者如亞里斯多德和畢達哥拉斯（Pythagoras）等人的學說。雖然一三〇〇年後，幾乎多數人都已懂得怎麼使用算盤，當地還是設有一些專門教導實用算術的學校，另外還有高中和學術協會供菁英人士就讀。到了一三二一年，佛羅倫斯更創立了一所大學，當時佛羅倫斯人稱之為

studio，在這裡求學，便可學習古人的學識。諸如柯路西歐·薩盧塔蒂等大家族的成員根據柏拉圖（Plato）的理想成立學術協會，這些協會的成員認定，只要學習世俗的學問並了解宇宙及道德，人類就能更靠近上帝。在和羅馬教皇與其他城市協商時，薩盧塔蒂仿效佩脫拉克，而且根據西塞羅的風格寫信。在早期的人文主義者心中，政治、商業和學習是密不可分的。薩盧塔蒂為了振興希臘語，甚至從君士坦丁堡把希臘籍的拜占庭學者曼紐·赫里索洛拉斯（Manuel Chrysoloras）帶回佛羅倫斯，因為當時西部人早就遺忘這種古代語言，不僅如此，他還將柏拉圖與亞里斯多德的著作導入這個早已遺忘他們的智慧的世界。[3]

雖然以當時的佛羅倫斯來說，一個足夠圓滑的商人通常能變得很有錢，甚至能掌握政治影響力；但相較於達提尼那個屬於共和城邦全盛期的時代，此時的佛羅倫斯已越來越菁英主義化（elitist）。柏拉圖說哲學家應該成為國王，而他的思想向來是影響佛羅倫斯菁英知識分子的核心力量。可以想見的，那樣的思想促使這些菁英分子更加堅定地相信，唯有創造文化成就的人，才能成為道德與社會領導權威。在一三九八年至一四〇六年間，科西莫年輕時的家庭教師，羅伯托·德·羅西（Roberto de' Rossi）開辦了一間免費的學術協會，供這個城市的主要家族的子弟就讀。他和赫里索洛拉斯一起教導那一群年輕人學習希臘語和柏拉圖哲學，而這些年輕人成年後，都成為佛羅倫斯各界的領導者，科西莫·德·梅迪奇就是其中之一；所以說，科西莫不僅是個銀行家，也是個研習柏拉圖哲學的學者。金錢和古代哲學雖是一個唐突的結合，但毫不意外地，這也讓那些佛羅倫斯菁英人士意識到自己是被授權的人。[4]

由此便可見達提尼和科西莫之間的差異：達提尼是個白手起家的商人，而科西莫則是一個銀行家族的子弟。他不僅浸淫在文藝復興人文主義的新文化，同時深受這項文化對聖方濟（Saint Francis）及聖母瑪利亞（Virgin Mary）崇拜的影響；他更沈迷於學習古代世界的異教徒知識。梅迪奇家族向來和佛羅倫斯較貧窮的派系維持著密切的政治關係；但儘管科西莫向來以樸素、偏好以騾代馬著稱，終究還是個文化菁英分子，也是文化史上最偉大的贊助人之一。他不喜參加公共集會，在街上遇見老者會主動讓路，甚至會在大眾遊行隊伍中畏縮不前。不過這個謙遜的市民卻也是佛羅倫斯的無情統治者，馬基維利（Machiavelli）形容科西莫在攀向權力高峰的過程中，一直相當謹慎且敏銳；但他利用金錢來達到目的的作法，破壞了佛羅倫斯共和城邦的自由。馬基維利說，這些錢「將恐懼帶進了這個城邦」。[5]

科西莫的穿著一向優雅，他不愛端架子且沈默寡言，經常主動免除別人積欠他的債務——換言之，他是個不稱職的銀行經理人。此外他也經常支助藝術家和學者，不過也有很多人指控他殘酷無情，而在那樣一個時代，一個人不夠冷酷，確實很難在義大利掌權，儘管佛羅倫斯擬定法律禁止公開處決市民，但那終究是一片殘酷暴戾的土地。科西莫的著名「事蹟」之一，是他接管某一座教堂的修建事務後，將其他贊助人一腳踢開，一個人攬下整件工程的功勞；另外他流放不忠的家族，將他們拆散，審查他們的信件，而且在義大利各地的公開場館安排一大堆受薪的告密者；甚至有傳說指出，他曾嚴刑拷打他的敵人。[6]

科西莫掌握了佛羅倫斯和義大利多數土地的支配權，在此同時，他也控制了歐洲金融圈。他的辦公桌儼然就是一個金融及政治王國的神經中樞，上面堆滿了書信、包裹、編成密碼的秘密訊息、報告和會計帳冊等；雖然他在倫敦安排了一些銀行經理人，他還是負責協商對分行、合夥人、存款人及貸款人的現金付款事宜。他曾為了絲的品質而和交易對手爭辯，也曾為了硬幣的黃金含量而和瑞士鑄幣商起爭執；對於人事管理相關的事務，他也事必躬親——他管理職員的個人行為、他們的效率、語言技巧，甚至管到他們的個人關係，諸如某些人長得太帥，某些人穿著不得體等細節，他都會出言干預。負責管理金錢事務的人，勢必要具備足夠的穩定性，否則容易出亂子，而科西莫正是判斷員工性格和危機跡象的高手。他的眼光相當精準，例如他深知威尼斯城邦作為佛羅倫斯的同盟邦的價值，所以曾借威尼斯十五萬佛羅倫斯金幣，讓它不至於被羅馬教皇逐出教門；這項「投資」讓威尼斯人與梅迪奇家族之間的同盟關係變得更加不可動搖。[7]

身為天主教教會的銀行業者，和精通國外貿易交換路線的大師，科西莫堪稱歐洲首富，他旗下的銀行當然也最具呼風喚雨的影響力。在這之前，教皇從各地徵收的什一稅和出售贖罪券等收入，必須穿越歐洲幾條坎坷的路線才能回到羅馬，後來梅迪奇銀行利用兌換券（exchange note），讓匯款作業變得更加簡便。有需要的人可以在倫敦或布魯日購買兌換券，再到佛羅倫斯辦理贖回——當然，兌換比率對梅迪奇銀行有利。在羅馬，羅馬教皇和主教則把黃金存放在梅迪奇銀行，如果一個樞機主教、政治家或其他商人想要借錢（如五百佛羅倫斯金幣），可以找類似科西莫這樣的銀行家，因為他可以開立外匯兌換票據。購買這種匯票的人承諾償還這筆總額給梅迪奇，而梅迪奇則會開立一張等額的匯票，寄到倫敦或布魯日去兌換，並從中獲利。梅迪奇因從事這種兌換業務，年度獲利率達一三至二六％，匯票購買人必須償還原始總額，剩下的利潤歸梅迪奇，而且這一切在教會眼中都是合法的。除了兌換業務，梅迪奇銀行也放款給城邦和它自己的市政府，且銀行方面經常藉由代收佛羅倫斯與托斯卡尼城邦稅的方式，取回城邦應還給它的借款。他們也為有錢的個人（羅馬教皇和樞機主教等）保管存款帳戶，同時投資農地和製衣業務，另外還從事各種物品的貿易，包括杏仁果到獨角獸的尖角等。[8]

一三八〇年至一四六四年間，梅迪奇家族累積了龐大的財富。一四二七年，也就是科西莫的父親喬凡尼・迪・比西・德・梅迪奇過世前（他過世後，便由科西莫掌握大權），梅迪奇銀行的總資產只有十萬零四十七佛羅倫斯金幣；到一四五一年時，該銀行光是利潤就高達七萬五千佛羅倫斯金幣，只不過這筆利潤還必須平分給各個合夥人。而到了一四六〇年，梅迪奇銀行米蘭分行的資產就已高達五十八萬九千二百九十八佛羅倫斯金幣。[9]

科西莫利用他的錢來擴展佛羅倫斯在托斯卡尼的勢力，甚至用錢來擺平北義大利各城邦之間的戰事；但他也引發一場以鎮壓鄰近城邦盧卡為目的的戰爭。這是一場殘忍的戰爭，且未能獲得普遍的支持，最後他甚至自掏腰包聘請傭兵來取代佛羅倫斯的軍隊，但這樣的作為削弱了這個共和城邦的根基。一四三三年時，他的仇敵陷他入獄，並將他監禁在佛羅倫斯主廣場執政宮（Palazzo della Signoria）高塔上的一個小房間（稱為Alberghetino，即小旅館的意思），依照審判結果，他理當被監禁至死。然而在他發監服刑後那三個星期，國會為了庇護他而召開一個會期；而科西莫本人也忙於簽發本票（promissory note）給市政府的諸多領導人，同時忙著免除他們積欠的債務。他像散財童子般四處撒錢為自己解套，且每次一出手就是一千佛羅倫斯金幣。儘管一擲千金，科西莫卻感覺他為自己解套的代價低得連他都感到訝異。他事後承認，如果把他捉進牢裡的人懂得怎麼獅子大開口，他可能得付十倍以上的錢才能擺脫牢獄之災。另外為求脫身，他還付錢給傭兵，要求他們聚集在佛羅倫斯外，以示威脅；等到他撒夠了錢，國會的庇護會議便適時地將他應監禁的判決改為流放。他獲准逃到帕多瓦（Padua），接著又輾轉抵達他向來慷慨贊助的盟邦威尼斯，並透過他在那裡的銀行分行，以流放者的身分工作一年。在那一年，他變得更加富可敵國，也因此得以買通所有敵人，同時捐贈巨款給教會和許多頗具影響力的人文主義學者及藝術家朋友。到最後，他買通並削弱所有敵人的力量，重返佛羅倫斯，成為掌握實權的主人。[10]

科西莫本人的財富（外人認為他家族和銀行的財富就是他的財富）非常龐大，難以計數，只能約略估算。根據一四二七年的法律，每個佛羅倫斯地主或商人都必須記錄複式簿記帳冊，供國家的地籍登記機關（catasto）進行稅務查核，相關的記錄保存至今；不過每個優秀商人都會記錄兩套帳冊，一套是供商人自己過目的秘密帳冊，另一套則是供國家查核的公開帳冊，這套帳冊只要表面上過得去就好。科西莫的兄弟在一四四〇年過世時，根據地籍登記機關的查帳結果，他們兩人的共同財富達二十三萬五千一百三十七佛羅倫斯金幣——不過，他的財產絕對不止如此。他的財富還在不斷增加，何況地籍登記機關並未將他的珠寶、藝術品和書籍等收藏列入計算，還有其他的財產也未納入。科西莫的孫子——人稱「偉大的羅倫佐」（Lorenzo the Magnificent，後來成為佛羅倫斯的領導人）——在他的回憶錄中宣稱，自一四三四年至一四七一年間，他們花了六十六萬三千七百五十五佛羅倫斯金幣在施捨及公共建築物稅金等用途，其中的四十萬佛羅倫斯金幣是科西莫在世期間支付的。在那個時期，建造一棟體面的城市宅邸只要花一千佛羅倫斯金幣，而城邦裡的多數人口窮到連一佛羅倫斯金幣的稅都不用繳，科西莫付得起一筆大錢，因為他的財富比多數國王和全國各地所有人都還要多。11

科西莫也為佛羅倫斯的大型藝術專案贊助資金。身為一個信奉人文主義的市民，他利用他的錢，和諸如布魯內萊斯基〔Brunelleschi，曾建造了那個時代最現代化的大型建案聖羅倫佐聖殿（Basilica of San Lorenzo）〕一同建造各種建築物，同時贊助公共藝術與學術研究。這些慷慨之舉為科西莫贏得信譽、權力和威望，藝術家和人文主義者都很喜愛科西莫，佛羅倫斯的很多人民也很愛戴他。科西莫不僅是個道道地地的文化人，更非常慷慨，他經常豁免別人欠他的債務；隨著人文主義顧問與宮廷藝術家逐漸成為歐洲各地君王崇拜的對象，這些人文主義者和藝術家對科西莫的認同，當然也讓他進一步在國際上獲得堅強的勢力，而這又進一步使他在國內的影響力水漲船高。

對科西莫來說，金錢就是力量，而他正好又很精於賺錢之道，那主要是因為他知道怎麼管理金錢。科西莫精於管理金錢的原因之一，是他接受過那個時代最頂尖的人文主義教育；更重要的是，他曾在父親經營的銀行的羅馬分行接受訓練。這個分行的業務之一，便是處理羅馬教皇的帳目，所以他對商業的每個層面都相當熟稔。當時很多工匠行會的規章規定，行會的成員必須記錄複式分錄帳冊，而城邦也命令必須記錄帳冊，以利地籍登記機關徵稅；當碰上財務爭端時，分類帳也被視為一種合法的合約。佛羅倫斯的法官向來習慣透過帳冊來研判各種財務權利的歸屬，因此，如果沒有維護好帳冊，一旦需要打官司，就會缺乏對自己有利的論據。12

簿記作業是商人教育的根基，而諸如科西莫這樣的領導人，當然從小就得學習如何精通簿記作業。所有家族事業的年輕成員，都必須到家族的店面或海外分行去見習。經驗是真正學會簿記作業的有效管道；也因如此，貿易鼎盛且遵守簿記法律的佛羅倫斯才能創造出那麼豐富的會計傳統，而這樣的會計傳統也深植在當地的文化和法律裡。商人透過死背熟記的方法來學習店面的所有基礎事務，包括謄寫、撰寫交易信函，以及記錄帳冊等。

雖然科西莫後來將這些職務委託給他手下的經理人，他還是會扮演實際監督者的角色，由於他早年就精通會計，應付這些監督作業當然是得心應手。流傳迄今的佛羅倫斯檔案顯示，科西莫本人也會記錄帳冊，且自行管理他的農地。從一四四八年的一本筆記，可看到科西莫記錄了他位於慕加洛（Mugello）的農田的基本會計帳目——他利用簡單的複式分錄和並排在同一頁的貸方與借方欄位來記帳。會計是科西莫安排所有大小事務（從他個人的橄欖油產量到龐大金融機器的經營）的貼身工具，如果沒有會計，他就無法管理或了解任何一個店面或分行的活動——科西莫必須在第一時間了解現場的交易和辦公室管理狀況。通常若想即時了解業務狀況，唯一的管道是到店面現場，但若無法親臨現場，就必須仰賴能即時記錄這些狀況的方法，複式分錄就是其中之一。[13]

複式分錄會成為銀行業務的必要元素，原因在於世界上沒有其他任何作業能準確且即時記下那麼多複雜的交易並同步算出利潤。由於互抵（offsetting，如存款作為開立支票的擔保）漸漸變成一種共同作法，所以唯有透過複式分錄，才能追蹤到資金在不同帳戶之間的流動狀況。這是簡單的通貨交換替代方案，但顯然更不容易計算與記錄。各地眾多企業背負了為數繁多的債務、擁有很多信用，還有許多匯兌需要，這代表世界上的財富恆久處於不斷流動的狀態，因而必須每天詳加計算才不會出亂子。總之，印刷商人、葡萄酒商、裁縫師、服裝商人、銀匠、起司製造商、屠夫、文具商、旅館主人、雜貨店老闆、國際貿易商和銀行家，乃至國家和國有的金融機構，全都被連結到一個充斥交易和會計分類帳的網絡裡。[14]

梅迪奇銀行和達提尼的業務不同，它並不是一個中央集權化的實體，每一家分行本身就是一家公司，有各自的合夥經理人；不過主要合夥人一定是梅迪奇家族的成員。那樣的結構代表如果一家分行倒閉或因違反合約而被告，其他分行不見得會受到牽連。舉個例子，當托馬索・波爾蒂納里（Tommaso Portinari）因九大包羊毛成包（bales of wool）包裝作業不實而遭到控告時，他辯稱那些羊毛成包是倫敦分行負責打包的，所以布魯日分行無須負責，而他的說法也順利讓他擺脫被告的窘境。[15]

科西莫是十一家不同企業的資深合夥人，這些企業包括位於佛羅倫斯的主要銀行、羊毛與絲製造商，還有歐洲各地的梅迪奇銀行分行等，他的權力基礎，來自他身為主要投資者和主要查帳人員的角色。一四五五年用來建立梅迪奇布魯日銀行合夥關係的公司章程（Articles of Association）上寫得非常清楚：梅迪奇家族雖賦予管理合夥人制定商業決策的自由，卻也要求他們遵守風紀。舉個例子，「章程七」禁止布魯日分行的經理人阿格諾洛・塔尼（Agnolo Tani）在他的辦公室玩紙牌或骰子或款待女性；「章程八」明訂，如果佛羅倫斯方面召喚他去移交帳冊，他必須隨傳隨到。每年三月二十四日，銀行經理必須平衡帳冊（但如果科西莫要求，帳冊平衡作業可能不只一年進行一次），並將帳目寄給科西莫和他的簿記長，由他們在佛羅倫斯核驗這些帳冊。[16]

喬凡尼．迪．阿莫里哥．班奇（Giovanni di Amerigo Benci）是科西莫最信賴的經理人與會計師。他十五歲時就在羅馬的梅迪奇銀行擔任小弟，後來他在一四二四年至一四三五年間，進一步成為日內瓦分行的固定職員，而且表現優異；這樣的歷練讓班奇得以在一四三五年回到佛羅倫斯，擔任科西莫的首要合作人、經理人和簿記員。他二十歲就已經精通複式分錄會計方法，憑著這項技藝，他順利成為極有身價的員工與心腹，該銀行的所有匯票都是他負責簽發，另外他還負責結算帳冊、查核帳冊，甚至記錄秘密帳冊。第三本現存的秘密帳冊涵蓋了一四三五年至一四五五年那段期間，目前掌握在班奇家族手上，而那正好是梅迪奇銀行最鼎盛的一段時間。雖然班奇遺贈了很多錢給教會，而且還曾邀請李奧納多．達文西（Leonardo da Vinci）為他女兒吉妮芙拉（Ginevera）畫了一幅人像畫，他本人總是嚴守紀律。他一定親手記錄所有帳冊，不會漏掉任何一筆分錄，而深知其習性的最高監督人科西莫也因此得以高枕無憂。班奇過世後兩年，根據地籍登記機關揭露的資料，他家族的財富僅次於梅迪奇。[17]

科西莫和班奇共同發展出一套查帳與執行控制的系統。每年每個分行的資深合夥人，都會將所屬分行已完成的帳冊寄給班奇查核，雖然合夥人也擁有公司的部分股份，但執行控制權還是掌握在科西莫手上。柯西莫經常和班奇一起查核帳冊，當然，最終分類帳和秘密帳冊的帳目也是由他本人核驗。梅迪奇家族檔案裡的很多帳冊上，都有一個代表最終查核的驗證記號，如果年底的分類帳顯示虧損或出現任何異常，分行經理就會被召喚到佛羅倫斯，接受個人查核。在後來幾年，諸如布魯日分行主管托馬索・波爾蒂納里等人，都曾被召喚到富麗堂皇的梅迪奇里卡迪宮（Palazzo Medici Riccardi），站在科西莫和班奇面前，看著他們逐條查核帳冊上的記錄，而且他們會就每一筆交易質問那個合夥人。

科西莫是活在兩個世界的人，他一半的人生是在中世紀時代度過，另一半則是在文藝復興時期度過，而他本人正是文藝復興運動的催生者之一。雖然某些新柏拉圖派學者認為所有形式知識（formal knowledge）都是聖潔的要素之一，但也有些人認為某些學問是次等的；而且他們還相信，學習他們眼中的那些次等學問，將有失身為柏拉圖學派菁英的高貴身分——如此一來，商人和貴族的價值觀便開始抵觸。在當時，柏拉圖的洞穴比喻（allegory of the cave）描述一群住在地底洞穴的人，向來被一群有智慧的菁英統治，這些菁英經由他們心靈的智慧，謀求整個共和國的利益。其概念不僅被視為非宗教（俗世）教育與文化的模範，也被當成政治菁英理論的模型。[18]

然而，瑣碎的商業實務未必能見容於以藝術、文化與政治成就為基礎的新柏拉圖主義，或其所倡議那充滿人類榮耀的理想世界；因此科西莫並不希望兒子和他一樣，沾染中世紀的「粗俗」商業氣息。他認為他們真正應該參與的，是文藝復興政治貴族運動，以至於讓科西莫得以為文藝復興贊助資金的工具——會計——竟反過來成為一門較粗鄙甚至不道德的學科。[19]

文藝復興運動和中世紀教會教義徹底對立，奧古斯丁在中世紀教會教義中，明確地要求世人必須忠實地摒棄世俗學識，也不要妄想讓這些學識更臻完美，他認為，只有信仰才能救助人類。然而在科西莫的支持與庇護下，人文主義者開始研究柏拉圖、亞里斯多德和其他被遺忘許久的希臘教科書。這些書由拜占庭學者曼紐・赫里索洛拉斯，及其他人在一四〇〇年代初期帶到佛羅倫斯，而赫里索洛拉斯也是第一個將柏拉圖的《共和國》（*Republic*）從希臘文翻譯為拉丁文的人。佛羅倫斯的世俗男性深受柏拉圖的著作所吸引，他們透過這項著作，認定人類的學識與文化成就，和「聖哲」與「虔敬」息息相關。如果上帝是造物者，那麼，柏拉圖學派的男士，將能藉由模仿所造之物或追求上帝的智慧而更接近上帝。

科西莫不僅訴諸銀行業務和政治來追求權利和威望，也利用藝術和宗教贊助行動來鞏固自己的勢力。一四三九年，他為佛羅倫斯大公會議（Council of Florence）提供資金，當時東方與西方教會希望透過這個會議達到統一的目的。科西莫款待教皇尤金四世（Eugenius IV）和來自拜占庭的代表團，代表團成員不僅包括教會人士，還有許多迫切企盼將亞里斯多德與柏拉圖失落已久的語言，及他們不為人知的書籍重新引入此地的希臘學者。喬吉爾斯・傑米斯特斯・普列東（Georgius Gemistus Pletho）和曼紐・赫里索洛拉斯帶著柏拉圖先前不為「西方人」所知的著作來到佛羅倫斯，而在科西莫的襄助下，他們開始傳授希臘文。就這樣，人文主義學者首度有能力閱讀柏拉圖的著作原稿，科西莫家族的某個成員也成為普列東和赫里索洛拉斯在佛羅倫斯的重要學生之一。此人是馬爾希利奧・費奇諾（Marsilio Ficino），他父親是科西莫的醫師，在父親過世後，被科西莫收養，他後來成為義大利最重要的希臘文學者，在科西莫最喜歡的鄉間別墅〔位於卡瑞基（Careggi）〕創立了柏拉圖學院（Platonic Academy）。

就這樣，文藝復興時期最具影響力的哲學運動就此展開。這場運動改造了基督教，將它變成人類世俗成就的典範。費奇諾要求世人進行心靈冥想，但他也相信，若能將這種冥想和學識融合在一起，將能達致聖哲（human perfection）的境界，並獲得世俗乃至來生的幸福。費奇諾和奧古斯丁不同，他認為異教徒的學識和基督教的虔誠可以和平共存，如果這些羅馬書籍認定生命是隨著命運之風飄蕩，那麼才智之士可以嘗試站出來引導塵世生命。費奇諾寫道，人類有能力控制他們透過深謀遠慮而預見的事物。奧古斯丁要求信徒摒棄亞里斯多德的書籍，但費奇諾卻參考亞里斯多德的《尼可馬可倫理學》（*Nichomachean Ethics*）：若想控制上帝的傑作「大自然」，勢必要將它貶抑為「一個理智的基礎」。費奇諾引用約翰福音第十九章十一節，將希臘哲學和基督教連結在一起，宣稱唯有上帝才能賦予人類戰勝命運的智慧力量——因此，擁有這種智慧力量是一種美德。[20]

新柏拉圖主義不只是想透過追求智慧的冥想過程來達到更接近上帝的目的，它也尋求透過藝術來仿造上帝的傑作，以便更接近上帝。多那太羅（Donatello）和波提切利（Botticelli）描繪了很多經典主題和世俗人像，根據新柏拉圖主義思想，他們的作品越栩栩如生與美麗，代表他們對神越虔敬；而科西莫也是基於這個理由，支持並崇拜這些藝術家。這些講求唯物主義（materialist）的貴族，依舊像但丁一樣虔誠信仰上帝，不過古代的哲學為這些有錢人和才華洋溢的人士開啟了更接近上帝的大道。而這樣的概念很吸引那些享受佛羅倫斯甜美商業果實且喜愛當地高雅文化的人，這樣的新見解重新闡述了人類與上帝的關係，它將人類與上帝放在相等的層級，共享創作的火花。

不過，這當中存在一個衝突。費奇諾的追隨者皮科・德拉・米蘭多拉（Pico della Mirandola，一四六三年至一四九四年）是一個貴族家族的子弟，他的家鄉位於摩德納（Modena）附近的愛米尼亞—羅馬涅（Emilia-Romagna），但他對商業倫理一向沒有什麼同理心；他和羅倫佐是同一世代的人，但他對先前的銀行家藉由實務技巧為佛羅倫斯帶來繁榮與興盛的歷史一無所知。皮科受他自己的貴族優越感和費奇諾的柏拉圖派寫作影響甚深，在一四八四年和羅倫佐與費奇諾見面，他們兩人也就此成為這個優秀年輕學者的保護人。從很多方面來說，皮科的《論人的尊嚴》（*Oration on the Dignity of Man*，一四八六年）就像是鼎盛期的文藝復興宣言，因為他將人類定義為上帝憑藉祂自己的力量創作出來的高貴作品。皮科以「喔！人類偉大與奇妙的幸福！他因自己的選擇與成為自己理想中的那個人而獲得幸福」來歌頌人類的智慧，並將數學提升為一種用來了解大自然的神聖科學。然而對皮科來說，數字必須保持純潔，不能被不純潔的世俗商業利益玷污。他警告，不能將「神聖的算術和商人的算術」混為一談。這樣的反商觀點代表著當時的一種文化變遷，商業的價值也因新柏拉圖主義貴族哲學的興起而漸漸失色。[21]

科西莫向來維持記帳的習慣，不過帳冊並不屬於眼前這個充斥貴族化哲學與藝術創作的心靈基督教世界。如果達提尼要應付的兩難是上帝與利潤，科西莫則是在無心的情況下，導致商業和神聖知識之間變得劍拔弩張，使得財務管理的基礎活動和柏拉圖學派菁英所追求的高雅層次格格不入；而這個兩難後來更對科西莫的家族、他的同事和梅迪奇銀行造成非常嚴重的後果。

想當然耳，科西莫對兒子的期望非常高、野心非常大，在他心目中，梅迪奇家族就是佛羅倫斯的統治者。或許因為科西莫全心浸淫在新柏拉圖學派的哲學，也或許是因為他懷抱著打造一個君王家族的野心，又或者只因一時的狂妄，科西莫並未將會計技巧傳授給所有兒子；而這個決定不僅傷及梅迪奇銀行的根基，也為佛羅倫斯埋下動盪的種子。

科西莫有兩個嫡系兒子：較年長的皮耶羅（Piero）雖頗有商業概念，卻沒有接受過嚴格的訓練。他修習諸如安傑洛・波利齊亞諾（Angelo Poliziano）等人文主義老師的課程，而這些課程主要聚焦在拉丁語和希臘語的演講修辭訓練，這代表科西莫打算讓皮耶羅統治這個共和城邦；科西莫的次子喬凡尼（Giovanni）則接受嚴謹的商業訓練，所以他未來的責任是要管理銀行，也因此，他學習父親的所有商業知識，且知道如何記帳與查核帳冊；然而喬凡尼沈溺於優渥生活的享受，他知道怎麼記帳，卻缺乏把帳記好的紀律。一四六三年，喬凡尼英年早逝，得年三十四歲；另一方面，人稱「痛風者」的皮耶羅雖很稱職——問題是，他身體孱弱。在科西莫過世後的一四六四年至一四六九年間，他負責管理家族，在這段期間，他努力嘗試延續父親向來秉持的穩健銀行營運策略；問題是，皮耶羅雖領導梅迪奇銀行，他卻不是個稱職的經理人。這時的銀行已沒有最終查帳人，而在沒有查帳人的情況下，銀行根本無法正常運作。[22]

在現代遊客印象中，最能象徵文藝復興時期的佛羅倫斯臉孔之一，便是科西莫的孫子，也就是皮耶羅的長子，羅倫佐・德・梅迪奇（一四四九年至一四九二年）的臉孔。他是佛羅倫斯藝術黃金年代的領導人，他那個時代的人認為他的長相其醜無比，馬基維利甚至拿他和一名畸形的娼妓做比較；不過，他的畫像和半身雕像，卻無疑是佛羅倫斯藝術黃金年代，和當地人縱情酒色與武力的象徵。波提切利、布隆齊諾（Bronzino）、維羅基奧（Verrocchio）與瓦薩里（Vasari）等人透過畫作，讓羅倫佐那長而有節的鼻子、紅褐色的長髮和兇狠的表情變得永垂不朽。他是個詩人，是新柏拉圖哲學的門生，也是波提切利、達文西、米開朗基羅（Michelangelo）和吉爾蘭戴歐（Ghirlandaio）的朋友兼贊助人；不過，他也是個獨裁者、強而有力的歐洲仲裁人，和剛入主君士坦丁堡的鄂圖曼土耳其做生意，而且他還是個不及格的會計師。除此之外，他還摧殘佛羅倫斯共和城邦人民的自由，將這個城邦的金庫消耗殆盡，且利用這些公家財富來幫家族收買羅馬教廷的勢力。梅迪奇家族是造就佛羅倫斯的主要推手，但到了羅倫佐時代，這個家族卻削弱了整個城邦的財務穩定性，並剝奪了共和城邦人民的自由。

羅倫佐被稱為 the Magnificent（偉大的羅倫佐），事實上，他確實是佛羅倫斯最顛峰和最戲劇化時刻的代表性人物。和多數政治人物一樣，他透過名聲和藝術實現了某種程度的不朽地位。magnifico 是義大利歷史上一個怪字，因為它有很多不同的意思，如今，它和羅倫佐那一張目中無人的臉孔、權力和藝術贊助人的身分有關；但在一四〇〇年代時，這個用語實際上是對一家銀行老闆的敬稱「magnifico major mio」，也就是「我偉大的老闆」；所以這原本並不是一個高貴的王孫頭銜，而是公司內部的一個行政頭銜。不過在梅迪奇家族之後，這個用語漸漸演變成一個被廣泛採用的尊貴頭銜。羅倫佐的頭銜更長：「la Magnificenza Vostra」，也更為正式——不過這是當然的，隨著主人變得尊貴，頭銜勢必得更加尊榮。照理說，這個頭銜應該足以讓人想起羅倫佐依舊是梅迪奇銀行的老闆，但情況卻恰好相反。[23]

羅倫佐二十歲就接手梅迪奇銀行，當時該銀行已完成經營模式的轉型——換言之，此刻羅倫佐只是名義上的老闆，不是實際的經理人。他很有政治手腕，為取得這個城邦的控制權，早期他憑著一己之力克服非常多艱困的挑戰，靠著自己的技巧登上大位、治理這個城邦，幫整個家族接手了羅馬教廷；不過，他沒受過太多會計訓練，以至於沒有能力管理銀行。當然，他也不懂監督城邦帳冊平衡所需的必要嚴格標準，雖然他還是得裝腔作勢地表現出自己是佛羅倫斯共和城邦市民的一員，但他所受的教育卻都是以成為一名現代君主為目標。基於這個原因，主張共和城邦體制的馬基維利一直都密切監督他的所作所為，絲毫不敢鬆懈。[24]

那個時代的人一致認可羅倫佐的能力和良好的教育程度。人文主義者阿拉曼諾・里納奇尼（Alamanno Rinuccini）雖指責羅倫佐是個專制君主，卻也承認羅倫佐「多才多藝」，善於跳舞、射箭、唱歌、騎馬、賭博、使用肌肉訓練設備，還能寫詩；而在外國君主眼中，羅倫佐簡直是個模範，他甚至派自己的老師去訓練其他國家的國王和統治者；另外，他也是梅迪奇銀行的老闆，只不過他並不懂得經營銀行的技巧，甚至沒有經營銀行的意願，由馬基維利說他是個「有能力的君王、差勁的銀行家」，便可知一斑。最後羅倫佐甚至藉由掠奪佛羅倫斯城邦金庫的錢，來維持家族銀行的生存，亞當・斯密從這個寫照歸納出一個結論：君王和國家應該把財務交給專業的財務人員管理。[25]

羅倫佐迫切需要一個優秀且可靠的會計人員，來扮演班奇甚至祖父科西莫的最終查核人角色，由於家族成員中有能力管理財務的人逐一離世，梅迪奇家族只好轉而向弗朗西斯科・薩塞提（Francesco Sassetti，一四二一年至一四九〇年）求助。他是幾個大分行經理人中最成功且最值得信賴的一個，而且此時梅迪奇銀行的所有必要決策都是由他制定。薩塞提也監督公司的會計帳冊，並負責所有最後的查帳工作；換言之，此時他才是真正管理銀行的人。不過，薩賽提並不是以合夥人的身分管理銀行，而是以羅倫佐所謂「我們的大臣」的身分，這樣的稱呼已經稱不上企業語言，而像是君主宮廷裡的一種稱謂。薩塞提並未受益於科西莫的菁英教育，相對地，他的成長背景比較類似達提尼——一個稱職的簿記人員、銀行經理人和商人，透過為梅迪奇金融體系提供嚴謹、有紀律的服務而致富。薩塞提將梅迪奇銀行日內瓦分行經營得有聲有色，並因此獲得梅迪奇家族的信賴和倚重。他是受過正規訓練的會計師，不過後來他也對新柏拉圖主義產生興趣，進而成為支持佛羅倫斯文藝復興藝術發展的貴族贊助人——但卻無法與科西莫相比。科西莫向來能同時悠遊於商業與文化領域，而薩塞提對文化產生興趣後，卻開始忽略帳冊相關的事務。

一四五八年，薩塞提從日內瓦回到佛羅倫斯後，隨即展開嶄新的生活。此刻的他不再只是某一家分行的合夥人，而是整個梅迪奇銀行資深且富有的經理人，更獲得梅迪奇家族絕對的信任。然而，在科西莫已過世許久的一四七〇年代，躋身為大梅迪奇集團主要成員後，薩塞提的生活已和班奇領導下的生活截然不同。漸漸地薩塞提不再花那麼多時間查核會計帳冊，而是改和當時頗具領導地位的人文主義者教師安傑洛・波利齊亞諾一起做研究，同時成為費奇諾的密友。

薩塞提積極參與公民生活，而且很快就捲入一場和聖母大殿教堂（Church of Santa Maria di Novella）之間的鬥爭。該教堂基於家族威望與優先權等考量，意欲拒絕薩塞提進入教堂墓穴的權利，最後薩塞提被迫放棄這個榮耀的葬身之地（它是佛羅倫斯最重要的教堂之一）。不過他旋即決定在他擁有幾棟房產的所在地建造一座禮拜堂，因為在那裡，他就能盡情展現他的影響力、財富、虔誠和手腕。在這個過程中，他和大畫家吉爾蘭戴歐密切合作，後來更成為他的主要贊助人。

接下來，薩塞提將他的熱情全數投注在薩塞提禮拜堂（這是後代子孫感懷他的事蹟之一）的構想與策劃工作。這座禮拜堂是吉爾蘭戴歐的巨作之一，教堂內的著名壁畫包括〈神殿裡的薩卡里亞斯〉（Zacharias in the Temple，一四八六年至一四九〇年），當中不僅有畫家本人的畫像，還有新柏拉圖主義者費奇諾、克里斯托弗洛・蘭迪諾（Christoforo Landino）、波利齊亞諾與迪米特伊歐・查肯迪爾斯〔Demetrios Chalkondyles，希臘人底米丟（Demetrius the Greek）〕的畫像。薩塞提禮拜堂是一個畫家和一個會計師共同研究後產生的發想，他們的目標是要完成一幅以宗教敬神為名、以新柏拉圖主義價值觀為榮，並提升薩塞提在佛羅倫斯城市階級地位的基督教畫作。瓦薩里在他的《藝苑名人傳》（*Lives of the Artists*）中提到，吉爾蘭戴歐竭盡所能地將新柏拉圖主義者的模樣描繪得栩栩如生，以展現佛羅倫斯最有學識的那一群人的偉大及核心重要性。吉爾蘭戴歐在某個畫面裡畫了薩塞提、羅倫佐、波利齊亞諾和聖方濟接受聖痕的模樣；而在另一個畫面，吉爾蘭戴歐又畫了薩塞提和他的妻子下跪的人像。除了這些畫作，還有〈屋大維受阿爾布內阿女巫感動而崇拜基督〉（Tiburtine Sibyl Moving the Emperor Octavius to Adore Christ）和一幅耶穌誕生畫。費奇諾事後也稱讚，薩塞提禮拜堂充分體現了新柏拉圖主義者的典範。[26]

然而，費奇諾的商業知識終究遠不及他的哲學造詣，以致薩塞提禮拜堂在一四八五年竣工時，贊助人薩塞提陷入財務困境。薩塞提在一四八八年的《對他兒子的遺言》（*Testament to His Sons*）中坦言，萊昂（Lyon）分行的管理不善，造成了「令人痛心且危險的後果」，並威脅到薩塞提家族的財富和他們著名的蒙都伊宅邸（Palazzo de Montui）。他建議將這座宅邸捐贈給教會裡值得信賴的朋友，以免被充公，導致家族永遠失去這座宅邸。儘管薩塞提的座右銘是「我的命運善待我」，他個人在工作和文化方面的貢獻也相當大，但到最後，他的命運卻還是背棄他，甚至一度讓他懷疑自己活不下去。[27]

他歸咎萊昂分行的經理李昂涅托・德・羅西（Lionetto de' Rossi）對該分行「治理不善且不謹慎」；不過基本上薩塞提也是這個分行的經營合夥人，所以他也難辭其咎——何況他還是最終查核人。種種跡象看來，他顯然並未努力阻止那些弊病的發生。薩塞提不僅放任分行經理人採用高風險的經營方式，還一手終結了梅迪奇銀行嚴謹記帳的傳統，而偏偏那是他最重要的任務。更值得一提的是，從薩塞提一份被流傳下來的個人密帳（那是介於一四六二年至一四七二年的關鍵期的密帳），便明顯可見他的失敗。薩塞提是根據複式分錄法來記錄銀行的帳冊，剛開始那幾年，他的確盡忠職守地殷勤記錄相關帳冊（他也為自己的巨額財富紀錄帳冊，一四六六年時有五萬二千零四十七佛羅倫斯金幣），同時維護梅迪奇銀行各個分行如亞維農分行的帳冊記錄。總之，所有記錄都是根據優質的複式分錄形式記錄的，不過從一四七二年開始，薩塞提記載的分錄開始變得鬆散，完整的分錄也時有遺失。總之，接受過古老正規會計紀律訓練的薩塞提，此時已不再嚴謹維護那個傳統，也不再嚴密控制各分行的運作，而是將查帳工作下放給各分行經理；換言之，他們只需要自我查核，這讓他們擁有更多自由空間，而實質上也等於是放棄對經營階層的控制。就這樣，分行經理開始恣意放款給外國的君王，這在科西莫時代是被嚴禁的行為。一四六九年時，第一場災難襲擊梅迪奇銀行的倫敦分行——愛德華四世（Edwarrd IV）國王不願償還他在薔薇戰爭期間積欠的債務。不過，真正重創梅迪奇銀行的，是一四七九年的事件。[28]

先前羅倫佐就放任厄運連連的布魯日分行經理托馬索・波爾蒂納里，貸放巨額款項給向來有欠債不還記錄的勇士查理〔Charles the Bold，即勃根第公爵（Duke of Burgundy）〕。科西莫對波爾蒂納里的評價向來不高，卻還是讓他一路晉升，成為較高階的合夥人。波爾蒂納里只擁有布魯日分行一三・五%的股份，梅迪奇家族則掌握六〇%以上；儘管如此，薩塞提卻給予波爾蒂納里非常自由的運作空間。另一方面，波爾蒂納里也很享受勃根第公爵官邸對他的禮遇，因為那象徵他和皇家的深厚交情。波爾蒂納里本身並不是個爛經理人，而那個分行的簿記人員卡爾羅・卡瓦肯第（Carlo Cavalcanti）也成天抱著巨大的分類帳本，勤奮地撥著算盤；問題主要是出在該分行對勃根第公爵的放款，且這些放款案件顯然都是薩塞提和羅倫佐基於政治考量而默許的。偉大的法國歷史學家暨政治家菲利普・德・柯米納（Philippe de Commines，他曾因積欠貸款利息不還而和銀行起過長期的爭端）對於布魯日分行僅存的現金金額感到非常震驚，因為波爾蒂納里給予公爵超過六千佛蘭德銀幣（Flemish groats）的信用，這筆錢大約是全體合夥人出資金額的兩倍；如果公爵不還錢，這家銀行將會產生極為龐大的虧損。不過，羅倫佐似乎是著眼於其他利益，因為他希望爭取公爵支持梅迪奇家族位於勃根第境內的鋁礦事業。29

不管是什麼理由，這筆巨額放款終究違反銀行的既定政策，因為它導致銀行的帳冊無法平衡。後來勇士查理果然沒有償還這筆貸款，他在一四七七年過世時，共欠了梅迪奇銀行超過九千五百佛蘭德銀幣，約當布魯日分行的三倍資本。該分行後來還進一步放款給他，但公爵宅邸連利息都還不起；雖然匯率起起伏伏，但布魯日分行最後的虧損仍高達七萬佛羅倫斯金幣（想想看，科西莫過世時，外界評估他的財產也不過十二萬左右的佛羅倫斯金幣）。

一四七八年時，羅倫佐派遣一名密使，對波爾蒂納里提出一個讓他無從拒絕的要求——羅倫佐命令他清算梅迪奇銀行的股份，還錢給梅迪奇家族。就這樣，一度貴為歐洲金融與政治高手之一的波爾蒂納里，頓時變得一無所有。禍不單行的是，先前波爾蒂納里為了收回漢斯・梅姆林（Hans Memling）的畫作〈最後的審判〉（Last Judgment，該畫是布魯日分行委託繪製，它在船運過程中被波蘭海盜劫持走），而在一四六七年至一四七一年間捲入一場漫長的官司。歷經多年的纏訟，他現在也必須放棄對這幅畫作的聲索權，這是另一個藝術反諷實例。在這幅畫作中，聖彌額爾總領天使（Saint Michael the Archangel）手裡拿著一個天平來衡量靈魂的重量，並根據秤出來的重量，判斷哪個靈魂應該下地獄。這是一場最後的審判，而在這場審判中，一個會計師的人生模仿了藝術，因為天平上描繪的那個人不是別人，正是托馬索．波爾蒂納里。

對梅迪奇銀行來說，萊昂分行的事件不單純是一次的崩壞，因為在這次事件中，薩塞提本身是合夥人，而且有失去全部財富之虞。身為一個經驗豐富的老手經理人和會計師，他理當早就看出該分行的會計帳冊中，明顯到難以漠視的危險。在一四六二年至一四六八年間，萊昂分行的報酬率高達七〇%至一〇五%，而一般銀行的報酬率只有八%至一〇%，就算是經營極為良善的梅迪奇銀行分行，了不起也只能靠著友好的關係，和對權貴人士的高利放款，獲得一五%至三〇%的報酬率；無論如何，高達一〇五%的報酬率明顯就很異常。顯然有人長期放任該分行將那些有問題的授信活動記載在帳冊上，從而讓人產生錯誤印象，以為該分行的獲利能力很強。查帳人員的工作，就是要找出這些不良信用，並重新評估這些放款的價值；但薩塞提從來都沒有要求經理人查帳，而且沒有切實執行巡迴查帳人員制度。拜薩塞提口中的「萊昂分行極端富有、但不道德且粗心大意的不當管理階層」之賜，一四八八年，已高齡六十八的薩塞提只好親自出馬到法國去查帳，但這麼做部分也是為了保住他自己的財富。[30]

曾畫過許多名作，歌頌薩塞提在梅迪奇銀行與佛羅倫斯文化界之領導地位的吉爾蘭戴歐，此時開始描繪這個失敗會計師的告別人像。吉爾蘭戴歐的名畫之一〈弗朗西斯柯・薩塞提與他兒子迪歐多羅〉（Francesco Sassetti and His Son Teodoro，大約一四八八年）目前懸掛在紐約大都會博物館，這幅畫作裡的人物，是一個表情安詳的男人和他年幼的兒子，背景則是托斯卡尼的鄉間景色。該博物館對這幅畫的描述中，提到了薩塞提是「梅迪奇銀行王國的總經理」，畫中的他看起來不像已經快七十歲，顯得年輕些。所有證據都顯示，吉爾蘭戴歐是在薩塞提不在場的時候畫出這幅畫；事實上，一四八八年時，薩塞提已離開佛羅倫斯，去解決萊昂分行的危機。他非常擔心自己一去不回，所以他將這幅畫與一份遺囑當成最後的遺產。

一四八八年，薩塞提從萊昂歸來時，已失去所有財富和他家族在佛羅倫斯的領導地位，而此時的梅迪奇銀行也不再是能夠呼風喚雨的勢力團體。誠如亞當・斯密提到的，君王讓銀行家變窮，因為君王們總是無法抵擋「犧牲良性商業常識來成全個人榮耀」的誘惑。此時羅倫佐已失去他多數的銀行財富，不過他還是神通廣大地利用公共資金，來支應他家族的多項專案。在一四九四年梅迪奇家族遭佛羅倫斯流放後，這個共和城邦才在馬基維利（他懂得如何記錄複式分錄）總理的領導下，漸漸恢復繁榮——只不過，梅迪奇家族後來再度利用他們的財富聘請傭兵，奪回了這個城市。羅倫佐的孫子羅倫佐・迪・皮耶羅・德・梅迪奇（Lorenzo di Piero de' Medici）事後回來推翻共和體制，在一五一三年至一五一九年間，統治佛羅倫斯，並將馬基維利關進牢裡施以酷刑。羅倫佐的次子喬凡尼・德・梅迪奇（Giovanni de' Medici），在一五一三年被任命為羅馬教皇利奧十世（Leo X）；他的一個曾孫也以托斯卡尼大公爵科西莫一世的姿態，回來治理已不那麼舉足輕重的佛羅倫斯；另一個曾孫則在一六〇五年，成為羅馬教皇利奧十一世，不過他上任後二十六天就過世了。但無論如何，羅倫佐差勁的管理能力，最後讓梅迪奇銀行幾乎化為烏有；而他發起的政治鬥爭，也讓佛羅倫斯這個一度勢力強大的共和城邦陷入困境。如今要了解梅迪奇家族的狂妄自大讓佛羅倫斯付出了多少代價，只能從這個不復存在的共和城邦的會計帳冊檔案裡，尋找蛛絲馬跡了。

科西莫・德・梅迪奇將部分財富用來贊助新柏拉圖主義的哲學，和他個人一心追求的世俗虛榮，由於他的家族後來還是長期保有勢力，就成敗論英雄的角度來說，算是成功的——梅迪奇家族的某些後代成員成為羅馬教皇，有的成為托斯卡尼的大公爵，還有一些則是法國國王的祖先。不過，梅迪奇家族和他們那個倒楣的會計師薩塞提的故事，卻讓我們了解到，一個像佛羅倫斯簿記作業那麼古老又根深柢固的傳統，還是有可能在極短暫的時間內化為烏有。當時的偉大銀行家科西莫可能永遠都想不到，自己對柏拉圖哲學的迷戀，竟會成為破壞長達數百年會計與當責文化的元兇之一——事實上，在他眾多遺產中，會計與當責習性堪稱最不朽的一項。

CHAPTER

4

# 數學家、廷臣與世界之王

我不想為了試圖理解我現在不懂，且未來永遠也搞不懂的東西，而想破腦袋。

——西班牙國王腓力二世，一五七四年

說來諷刺，世界上留存迄今的第一份複式簿記印刷教本，竟是義大利人在歐洲的勢力開始崩潰之際出現的。天主教道明會教士盧卡・帕喬利（Luca Pacioli，一四四五年至一五一七年）是個人文主義者，也是數學家。他在一四九四年發表他的《算術、幾何學、比與比率總論》（*Summa de Arithmetica, Geometria, Proportioni, et Proportionalita*），但也在那一年，義大利首度遭到入侵，並遭法國與西班牙人粉碎當地的共和城邦政體；從此，法國與西班牙的皇家勢力滲透到義大利半島。到這個時刻，複式分錄會計法已存在大約二百年，但也直到文藝復興時期商人支配力量明顯衰敝的此刻，複式簿記的方法才終於被印製成一種容易理解的教本。帕喬利的故事也可說是史上第一份公開出版的會計教本故事（至少一開始是如此），我們可以從這個故事了解到，這份教本如何會在問世後沈寂了近一百年，完全不受商人與思想家之流的重視。十六世紀大型君主國的君王中，不乏崇尚新柏拉圖主義的騎士型君主，因此會計常被世人鄙視為某種低俗的商人技術，即使貴為國王和君主，都不太容易找到優秀的會計師來管理財務。當時的人對會計的這種成見，後來對西班牙王國造成非常嚴重的後果——對會計的漠視與輕蔑，讓這個王國反覆陷入破產的窘境。

帕喬利被視為會計之父，而他的教本確實也堪稱會計的基礎之作，從文藝復興時期到現代的所有重要會計教本，都局部以帕喬利的出版品為基礎，所以他絕對堪稱會計史上的核心作家。然而一如弗朗西斯柯・達提尼對複式簿記法不受重視的感嘆，帕喬利的這份生不逢時的論文來得太晚，因為在他出版論文之際，會計和會計文化早已不復顯赫。正因如此，這份教本並未成為人文主義當道的文藝復興時期的偉大書籍之一，在一五〇〇年代，知道帕喬利這本會計教本的大學者和思想家相當少，遑論政治領袖；也因如此，使用它作為政府行政管理工具的人更是少之又少。

帕喬利是托斯卡尼的一名方濟會教士，也是幾何學與代數學專家，他也戮力於新柏拉圖主義研究；換言之，他和科西莫・德・梅迪奇來自同一個世界。在那個世界，商業是政治勢力的基礎，他相信會計和公民人文主義密不可分；他也認為商業、古典學識和都會文化贊助人，都是讓諸如佛羅倫斯等城市得以成為富裕的商業、學識、藝術和建築學示範區的關鍵要素。身為一個教士暨數學家，帕喬利相信這個存在巨鏈是透過上帝的語言才得以連結，而他所謂的上帝語言，就是數學。在他眼中，複式簿記法雖是非常世俗的學識，卻是管理日常財務生活的必要數學與哲學方法。[1]

帕喬利的一生是循著出眾的專業軌跡前進。他身懷非常優異的數學技能，曾在位於托斯卡尼的家鄉，波爾哥桑賽波爾克羅（Borgo Sansepolcro）靠近阿雷佐（Arezzo）的算盤學校接受正規的商人養成訓練，並在大畫家兼知名數學家皮耶羅・德拉・弗朗切斯卡（Piero della Francesca）的工作室謀了一份差事。德拉・弗朗切斯卡曾協助復興歐幾里得（Euclid）的幾何學著作，其畫作如〈被鞭打的基督〉（The Flagellation of Christ，約一四五五年）更堪稱才氣煥發，只不過他在透視學和比率方面的研究就相形失色；儘管帕喬利自始至終都不是一個天生的思想家，而是個優秀的解說者，他卻很懂得和當代大藝術家結交的竅門。德拉・弗朗切斯卡對帕喬利很感興趣，所以把他帶到米蘭，介紹給當地最具領導地位的人文主義者之一，也就是著名的工程師、建築師暨哲學家萊昂・貝提斯塔・亞伯提（Leon Battista Alberti）。亞伯提和早期的很多人文主義者一樣，喜歡將工匠的實務知識和形式哲學結合在一起；事實上，亞伯提就曾在他的著作《論家庭》（*On the Family*，一四三四，這是和佛羅倫斯家庭與家族生活哲學有關的論文）中，強調會計與家庭經濟學的重要性。後來，亞伯提帶帕喬利去羅馬，而帕喬利也在當地成為一名教士和著名的大學教師，和詹蒂萊・貝里尼（Gentile Bellini）、喬凡尼・貝里尼（Giovanni Bellini）、波提切利、吉爾蘭戴歐、比耶特羅・帕魯吉諾（Pietro Perugino）、盧卡・西諾萊利（Luca Signorelli）甚至杜勒（Dürer）等藝術家都有過密切的互動。[2]

世界上最著名的會計師油畫上，畫的就是帕喬利。那是雅各普・迪・巴巴利（Jacopo di Barbari）所繪的帕喬利人像（一四九五年），畫裡除了有身為代數學與比率學大師的帕喬利，還有他學生吉多巴爾多・達・蒙泰費爾特羅（Guidobaldo da Montefeltro，一四七二年至一五〇八年），也就是烏爾比諾公爵（Duke of Urbino）。在這幅畫作上，帕喬利看起來像在解一道代數題，但他右下方的作業，看起來又像是一本分類帳。一四七四年時，帕喬利成為烏爾比諾公爵之子的家庭教師，烏爾比諾是義大利人文主義薈萃之地，所以他算是擔任了一個相當顯赫的職務。這幅畫可以說是集義大利人文主義的大成：一名方濟會教士和一名君主一同計算，試圖釐清如何透過數學，來了解與呈現人體的比率。烏爾比諾宮廷是義大利最精緻優雅的宮廷，不過在當地，將行會老闆、城邦顯貴人士與貴族連結在一起的中世紀時代商業活動依舊盛行；事實上，公爵本人就鼓勵帕喬利教導會計，因為和其他小型義大利城邦一樣，許多烏爾比諾的財富是來自貿易活動。

最值得一提的是，帕喬利是李奧納多・達文西的密友之一。李奧納多曾描繪過一個十二面體（更早之前，巴巴利為帕喬利畫的畫像裡也出現過），用來研究比例畫法與幾何學；也曾以柏拉圖的五個正多面體（土、水、空氣、火和天空）來作畫，包括實心與空心。帕喬利形容好友是個「凡人的君王」，兩人常促膝長談有關三度空間畫法的概念。事實上，李奧納多曾就透視畫法與比率法的使用，多次請教帕喬利的意見，最後完成的畫作，即為〈最後的晚餐〉（The Last Supper，一四九五至一四九八年）。[3]

帕喬利活在一個無論是古典人文主義者，或政治領導人物都將複式簿記法視為一種必要知識的世界。他引用維吉爾（Virgil）、聖保羅（Saint Paul）、聖馬太和但丁的說法向讀者保證，上帝會照顧時時保持警惕、從事慈善、努力工作且知道如何計算的人。會計帳冊的平衡即代表上帝的道德均衡。帕喬利以達提尼對其員工的忠告為藍本，描繪出一個概略的世界觀——努力工作、會計與利潤都是神聖的美德。《總論》（*Summa*）中關於會計的章節〈論記錄與計算〉（On Computing，拉丁文為 De computis），是後世政治經濟學的基礎著作，因為它詳細說明了財務的基本原理，並解釋為何這些原理是維持共和體制的必要元素。帕喬利暗示，商業、工業和利潤，是健全國家與公共財務行政的基礎。從現代人的眼光來看，這本書雖是以義大利中世紀時代與文藝復興時期的工具來陳述，卻活似一本現代的書籍。[4]

從五百多年前帕喬利發行他的《總論》之後迄今，會計的基本原理其實並沒有太大的改變。這個托斯卡尼教士並未宣稱這份教本是他自己發明的新概念，不過他承認當時世界上沒有一個系統化的指南，能以一種「循序漸進的方式」來處理「會計帳目和記帳作業」。帕喬利認為，會計應該有助於烏爾比諾公爵的臣民成為優秀的商人；也因如此，他向公爵承諾，若公爵能致力於推廣這本書，他領地內的信用與商業活動將會繁榮興盛。忠實記錄所有交易，不僅對他領土內的商人有幫助，也會讓他的臣民在上帝面前更有立足之地；因為忠實記錄交易的人「值得信賴」且「正直」，唯有透過明確的數學計算和切實的帳冊數據記錄，才能實現信任與美德。帕喬利所謂的威尼斯制度，是根據貸項與借項的平衡，來衡量獲利與虧損，而這項作業也有助於人類養成虔誠的敬神秩序。[5]

帕喬利的會計教本為商人提供了最基本且必要的資本主義工具——就是隨時都能計算資產與負債的能力。優質會計作業的第一步，就是製作一份資產目錄，包括房屋、土地和珠寶，到通貨與銀器、亞麻布、苗圃、香料、皮革和其他貨品等，而這些資產也就是衍生各種借項和貸項的資本；接著要記錄帳冊，也就是記載和資本性財產有關的支出和收入。整體而言，這會需要四種必要的帳冊：資產目錄、備忘錄（memoriale）、日記帳（giornale）和分類帳（quaderno）。[6]

商人在備忘錄中寫下一天的所有交易，或是貼上和當日交易有關的所有單據，「一個小時接一個小時」詳細記載「他賣出或買進的所有東西」。備忘錄是絕對必要的，不僅因為它是最即時的數據記錄，也因為它記錄了以各種通貨完成的所有不同貨幣性交易，後續才能將其換算為單一貨幣的價值。到每天歇業時，商人必須有條不紊地將備忘錄上記載的筆記、單據和交易摘要，依其借項和貸項屬性，轉登載到日記帳。[7]

日記帳是依照日期排序的記錄，上面包含和每一筆交易有關的所有參考資訊。它標記了日期、代辦人、貨品和通貨等訊息，而且所有項目都必須根據per（需借記），即以此為代價，或avere（需貸記），即以取得加以註記。這些依照日期排序的借項和貸項，接著會被轉登到分類帳，記帳者每將一筆交易轉登到分類帳時，就必須註記一個字母（A、B或C），用以標記這筆交易是記錄在對應帳冊的什麼位置：接著，在這筆交易上畫一條紅線，代表這筆借項已轉登；而如果它和對應的借項彼此平衡，就畫上第二條紅線。分類帳是系統化地根據具體的產品（如：薑）或具體的業務與風險投資案的名稱來安排。[8]

帕喬利不僅解釋什麼是複式分錄，還提出很多具體交易類型範例供讀者參考，透過這份教本，讀者可清楚了解特定形式的帳冊該如何記錄。另外，他也解釋要如何管理一個家庭、一段商業航程、一個多重合夥風險投資事業，還有一套自治公共帳冊，甚至提到某藥局要如何記錄貸款的帳目。他還拿出現有企業的分錄樣本供讀者參閱，希望藉此宣揚一個理念，堅定地維護梅迪奇家族當初打破的規則——業主必須查核經理人的帳冊。

帕喬利希望會計作業能讓他的社會變得更美好：「共和政體有賴商人維護」，而且他宣稱會計師需要比律師更強的技巧和紀律。事實上，帕喬利認為商人是一個共和政體裡的關鍵人物，因為商人有能力清點、計算與管理富足的社會和戰爭、飢荒、瘟疫等情境。共和政體需要受過良好教育、嚴守紀律且道德高尚的商人，因為不管對商界或政府來說，商人都是嚴守紀律且時時保持警惕的管理者；不過，帕喬利也承認，並非所有人都適合從事會計作業——他警告，懶惰會導致大災難發生。[9]

會計紀律是共和政體當責文化中最核心的要素。帕喬利堅稱，一個優秀的商人會維護良好的帳冊，好讓城邦官員能輕鬆查核；且一個優秀的商人或職員在記錄帳冊時，一定會確保內容的精確與毫無疑義——所有手寫的帳目都必須透過附註，或親自向官方說明的方式來核驗。帕喬利也解釋了和一般稅務官與貨物稅稅官交涉時，會計事務要如何處理，以及如何向他們說明自己的帳目。他感嘆官方的會計人員通常沒有受過良好訓練，以至於連自己的帳冊都搞得亂七八糟。「如果你和這些人沾上一點邊，就算你倒楣。」商人必須「專注於店務」，在處理任何稅務或接受查帳時，都必須帶著記載明確的帳冊前往；不僅如此，他也期勉稅收官員有責任將自己打造為沒有瑕疵的會計人員。他提到，威尼斯的繁榮與興盛，部分應歸功於當局會懲罰行為不當或帳冊記錄拙劣的稅務人員。[10]

帕喬利是個務實的人，所以他也承認並非每個人都適合記帳。關於記帳，帕喬利警告，紀律是絕對不可或缺的，因為帳務記錄不容許有任何遺漏，即使是商務上的交談內容，都應該附註記錄在交易帳目旁。他提到「商人，永遠也不可能太過坦白」。帕喬利也承認，欺騙一直是個很大的問題，任何人都隨時可能記錄兩套帳冊。「遺憾的是，有太多人記錄兩套帳冊，其中一套給買方看，另一套給賣方看。更糟的是，他們還會以自己的信譽發誓，所有帳冊都是真實的。」一連會計人員都經常系統化地記錄密帳，來隱匿自身的業務狀況，作為提防收稅官和競爭者的工具。達提尼也做密帳，科西莫也不例外；因此帕喬利建議所有記帳人員都應該在每一本帳冊的上方，橫向寫下「以祂之名，所有業務皆應善加執行」等文字，以耶穌之名來對自己耳提面命。其實達提尼和科西莫也在他們的秘密帳冊上這麼做；而實際上來說，所謂「以上帝與利潤之名」，是建立在一個融合「明確」與「欺詐」的怪異基礎之上。帕喬利希望能用這種以良性宗教概念為基礎的早期訓練，來創造某種既有秩序，又合乎道德原則的會計記帳形式。[11]

帕喬利是史上第一個公開對所有人解釋達提尼和科西莫的記帳方法的人，經過他的解釋，其他人也得以複製這兩位先人的會計方法。這不僅是一個可供商人仿效的模型，它更描繪了維持健全公共財政所需的基本方法和道德控管手段，一個務實的義大利讀者，理當會將這本書視為管理一個繁榮共和城邦的完美指導手冊——畢竟這項多半只有在私下才會使用的通用義大利知識，從此得以對所有人公開。會計室裡的秘密不再神秘，而且很快就能國際化，有了帕喬利的書，每個城邦或君主都有可能成立會計學校，並訓練出一群帕喬利所謂的管理菁英。

從此以後，商業也有了一套辭令，一個論述和檢驗方法。人文主義者非常迷戀羅馬律師西塞羅，他宣稱歸納論述與提供證據等辭令，是一種偉大的公民美德；換言之，他認為一個好公民，必須公開表達自己的意見，並證明自己的論點，在他眼中，這是身為公民的義務。而會計帳冊就好像一個隱含道德目的的論述，帳冊上的數據全部被攤在陽光下，計算出來的最終總和，就代表著成功或失敗的論據；雖然計算可能會很複雜，但最後的統計結果，卻可能是一個無懈可擊的聲明，具有財務和法律上的威信，還擁有自然科學的數字力量。帕喬利的這份印刷教本很有可能被用來教導數學、比例理論和會計，所有閱讀這本書的人，也有可能漸漸精通這些知識。正因為上述種種可能性，帕喬利對這本書的成就寄予厚望。[12]

但後來這本書並沒有蔚為流行，以文藝復興時期的標準來說，帕喬利的《總論》稱不上特別暢銷的書籍。市面上還有一四九四年的版本，但目前已極端罕見，可想見當初的印刷數量非常稀少，它的第二版是在一五二四年發行。此時的貴族階級和高貴人士，雖然不至於和不久前的商業文化脫節，卻也不盡然會到市場上購買會計教本回家鑽研。在這段期間，擔任羅馬教皇的梅迪奇家族成員，已是梅迪奇銀行家的孫子輩，和銀行業務漸行漸遠；另外，諸如基吉家族（Chigi）等勢力強大的羅馬家族雖繼續從商，但他們一方面也是人文主義者和教會人士。對他們來說，帕喬利的著作確實有幾分道理可言，畢竟在他們的生活中，商業、數學及代數和追求財富、藝術及智慧息息相關；不過義大利商人，甚至有錢的地主卻也相信，會計應該透過處理家庭與辦公室的經驗來學習，或是到會計專科學校去學習，而不是透過書籍。[13]

無論如何，在當時的義大利，一般人很輕易就能取得家庭自編的會計教本。事實上有很多證據顯示，《總論》一書裡有關會計章節的那些內容，是來自當時廣為流傳的現成威尼斯手抄式會計教本，只是帕喬利將那些內容加以彙整並印刷成冊而已。這或許可以解釋，為何帕喬利這份教本的義大利文翻譯版本很罕見。到頭來，在大人文主義傳統的氛圍下，帕喬利的會計教本只被用來作為其他著作的基礎，當然也就沒有人會把那些著作的成就，直接歸功於帕喬利。多緬尼科・曼佐尼（Domenico Manzoni）是第一個大量複製〈論記錄與計算〉章節內容的人，他在他的《複式分錄帳冊與日記帳》（*Double Entry Books and Their Journal*，一五四〇年）一書中，納入〈論記錄與計算〉的許多內容。曼佐尼是威尼斯的算盤大師，他曾和著名的會計老師安東尼奧・馬利亞菲爾（Antonio Mariafior）一起接受正式的養成訓練。曼佐尼的著作一字不漏地將帕喬利〈論記錄與計算〉的許多內容納入自己的書裡，不過他也試著釐清各式各樣的疑問；例如哪些項目應該歸類為借項，哪些又應該是貸項，同時也試圖釐清要如何評估活物的價值（即使以目前的統計機率，都不容易處理這種問題）。另外，他還在他的書裡納入一組說明性質的會計帳冊範例，當中有三百個樣本分錄，一個商人可以根據這本書的內容，請教曼佐尼如何將一筆交易轉化為一個日記帳分錄。[14]

在《總論》及〈論記錄與計算〉首次出版後五十年間，最令人訝異的現象是，這本著作的翻印數量非常少。會計知識多半是從威尼斯流傳出來的，但並沒有任何清晰的軌跡，可追溯它的真正起源。長久以來，世人就以手寫或印刷的方式，推出和通貨兌換、市場、海水潮流、港口、貨幣兌換文書作業、稅務等有關的書籍，這些書被當成商務教本，在市面上流通；另外，一般人搭船或搭馬車旅行時，一向都會帶著手抄的自製商人手冊和帳冊，而且隨時會把這些手冊和帳冊擺在書桌和記帳與交易桌旁，這樣的傳統行之有年。這些書冊被統稱為經商技巧（ars mercatoria），通常商人會以手抄的方式複寫這些書冊，並將之視為整套會計帳冊中的一部分。[15]

就宣揚複式分錄理論的角度來說，帕喬利並不成功，但這並不完全是他的錯；因為在出版這本書時，屬於他的那個義大利商人世界，正遭受西班牙與法國君主國的攻擊。一四九四年，也就是《總論》出版那一年，法國和西班牙先後入侵義大利半島，把義大利最富裕的幾個地區，變成血腥的戰場。這些地區整整被蹂躪了六十年之久，歷史上說，這些戰爭導致義大利共和城邦時代被騎士時代取代；不過這個變遷過程非常殘暴，因為在軍事的強力鎮壓下，原本在當地盛行的公民商業人文主義，被王孫貴族或者說帝王的典範取代。在這個由王國與帝王掌握支配力量的新世代，帕喬利關於健全城邦與優良商人的意見已顯得落伍，自然也就難以引起廣大回響。畢竟獲得上帝授權的君主、士兵或廷臣，不需要像義大利的商業經理人那樣，謹守商業、銀行與平衡帳冊的倫理。

烏爾比諾的吉多巴爾多公爵在他和帕喬利的畫像中，擺出了一副貴族的姿態；但很明顯的，世人之所以記得迪・巴巴利的這幅畫作，關鍵在於畫中的會計師，而非那個公爵。吉多巴爾多擁有高尚的人文主義品味，但他是個糟糕的統治者；不僅如此，他還性無能、體弱多病，打仗的運氣也很糟，他被羅馬教皇亞歷山大六世（Alexander VI）殘暴的兒子切薩雷・波吉亞（Cesare Borgia）逐出他的公爵宅邸。儘管後來西班牙君主繼續掌握著對義大利的支配力量，吉多巴爾多還是幸運地在一五〇四年重新掌權。護送他歸來的，是一名出身曼托瓦（Mantua）的年輕士兵巴爾達薩雷・卡斯提利奧內（Baldassare Castiglione）。他帶領區區五十名士兵組成的團隊，就完成這項任務。不過後人所知道的卡斯提利奧內並不是一名士兵，也不是他一五二九年在托萊多（Toledo）過世時的頭銜「羅馬教皇大使」；取而代之的，後人記憶中的卡斯提利奧內，是文藝復興時期最偉大的作家之一，他的《廷臣論》（*The Courtier*，一五二八年）後來成為西方文學的關鍵著作之一。根據這本書的描述，要成為理想貴族典範，就完全不該涉足錯綜複雜的財會事務，而他的此等觀點，也導致世人對會計的評價降低。[16]

根據卡斯提利奧內的描述，一個優秀的廷臣應該「完美無瑕」；但這並非出於基督教的謙恭，而是一種騎士形式的新柏拉圖主義。卡斯提利奧內倡議的俠義與人文主義基督教徒精神，主要是鼓勵廷臣成為個人紀律、自我控制的專家，而且還要成為羅馬教皇、法國國王和神聖羅馬大帝等宮廷所需知識的專家。因此一個偉大的廷臣必須虔誠敬神，而且要知道如何效勞、交際、歌唱、跳舞、愛人、戰鬥與寫十四行詩；一如傳奇騎士「高盧的阿瑪迪斯」（Amadis de Gaul），身為廷臣者也必須是殷勤且有美德的騎士。最重要的是，為人必須審慎——這是亞里斯多德、塞尼加（Seneca）、塔西陀、柏拉圖和西塞羅等非常重視的古代倫理——且必須懂得隱藏自己的情緒和動機，對各種選擇權衡再三，並能在一個奉承、屈從與權力的世界自在悠遊。不僅如此，卡斯提利奧內的書還宣揚sprezzatura的概念，就是要表現出深思熟慮過的粗心大意，或排練過的即興行為，也就是營造一種不費吹灰之力就立下功績的錯覺。這個概念和會計的謹慎記帳倫理，以及計算和查帳等以翔實揭露為目的的作業，正好呈現強烈的對比；因為冷冰冰的數字裡容不下「深思熟慮過的粗心大意」，而不屈不撓的會計帳目記錄作業也不容有「排練過的即興行為」。[17]

在這當中最有趣的是，卡斯提利奧內從未提到廷臣們應該具備科西莫所使用與帕喬利所闡述的那種管理專長。他從未提及財務，更別說會計與記帳或查帳能力了；問題是，這些都是治國的基本作業。但到頭來，貴族讀者最後還是選擇擁抱《廷臣論》這本迴避商人文化、完全沒有數字的書，甚至連商人也不例外。身為一個貴族，卡斯提利奧內最初有點猶豫是否要出版這本書，所以他只是讓人傳閱他的手稿；不過，由於外界對這本書的反應非常熱烈，所以他最終還是要求威尼斯的阿爾杜斯・曼紐提烏斯（Aldus Manutius）大印刷廠發行這本書。一五二八年時，本書第一版共出版了一千零三十冊。在整個十六世紀，這份著作共再版約五十次，成為當時的大暢銷書之一；相較之下，帕喬利的書只勉強再版一次，兩者呈現強烈的對比。有證據顯示，統治西班牙、奧地利與匈牙利境內的哈布斯堡皇室領地、荷蘭、勃根第、米蘭、南義大利和其日不落海外王國的神聖羅馬大帝查理五世（Charles V，一五〇〇年至一五五八年）也讀《廷臣論》。卡斯提利奧內在一五二九年過世時，查理五世大帝發表談話：「我可以告訴你，世界上最優雅的紳士之一已離開人世。」這是統治了半個世界的國王對他的崇高讚譽。[18]

新柏拉圖主義的種種概念讓人對會計的價值產生懷疑。不僅是卡斯提利奧內，很多極具影響力的人文主義者，都不斷對世人灌輸反商與反對透過貿易賺錢的古老成見。其中，最負盛名的新柏拉圖主義哲學家皮科・德拉・米蘭多拉也對商業知識嗤之以鼻，而偏偏他的貴族人文主義學派非常受歐洲菁英人士及其王國喜愛。儘管十五世紀末和十六世紀初的人文主義學術界巨擘，例如鹿特丹的伊拉斯謨（Erasmus）和耶穌會創辦者伊納爵・羅耀拉（Ignatius Loyola）等著名學者不斷強調紀律、做筆記與做記錄的重要；但他們卻也主張，那些作為都不是為了獲得財務上的利益。在伊拉斯謨的《論基督教君主的教育》（*Education of a Christian Prince*，一五一六年）中，完全沒有提到任何和財務有關的隻字片語；另外創辦於一五三四年的耶穌會雖在訓令中強調將數學納入課程的重要性，但也表明這麼做並不是為了貿易。事實上，耶穌會會士本身也記錄帳目，主要是為了推廣修道士的訓令，他們透過自學的方式，學習家庭會計，並學習管理耶穌會龐大事業的財務。此外，他們還建構了精密的道德會計系統，用所謂的「心靈會計帳冊」來清算惡行與善行。耶穌會會士在應用幾何學、航海學、天文學，甚至軍事工程等方面的教學成績向來頗負盛名，不過他們卻從未將會計納入正式課程。後來這些耶穌會會士成為很多國王的教師，但國王卻可以不推算自家王國的財務狀況。總之，在當時，商務會計堪稱一種文化禁忌。[19]

學院派思想家向來認為，從事金錢貸放業務是有罪的。十二世紀偉大的法律思想家格拉提安（Gratian）曾引用聖耶柔米（Saint Jerome）的談話，他清楚提到「商人無法取悅上帝」——這種中世紀觀點一直到文藝復興時期都沒有改變。拉伯雷（Rabelais）提到，一個真正「高貴的君主一毛錢都沒有」，所以「存錢其實是農奴才會做的事」；連蒙田（Montaigne）都在《隨筆集》（*Essays*）中解釋一個人的利潤會對另一個人造成怎樣的損害。王公貴族好戰、祈禱、享受奢華生活甚至必須管理政府，但卻從不計算金錢。[20]

他們把會計——或至少惡質的會計——和貪婪與罪惡聯想在一起。昆丁・馬西斯（Quentin Matsys）的畫作〈銀行家（或放款人）和他的妻子〉〔The Banker (or Moneylender) and His Wife〕，透露了世人長久以來，都無法自在地計算金錢與記錄金錢帳目。這幅畫是在一五一四年完成，目前收藏在羅浮宮，畫裡有一個銀行家在秤硬幣的重量，桌上還擺了一些硬幣；坐在他身邊的妻子則是拿著一本翻開了的祈禱書。根據藝術歷史學家歐文・潘諾夫斯基（Erwin Panofsky）的描述，馬西斯將宗教、虔誠信仰的畫面，和文藝復興時期的真實辦公室生活融合在同一張畫紙上。這幅畫似乎不是要批判金錢管理，因為畫面上的那個銀行家展現出一個謹慎商人的嚴肅樣貌；另外，畫面上也將商人的妻子虔誠認真的模樣，一覽無遺地呈現出來。據報導，這幅畫的畫框上原本寫了利未記第十九章三十六節的句子：「你們要用……公道天平、公道秤……」[21]

一五一九年起，馬西斯這一幅融合處理金錢和虔誠信仰的畫作，催生了一系列共八幅畫的靈感，這些畫是馬里納斯・凡・雷莫斯瓦勒的傑作，全部採用同一個標題；不過重要的是，在後來的畫作中，商人妻子手裡的祈禱書被一本會計帳冊取代。以會計帳冊取代祈禱書的作法，隱含著深遠的意義：這個銀行家和其妻子原來那本印有聖母與聖子的書不見了，手上只拿著記滿一堆金錢數字的書冊；問題是，少了宗教書籍，整個畫面看起來變得徹底商業化，觀畫者只能感受到畫中的物質誘惑，感受不到任何虔誠管理的意味。凡・雷莫斯瓦勒暗示，這些畫作是對一個沒有道德的職業的嚴肅警告。[22]

曾上過魯汶大學（University of Leuven）的天主教徒凡・雷莫斯瓦勒並未就此罷休，他顯然又複製了馬西斯目前已遺失的另一幅畫，主題關於兩個海關稅吏，他將那幅畫轉化為史上第一幅反會計的通俗圖像。他的〈兩個稅吏〉不僅公開攻擊放款人的貪婪，也是對官方稅款徵收人、稅賦和會計手法的猛烈抨擊。他的畫上罕見地描繪出了會計作業的工具：帳冊、收據、兌換傳票和散落在房間各處的檔案盒。畫上的會計師正盡職地將清晰的分錄轉登到裝訂精美的會計帳冊；畫上的第二個人物則看起來很滑稽，他一臉怪相，看似一個正在下口頭指令的客戶。畫家將會計帳冊安排在整幅畫的中央，第二個人物手指著它，一臉怪相地竊笑著，明顯讓人感覺到那個會計師所記錄的交易不可靠。不管這幅畫是描繪商業或收稅作業，都好像在暗示：財務管理與簿記作業是不道德、詐欺且違反基督教教義的行為。[23]由於當時世人以批判的眼光看待商業行為，帕喬利的教本自然也因此被視為一種墮落。

當時的道德難題是，國王終究還是需要銀行家和商人來為他們的陸軍、海軍、宮殿和宮廷增加收入，所以有時流於粗鄙的會計行為，其實是必要的行政管理工具。國王需要它，但卻常找不到具備相關知識或技能的行政人員，雖然這類專業人員在商人共和城邦很常見。會計文化的匱乏，最後導致很多國家，甚至西班牙王國的財務行政管理人員嚴重過勞。

一五三〇年代末期的神聖羅馬大帝查理五世有自認是世界上的頭號紳士，而他有充分的理由這麼想。身為西班牙與哈布斯堡等王國的統治者，他打敗法國、接管羅馬教廷，並透過那不勒斯王國（Kingdom of Naples）統治義大利，他的勢力也向外延伸到米蘭與烏爾比諾，向下擴及西西里島。另外，此時的他也取得了「新世界」（New World）的所有權，派遣了他的哈布斯堡行政人員橫跨到南美洲，傳說中豐饒的秘魯（現在的玻利維亞）波托西（Potosí）銀礦，此刻也掌握在卡斯提爾皇室手中。查理的外祖父母斐迪南與伊莎貝拉（Ferdinand and Isabella），先前就已掌握了最具異國色彩但廣為人知的珍貴資產格拉那達（Granada），那裡的回教國王在一四九二年投降，整個疆域連同阿爾—安達魯斯（Al-Ándalus），即目前安達盧西亞（Andalusia）的財富，就此一起落入和它為鄰達七百年之久的西班牙人手中。不過查理不僅擁有阿爾罕布拉宮（Alhambra）和秘魯銀礦等龐大的財富，更掌握了當時世界上最有價值的珍貴資產。他的勢力範圍除了涵蓋熱帶地區和地中海地區，他還是在根特（Ghent）出生，且繼承了勃根第的財富。這片疆域曾是屬於卡洛萊斯（Charolais）的土地，就是今日的比利時和荷蘭，這裡堪稱他的根據地。而由於當時國際貿易鼎盛，促使荷蘭成為世界首善之區，根據統計，為數不到一百萬人的荷蘭良民，就為總人口高達數千萬的西班牙王國貢獻了四〇%的稅收。[24]

所以查理不僅需要優秀的廷臣，也迫切需要會計高手，但儘管他對這個需求心知肚明，卻不知道要如何把這個認知轉化為有效的對策。這個偌大王國的問題癥結，在於它雖擁有巨大的財源，但根據優質的帳目記錄，這個王國為了保住所有管轄地、港口和散布全球各地的殖民地而付出的成本，一向都高於它的收入。這就是查理的問題，而這個問題後來也成為他一手建立的偉大王朝長久無法解除的遺毒。說穿了，查理從來都不是個富有的國王，他其實一直處於負債累累的狀態。西班牙貴族征服了那麼多疆域，還要接手管理，當然需要很多財務經理人來處理征服後的巨額收入與暴增的支出；在這種情況下，國王必須設法撙節所有開銷。而身為一個優秀的勃根第人，他仰賴王國裡的大型法律政治基層組織，來要求所有相關人員詳細計算一切交易，並確保所有人都依法繳納alcabala（即銷售稅，五%至一四%不等）給國王。

西班牙非常欠缺銀行家，所以查理的命運等於是掌握在德意志、義大利、荷蘭和西班牙的銀行家手上，為此，他著手整頓西班牙的財政管理事務。不意外地，這個握有義大利與荷蘭資產，在熱那亞和奧格斯堡（Augsburg）有銀行家，擁有超大型的黃金、白銀、香料、罕見木材、植物載運船隊，同時透過奴隸壟斷權及塞維利亞（Seville）的糖與煙草田壟斷權等獲取豐厚利潤的商業王國，處處都可見到會計帳冊——只可惜，這個老帝王騎士卻不懂得如何使用這些帳冊。[25]

當然，西班牙行政團隊和西班牙商業界，還是有一些人懂得會計與查帳的概念，尤其是塞維利亞當地人。貿易局（Casa de la Contratación）是天主教帝王斐迪南及伊莎貝拉陛下在一五〇三年成立，它是一個巨大的記錄機關，也是處理西班牙對美洲貿易活動的行政管理中心。貿易局是由塞維利亞的商人管理，因為當地商人的貿易活動遍及全球，且經常和義大利人密切往來，故有時能流暢地使用複式簿記；基本的帳目「Libros de cargo y data」，即進貨與出貨帳冊，便是以複式分錄記載。貿易局的會章明訂這個機構的任務是要設立一個倉庫，作為對印度群島出貨與進貨的中心，所以它的角色等同海關。國王為貿易局指派了三個主要行政官：國王的代理人、司庫（即出納官）和會計官。設置進貨與出貨帳冊的目的，是為了詳細區隔不同的帳冊，會計官的任務則是要詳細記載司庫的收入和支出。王國也比照熱那亞的作法，建立了一個遏止舞弊的制度：所有作業都必須記錄在一本中央帳冊，而且每個分錄都必須經過上述三個官員的簽署才算數。[26]

至少從理論的角度來看，這個十六世紀王國暨殖民國家的運作雖錯綜複雜，但財務層面的管理還算良善。舉個例子，如果有人在新世界過世，他們的財產會被轉送到貿易局的金庫，相關人員會謹慎地為每個金庫的財物（通常是貴金屬和珠寶）編列帳冊，而如果沒有繼承人出面，要求取回這些往生者的財物，會計人員就會把這些財物登記為收入——事實上，這是王國的重要收入來源。在記錄這些浮動財產的帳目時，複式分錄非常好用，因為這些財產可能直接退還給繼承人，或轉列為國家收入，用來支付薪資與國王的費用。[27]

此時的查理迫切需要將貿易局的財務制度，變成他自己的行政管理制度；然而，事實證明相關的挑戰非常困難。一五二三年時，查理五世將國家行政管理與稅收收編到同一個帳目，藉此將皇家莊園（Real Hacienda）中央集權化；另外，國王也在一五五二年的實用獎懲附加條例（Pragmatic Sanction）中，命令商人和行政官員必須以複式分錄法記錄所有帳冊，或至少記錄收入和支出的帳冊必須採複式分錄。一五五六年，國王設置一個名為「西班牙國王總代理人」（Factor General of the Kings of Spain）的職位，這個人是複式分錄的專家，負責記錄整個王國的進貨與出貨帳冊。[28]

但這種種作為並未讓查理成為一個財務管理者，也不代表他有熟練的行政官員來落實他的政策。雖然查理企盼實現優良的行政會計，卻從未落實相關的改革；一如其他歐洲大君主國的傳統，查理和他的大臣只是用他的收入來掩飾他過於龐大的帝王債務罷了。由於查理非常重視貴族倫理，所以想當然爾對會計帳冊興趣缺缺，等到他在一五五六年讓位之際，整個王國的負債，已高達三千六百萬達卡幣（ducat），一年的赤字也高達一百萬達卡幣；而且有高達六八％的王國總收入，得優先用來償還之前向國外銀行家舉借的貸款。[29]

等到查理的兒子腓力登基時，他已不再是神聖羅馬大帝（他叔叔斐迪南（Ferdinand）繼承了那個頭銜），他只統治西班牙、葡萄牙與西班牙王國。腓力二世是史上第一個事必躬親的文官型國王，他管的事多如牛毛；儘管如此，他還是拒絕處理會計作業。他的情報系統極端廣大、錯綜複雜，而且有時候還算有效率；連威尼斯大使都會透過西班牙皇家信差站發送報告回威尼斯，就可以想見這個情報系統多麼有效率了。腓力二世國王雖擁有一個日不落王國，卻很少旅行，只是活在自己的虛擬世界，被巨大的埃斯柯里亞爾修道院（Escorial）宮殿的門廳包圍，而且這座宮殿堆滿了急電和報告──人稱他「文書之王」。埃斯柯里爾修道院是個海綿狀的權力中心，國王就在這裡埋頭苦幹，一心只求讀完並回覆完他偌大的國際代理人網絡寄來的所有書信。每年經由他的書桌處理的文件超過十萬份，想當然耳，他根本無法有效處理這麼巨量的文件。另外，他也保存了極端龐大的檔案，主要是收藏在城牆林立的西曼卡斯城堡（castle of Simancas），還有一些是保存在貿易局的帝王貿易與工業檔案，且這類檔案快速增加。腓力的情報系統原本旨在管理他那偌大的王國，但到頭來，這個系統卻變得跟整個王國一樣尾大不掉。腓力的版圖實在太過巨大，舉個例子，從遙遠的菲律賓等交易站寄來的信件，他有時甚至過了七年才回覆。從西班牙行政管理研究便可看出，他常因一個人控管過於龐大的雜務而感到氣餒；腓力雖大致上有效控制了他的系統，但還是未能兼顧到非常多議題和專案，帳目就是其中一項。[30]

很多人可能會以為，一個那麼沈迷於數據且控制欲那麼強的人，照理說應該會對會計作業非常有興趣——事實上，帕喬利的基督教徒會計方法或許有點吸引腓力。腓力和查理五世一樣，老是在為錢擔憂，他總是穿著黑色衣服，看起來像個節制的商人，或誠如他自己形容的，像個修道士；不過他研究聖湯瑪斯（Saint Thomas），目的是為了了解「公平價格」（just price）的概念，而不是要了解利潤。雖然他一直維持著教士國王的身分，在行政管理事務上，卻比父親事必躬親許多；不過腓力也承認自己「對財會事務很無知」，故對會計作業一竅不通：「我分不清怎樣的會計帳冊或財務報表是優良的，怎樣又是拙劣的。而且，橫豎我不打算為了理解我現在不懂，且未來永遠也搞不懂的東西而想破腦袋。」只有財會事務讓腓力感到氣餒，而他也輕蔑這些作業。故即使他非常沈迷於管理各種巨細靡遺的事務，卻一點也不想試著去了解自己王國的帳冊，儘管國家帳冊的管理是一件絕對必要的工作，但腓力卻寧可把它交給別人處理。[31]

一五七一年，神聖同盟（Holy League）這支地中海艦隊在勒班陀之役（Battle of

Lepanto）打敗了鄂圖曼土耳其，而腓力必須支付相關的費用。事實上，該艦隊的勝利對他的天主教君權來說，絕對是個榮耀，不過相關的代價卻大得令人難以消受。即使是這場戰役結束後，整個艦隊在一五七一年至一五七三年間的維護成本，仍高達七百萬埃斯庫多（escudo）；在此同時，西班牙為了平息荷蘭的叛亂，不得不出兵鎮壓。荷蘭的叛亂不僅導致整個王國幾乎一半的稅收岌岌可危，在一五七二年至一五七五年間，這些部隊不斷引爆戰事，有時也會對一般平民開戰，而且手段殘暴，光是供養他們的成本就高達一千一百萬達卡幣。國王利用來自美洲與卡斯提爾的五百至六百萬達卡幣收入，來填補這項開銷；不過很顯然地，腓力的財務根本就無以為繼，眼看著就要破產，他不得不採取行動。[32]

一五七三年，腓力指派朱安・德・歐凡多（Juan de Ovando，一五一五年至一五七五年）監督新成立的財務議事會（Council of Finance），並落實各種改革，以避免走向破產。歐凡多是塞維利亞宗教法庭的法官，他是西班牙王國的大治理實體中，掌握實權的重要成員之一，任職於西班牙王國宗教會議與印度群島宗教會議管轄機構。宗教法庭法官不只負責打擊異教，也是訓練有素的行政管理官員，他們也要監督教會的宗教教條、法律和財務狀況。歐凡多眼下的工作是要整頓國家財政，他很清楚國王指派給他的，是一件極端棘手的任務，所以他說：「財務是（多數政府官員）最怕應付的主題之一，因為了解財會事務的人似乎非常少。」[33]

接受任命後，歐凡多著手研究國家財政報告與查帳作業的效率。他發現，國王的三個主要財務機構之間，並未能彼此分享必要的資訊。會計莊園（Contaduría de Hacienda）只忙著平日的金庫管理和徵稅業務；會計核算辦公室（Contaduría de Cuentas）負責核對帳目，並向國王呈報它發現的問題；顧問莊園（Consejo de Hacienda）則負責以提高更多皇家收入為前提，研擬適當的財政政策。由於未能彼此溝通，這三個機構的功能經常彼此重疊，在歐凡多眼中，這三個機構就像是一條多頭蛇，不一致與誤傳資訊的情況屢見不鮮，相關的財務資訊也不精確。他抱怨轄下各部門的主管「太過忙碌……以致於沒有人把（財會）事務當成自己的分內工作」。34

歐凡多並不懂複式分錄，不過他懂得複式分錄的「集中化」與「平衡」等重要原則所代表的意義，他需要一棟專屬的建築物來作為他的辦公室，還需要一群訓練有素，且有能力參與財政議事會各種會議的專職行政管理人員。在該議事會的所有決策都是由至少四名法官敲定，歐凡多提出一個類似那不勒斯王國西班牙轄區及其皇家財政議事會的模型，據說該議事會的成員「沒有人不了解它（會計與財務），好像那是他們自家的預算」。的確，那不勒斯不僅有算盤學校和專門傳授複式分錄的學校，帕喬利本人就曾在那裡執教一段時間，在那個過程中，他或許協助訓練了一些會計高手。一如其他義大利城市，複式分錄在那不勒斯人眼中是非常有價值的知識，連政府官員也都作如是想；當地的西班牙總督唐・佩德羅・德・托勒多（don Pedro de Toledo）就是透過成熟的那不勒斯制度來徵收稅金；而儘管這套制度有點混亂，但至少國家財政記錄集中化，且相關的管理人也都受過非常好的會計技巧訓練。[35]

從歐凡多的通信內容便可清楚發現，西班牙的情況根本和那不勒斯不能比。他警告，這個議事會不需要「教士和律師」，而是需要訓練有素，且未來能晉升為查帳人員的「職員和會計師」——唯有配置這樣的人才，西班牙政府才能製作出完整的會計帳冊。有份內部備忘錄提到，負責國際稅務與財務的官員，缺乏能有效與熱那亞和德意志銀行業者談判的財務工具。最後，歐凡多還做了一個必要且就當時而言相當具革命性的結論：這個中央議事會需要國王的直接支持和關照。只有國王才可以是最終查帳人，如果國王無法做到這一點，歐凡多概念中的國家帳冊宗教法庭法官，就無法建立有效的權威。[36]

一五七四年四月十一日，歐凡多針對腓力的財政狀況，製作了一份巨大的資產負債表。儘管這份報表所採用的財務報導方式有瑕疵，會計方法也很粗糙，但就其本身而言，這份報告已堪稱是非凡的成就。報表中的數字顯示國王的財務狀況悲慘到無可辯駁，整個王國的收入，估計約五百六十四萬二千三百零四達卡幣；但負債卻遠高於這個數字，達七千三百九十萬八千一百七十一達卡幣。每年的必要支出，大約是三百萬達卡幣，即使一毛錢都不花，整個王國要還清這些債務，也得耗用十五年的總收入。[37]

更糟的是，歐凡多和國王正面臨一場全面性的金融危機。由於荷蘭的情勢緊迫，加上王國的每個角落都不斷喊窮，歐凡多感覺王國需要加稅；但若想徵收到更多稅金收入，國家需要更優秀的會計師和財政人員。此時此刻正是腓力推動西班牙政府現代化與中央集權化的好時機，在腓力的諭令下，歐凡多提議將中央化的會計作業納為必要的行政管理工具。不過，誠如腓力本人承認的，複式分錄是一種極具威脅性的工具。他深知，就某種程度來說，任何一個精通國王帳冊的人，都會變得比國王更有力量。也因如此，歐凡多在一份信件中哀嘆：「陛下不信任我或（其他）財務大臣」。所以，到頭來，財會相關事務經常都是腓力自己手下的小型高官議事會決定——問題是，在歐凡多眼中，這些高官根本不懂財務。[38]

而由於感受到歐凡多的威脅，原本大權在握的政府高官也開始反擊。一位腓力的參議安東尼奧・德・帕迪拉・伊・曼尼塞斯（Antonio de Padilla y Meneses）質疑歐凡多壓根兒不懂財會事務，因為他未受過任何正規訓練，而且又已年邁，缺乏學習力；此外他也批判歐凡多手下缺乏有能力的大臣。帕迪拉質疑，世界上沒有一個老人家能真的從最基本的知識開始搞懂財務。他說，這是一門科學，而且非常專業，就像是醫師或律師，所以沒那麼容易上手。帕迪拉也承認自己永遠都無法學會財務知識，他表示，就他所知，優秀的會計師必須從年輕時就開始訓練，才能夠流暢地駕馭那麼多數字，並養成每天記錄複雜帳冊的習慣。問題是，這個王國並不願意訓練會計人員，來填補它的行政管理需求。[39]

腓力拒絕徹底執行歐凡多的改革，政府財政災難也因此變得雪上加霜；事實上，腓力這麼做很可能是為了滿足他繼續獨攬政府掌控權的個人私欲。總之，腓力非但沒有建立中央化的國家會計帳冊，更展開一場金融政治迫害，還在一五七五年對各行政機關展開一系列的查帳。換言之，整個政府機器在最需要全速啟動的時刻，也是歐凡多認為必須正視國家破產問題的時機，陷入了更深的泥淖。腓力沈迷於各種文書作業和行政管理作業，但他的這些興趣卻是出於深沈的窺私心態，他最愛告密者提交的機密備忘錄，而這多半是因為歐凡多曾宣稱大臣們常私自侵吞皇家資金。不過這些都只是小插曲，最大的問題是，王國內最富庶之地，因荷蘭人反叛而分裂，國王現在已經不像過去那麼容易取得可用來掌控整個王國的收入了。西班牙君主政體此時所面臨的危機，看起來越來越像是一場典型的會計與當責危機。40

罪責重大的腓力體認到他可以解雇會計師，只不過這麼做並不能讓問題消失；另一方面他也體認到帕迪拉的見解是對的：他確實需要一個訓練有素的會計師，唯有如此，才能戰勝他的財務問題。商人向來是西班牙王國行政基層組織裡的一環，而他們多半來自塞維利亞，也就是西班牙王國商人的集散地。曾在當地的貿易局任職的人，既懂得貿易又懂得國家行政管理，所以這些人確實有可能成為高效率的行政管理專家，就在這時，腓力注意到佩德羅・路易斯・德・托瑞葛羅莎（Pedro Luis de Torregrosa，一五二二年至一六〇七年）。他擁有朱安・德・歐凡多所欠缺的商人實務經驗，而且不會對這個猜疑心奇重的國王構成政權上的威脅。

托瑞葛羅莎曾在一五五九年至一五六二年間，為國王的貿易局做事，而貿易局是少數採用複式簿記帳冊的政府單位之一。托瑞葛羅莎上任後，憑藉著他本身優異的行政管理能力，以及王國所掌握的豐富新世界貴金屬資源，為國王創造了豐厚的利潤；到一五七三年時，托瑞葛羅莎已開始管理銷售稅。由於托瑞葛羅莎深獲腓力二世信任，故進而成為國家查帳人，並協助管理皇家鑄幣廠。到了一五八〇年，腓力顯然已清楚了解到，不依循歐凡多的建議絕對行不通，於是他要求托瑞葛羅莎建立一套採用複式分錄法的中央會計帳冊。但為了建立這套帳冊，其他國家官員必須將他們自己的帳冊統一交給托瑞葛羅莎，當然，多數人不會輕易屈服。整個改革的過程阻力重重，連國王本人都對「那些反對設置這本會計帳冊的人」多所抱怨。41

不過腓力巨大的野心和蠢念頭，再度淹沒了他對優質行政管理的關注。一五八八年時，他成立了歐洲有史以來下場最悽慘的一支航海探險隊——無敵艦隊（the Armada）。打造艦隊必須維護船隻、記錄航海日誌等，這一切的一切都需要熟練的會計技巧，所以這項工程和會計的關係非常密切。這個艦隊最後淪為大災難的原因眾人皆知：艦隊的隊長缺乏經驗，而且連天氣都和西班牙唱反調。英格蘭只用區區的小船，就毀滅了大批的西班牙大洋船艦——最後西班牙共折損了數十艘船艦，數萬人死亡或被俘虜。更糟的是，荷蘭各個省份的叛亂活動還持續惡化，原本西班牙王國可從當地徵收的巨額稅款，自然因此無法順利入帳。無敵艦隊造成一場財務災難，而始作俑者的腓力基於懺悔的心態，決定設法彌補這個過失。腓力個人認為，西班牙悲慘的局勢是上帝對他的懲罰，這或許可以解釋為何他後來終於默許並支持一場大規模的會計改革。

托瑞葛羅莎深知，若想在這一連串災難後倖存，西班牙政府需要一套能正常運作的會計系統。如果沒有一套西班牙文的複式簿記教本，根本就無法對相關人士說明，這些改革有多麼刻不容緩，遑論訓練歐凡多堅持一定要納入編制的會計人員。於是托瑞葛羅莎和他的教子，塞維利亞國際貿易商巴爾托洛米・薩爾瓦多・德・索羅爾詹諾（Bartolomé Salvador de Solórzano）合作，發行第一本有關複式簿記法的西班牙文論文。索羅爾詹諾因經商緣故，經常往返印度群島，他曾在義大利商人喬凡尼・安東尼奧・科爾佐・文森戴洛・德・勒卡（Giovanni Antonio Corzo Vicentelo de Leca）底下做事——勒卡後來成為塞維利亞非常富有的公民，而且顯然教過索羅爾詹諾複式簿記法。就這樣，索羅爾詹諾在帕喬利出版《總論》後九十六年，期間經歷過三次帝國破產事件，才出版了他的《商人與一般人的現金帳冊及會計記帳教本》（*Cash-Book and Accounting Manual for Merchants and Other People*）。[42]

透過這份教本的內容，帕喬利的影響力變得一覽無遺，不過托瑞葛羅莎才是利用這本書來改革社會與政治圈的大功臣。這可是一件非比尋常的浩大工程，托瑞葛羅莎比帕喬利積極得多。他在書中獻給腓力二世的序言中解釋，複式分錄不僅是從商的必要方法，也是「國王、君主和大領主」管理國家的必要工具；他還吹噓這份教本特別適合想要公平治理國家的國王。這是極端引人注目的宣言，事後來看，也的確是是極富遠見的觀點，因為後來的國王和君主都朝這個方向前進。在托瑞葛羅莎眼中，君王們是商業、利潤和財政管理的仲裁人，也因如此，他們一定需要用到計算與查帳工具——他甚至解釋了要如何裝訂與計算分類帳頁次，以避免舞弊的情事發生。或許他就是因這個論述，才特別受生性多疑又喜歡調查他人行為的腓力青睞吧？[43]

一五八〇年代期間，托瑞葛羅莎開始將他的理論應用到實務上。國王准許他成立一個皇家財務總帳（General Book of Royal Finances）辦公室，他根據複式分錄法，將國家所有收入和支出科目，包括一般與非常項目（extraordinary），記錄到四本大型的會計帳冊和許多日記帳。為了記錄中央分類帳，托瑞葛羅莎共為不同的財政分支單位記錄了十二本帳冊，他甚至準備大量特別製作，且打了特殊綑綁洞的紙張，以避免帳冊中被偷偷攙入外來的紙張，從而阻絕舞弊的可能。到一六〇〇年代初期，托瑞葛羅莎已完成兩份中央國家分類帳，內容包括皇室因皇家服務而支付與收到的皇家資金之相關帳目。[44]

雖然托瑞葛羅莎的改革最初很成功，但最後還是遭遇了激烈的反抗。一個中世紀的組織大帳務議院（Grand Chamber of Accounts），寄了一份反托瑞葛羅莎的意見清單給國王，上面洋洋灑灑列了二十五條反對意見。記錄支出與收入帳冊的記帳人員不喜歡被查核，連商人都感覺到托瑞葛羅莎太有效率，並進而擔心這個貪得無厭的政府，會變得比以前更有辦法掌握商人的實際利潤。腓力在一五九八年過世，托瑞葛羅莎也在不久後的一六〇七年辭世，而整個君主政權依舊深陷財務泥淖，甚至再度宣告破產；由此可見，一個會計師再優秀，力量終究有限。新國王腓力三世（Philip III，統治期間為一五九八年至一六二一年）的第一寵臣萊爾馬公爵（Duke of Lerma）雖然還是持續記錄中央國家分類帳，但成果卻很糟，因為他記錄的帳冊並不平衡——至此，托瑞葛羅莎的改革可說是徹底失敗。最大的問題是，他自始至終都沒能找到一個稱職的職員，來增強這個部門的戰力；加上受過複式簿記法訓練的行政人員真的猶如鳳毛麟角，會計師依舊嚴重短缺；而他的改革只在他有能力記帳的那些領域產生一點作用，對大局並未產生決定性影響。另外，西班牙也未能成立有效的會計訓練中心，以至於帕喬利的教本和會計改革者的所有努力，都沒有對西班牙和整個王國產生顯著的影響。

到腓力二世的孫子腓力四世（Philip IV）在一六二一年掌握統治權時，西班牙依然負債累累，而且深陷在重創了整個歐洲的三十年戰爭（Thirty Years' War）裡。由於缺乏貫徹的意志力，托瑞葛羅莎的會計辦公室就此收攤，西班牙君主國也在同一年解散相關人員。在諸如塞萬提斯（Cervantes）等西班牙作家眼中，這整個君主國已筋疲力盡，懶得再進行改革了。此時不僅改革力量式微，來自美洲的黃金和白銀產量也逐年降低，十六世紀中葉時，金條貨運量僅剩下高峰時期的五分之一。

一六二八年，荷蘭海軍上將皮特・海恩（Piet Hein）夥同荷蘭珠寶海盜摩西斯・科漢・漢瑞柯斯（Moses Cohen Henriques）在古巴北方搶劫一支西班牙珠寶船隊，船上載有價值超過一千一百萬基爾德（guilder，譯註：荷蘭幣）的黃金與白銀，足以支應荷蘭軍隊八個月的資金需求，同時能讓荷蘭的東印度公司（East India Company）股東海撈一筆。不意外地，這起事件對西班牙來說是一大財務災難，因為這個政府已經沒有其他收入。塞萬提斯在《唐吉訶德》（*Don Quixote*）中描述西班牙貴族、士兵、學生和專業人員窮苦潦倒的情況，因為他們再也無法從貧瘠的卡斯提爾土地或政府榨取到一分一毫的收入，且政府方面經常拖欠退休金給付。此時整個國家腐敗至極，連尋常百姓都知道有錢的貴族子弟不僅是導致人民窮苦潦倒的元兇，更使整個君主國背負了巨額的貸款；至此，腓力的會計改革已成歷史，黯然消失在卡斯提爾炙熱的塵埃中，被世人徹底遺忘。不過值得一提的是，雖然訓練有素的行政官員極為有限，而且還得對抗眾人對會計的深刻成見，他們終究曾嘗試推動改革，西班牙錯過了一個大好機會，而這個發展也充分展現出一個事實：即使是位高權重的國王，都難以落實能夠促成政治當責的財務改革。可幸的是，帕喬利的書後來終於被一群忠實讀者接納，這些讀者身處荷蘭，但他們不是國王或帝王的下屬，而是一群反對絕對君主體制，且和帕喬利抱持相同理念的商人共和國人民。45

CHAPTER 5

# 荷蘭式查帳

所有情況依舊曖昧不明，他們理當交出會計帳冊〔算術書（*rekenboeck*）〕的，但到現在卻什麼東西也沒拿出來，只是不斷拖延和推諉。我們高度懷疑他們拿鹹豬肉塗抹帳冊，所以這些帳簿已經被狗吃了。

——荷蘭東印度公司股東的抱怨，一六二二年

十六世紀初期，哈布斯堡西班牙王國轄區內最富裕的歐洲省份荷蘭，取代了北義大利，成為國際經濟中心。一五六七年時，一名佛羅倫斯貿易商描述了安特衛普（Antwerp）富裕商人持續激增的財富：他們的美麗船舶、精緻的壁氈、富麗堂皇的房子、四十二座教堂、股票交易所和漢薩同盟貿易局（Hanseatic Trade House）等。這個佛羅倫斯人提到，安特衛普是世界上最富庶且最美麗的城市，載滿香料的葡萄牙船舶和西班牙的白銀

船，都會停泊在這個北歐第二大城市，而它後來也成為歐洲的會計中心。在這裡，帕喬利的會計著作終於獲得實務應用，而且大規模普及化，世界各國也就是因為這些荷蘭會計帳冊，才漸漸對會計產生興趣。但儘管荷蘭人精通會計，將之普及化，並應用在國家行政管理，他們一樣未能徹底履行複式簿記法的嚴格要求，也未能徹底維護財務與政治當責文化。這或許是荷蘭黃金時代留下的最關鍵教誨：所有想實現當責理想的人，都必須努力學習會計，並捍衛它的正統性。荷蘭的故事不僅讓我們了解到荷蘭人如何創建當責的政府和財政，也讓我們體會到要守住這些成果有多麼困難。1

儘管一五六七年的荷蘭非常富裕，卻還不是一個自由的國家，而是受西班牙的腓力二世管轄，這裡屬於他父親的原始版圖之一。雖然在哈布斯堡國王管轄下，佛蘭德和荷蘭臣民受惠於國際銀行與貿易業務，還有鯨魚油、漁業和起司製造業的繁榮興盛，卻必須負擔西班牙當局課徵的沈重稅賦。殘暴的皇室查帳人員總是想盡各種辦法，要求荷蘭人為反覆宣告破產的西班牙王國買單，為此，荷蘭人被迫提出很多方案來滿足西班牙國王的需求。一如其他迫切需要債券資金（bond money，一種公開籌措的貸款）的國家，他們設計了幾個方案，透過強迫推銷的方式，向有錢的人民銷售終生年金（life annuity，到期後轉為人壽保險或類似退休金的福利）以籌募公眾資金——荷蘭就是用這筆收入來支付西班牙人要求的稅金。2

在當時，這種孳息年金稱不上什麼嶄新的產品，因為在荷蘭之前，義大利城邦、法國和英國都曾嘗試推行；不過荷蘭的差異在於，它擁有荷蘭財政事務處（Kantoor van de Financie van Holland）這個深獲人民信任的高效省級稅收系統，所以荷蘭人信賴官方會支付利息。當時歐洲的利率（介於四至五%）幾乎是完全釘住荷蘭債券的利率，因為一般認為荷蘭各省的稅收很可靠。稅收有時候是以複式分錄管理，不僅如此，法律還規定這些分錄必須公開，供人民檢閱。由於荷蘭債券的變現性高，加上一般認為荷蘭人應該是當責的，因此對這些債券產生信任感；不過從來沒有人要求查核省級收稅官的帳目，也沒有人要求查核國家中央帳務登記簿，因為收稅官顯然非常盡職且表現良好。[3]

隨著荷蘭經濟持續成長，會計學校也如雨後春筍般不斷成立，這些學校主要就是設在安特衛普。由於哈布斯堡曾是古老的勃根第王國的領土之一，所以荷蘭的稅法是以法文編寫，因此荷蘭的會計學校也被稱為「法國學校」。就這樣，荷蘭的臣民學習法文和複式分錄記帳法，再繳稅給西班牙籍的神聖羅馬大帝。

但這一切慣例隨著荷蘭叛亂（Dutch Revolt，一五六八年至一六四八年）而改變。在這段期間，荷蘭北部的十七個新教徒省份叛亂，最終脫離出兵鎮壓的哈布斯堡封建領主，在一五八一年成為事實上的共和國；於是，西班牙隨即失去來自荷蘭的稅收，並因此再度宣告破產。不過腓力二世不只想向他那一群最富裕的臣民徵稅，也想強迫他們繼續信奉天主教；他相信所有臣民都不應該信仰和國王不同的宗教。「我寧可失去我的所有疆域，」腓力說，「也不會答應這件事。」但事與願違，面臨和鄂圖曼土耳其在地中海的交戰、義大利的暴動，以及管理這個日不落帝國的種種挑戰，腓力最終還是未能平定荷蘭人和他們的土地。這個成為聯邦的新教徒國家，只有不到一百萬個居民，整個國家有二〇%的土地低於海平面，另外四〇%的土地隨時會遭遇潮水和洪水的侵襲，但它勇於迎戰強大的天主教西班牙國王，經過一五七〇年代的幾次軍事勝利，荷蘭人最後終於在戰爭中打敗國王，在一五八一年宣布獨立。[4]

但一直到一五八五年，龐大的西班牙皇家軍還是不斷以武力圍攻安特衛普的南部城市，後來這些城市不幸被攻破，新教徒居民只好逃到自由的北部。原本安特衛普擁有高達十萬的人口，但隨著富有的工匠和商人紛紛遷移到阿姆斯特丹，它的居民也遽降到四萬人，而阿姆斯特丹則一躍成為這個新共和國的主要城市與世界貿易的中心。[5]

之後阿姆斯特丹還成為世界會計專業的中心，有一名詩人寫道，複式簿記法是荷蘭致富的秘密：

> 這就是名震一時的伶俐發明，
> 讓威尼斯、熱那亞與佛羅倫斯
> 西歐沿海地區（就所有意義而言）得以富庶繁榮：
> 而此刻，這項藝術也造就了荷蘭的興起與強大。

到了十七世紀中葉，阿姆斯特丹市長成立了威塞爾銀行（Wisselbank），為投資用通貨做擔保。亞當・斯密後來提到，平衡的帳冊讓這家銀行得以平順運作。世界上最早的初級股票交易所也是出現在荷蘭共和國；而荷蘭的銀行業者則為需要資金的人，提供可直接投資到商品期貨的貸款。由於荷蘭社會各階層的商業活動快速擴展，故一般人漸漸認同複式分錄會計法是必要的知識。下至市井小販甚至娼妓，上至商人與貴族，所有荷蘭人都必須了解複式分錄會計法，才能自在優游於屬於他們自己的商業及宗教寬容綠洲。由於股票交易極為複雜，在這樣的環境薰陶下，荷蘭商人的財務知識，遂漸漸變得比他們的義大利前輩或德意志鄰居更加精深。[6]

擁有公開交易的多元合夥制企業，並積極經營世界海運商務的荷蘭，一步步地創造了傳奇的財富。荷蘭東印度公司就像是一個商業王國，它引進巴西的木材、亞洲的植物與北極鯨魚油等大量船貨；但說穿了，他們的很多財富其實是西班牙王國所貢獻。換言之，荷蘭人比西班牙人自己，更懂得怎麼透過這個王國遍布世界各地的領土，來賺取利潤。阿姆斯特丹的市集裡充滿它的貿易寶藏：來自全球四方的魚貨與水果；圓形與長條狀的胡椒；種類繁多的肉豆蔻，有些還帶著皮，有些還在開花；一綑綑以十字堆疊法高高堆起的肉桂棒；一袋袋丁香；還有閃亮的硼砂結晶等。另外，那裡也有食用大黃莖和甘蔗、一堆堆的黑色火藥與硝酸鉀、蠟、樹脂與薑等。市集裡總是飄著安息香花、山胡椒、乳香和沒藥樹（myrrh）的香氣。對來到此地的外國人來說，這裡絕對是一個令人不得不嘖嘖稱奇的超大型商業櫥窗。[7]

除了各式各樣的產品，來自世界各地的眾多資訊也持續流入荷蘭，包括各式各樣的報告、帳目、航海日誌和各種有關科學、自然歷史、政治氛圍評估、貿易路線與商品價格起伏的著作等。荷蘭領事從位於北極的荷蘭鯨魚油工廠、位於西印度群島的造林地以及位於歐洲、巴西、蘇利南、曼哈頓及亞丁（Aden）等貿易站發送報告回祖國。在當時，世界各地的街道都能找到荷蘭人的貿易站，即便是在荷蘭的後院、他們痛恨的鄰國法國的城市如南特（Nante）與拉羅歇爾（La Rochelle），都能見到荷蘭人的貿易站。[8]

在這樣的大環境下，會計自然成為荷蘭教育的重要學科之一。荷蘭的菁英深知流利的讀寫能力與財務知識攸關重大，而且他們也非常有向心力地組成極為團結的小團體。荷蘭的喀爾文教徒和天主教徒都非常重視讀寫能力，因為他們認為，靠著自己的力量閱讀與了解聖經，是個人和上帝打好關係、獲得救贖的要素之一。到十七世紀時，荷蘭已是歐洲讀寫能力最強的地方，也是最精通會計知識的地方。[9]

一五〇〇年代期間，荷蘭有大量的會計學校設立。這些學校通常都是和拉丁語學校比鄰而居，連當地極有威望的學者，創辦極具影響力的多爾德瑞契拉丁語學校（Dordrecht Latin School）的教育家以薩・貝克曼（Isaac Beeckman），都懂得非常詳細的會計實務作業知識。一五〇三年四月二十六日當天，布魯日的雅各・凡・史昆霍文（Jacob van Schoonhoven）接獲阿姆斯特丹市長頒發的一份教學證書，只要憑著這份證書，他可以教導「所有可能感興趣的人」學習閱讀、寫作、算術和法文。獲得這張證書後的凡・史昆霍文等於是獲得了一種法律權利，能「傳授所有對商人有幫助的知識」，包括重量、尺寸、規費和匯率等知識。早在一五〇九年，阿姆斯特丹就有人引進了一間專門傳授複式分錄知識的「法語學校」；一般大眾也要求市政府贊助開辦簿記學校。從十五世紀末起，萊登（Leiden）、台夫特（Delft）、高達（Gouda）、鹿特丹、米德爾堡（Middelburg）、戴芬特爾（Deventer）、奈美根（Nijmegen）、烏得勒支（Utrecht）與貝亨奧普佐姆（Bergen-op-Zoom）都已有商人學校設立。[10]

在這段期間，會計教本也如雨後春筍般大量問世，佛蘭德人楊・伊姆皮恩・德・克里斯多佛（Yan Ympyn de Christoffels，一四八五年至一五四〇年）率先將帕喬利的著作改編為荷蘭會計教本。他是安特衛普的布貿易商，經常四處遊歷，不僅常到葡萄牙，還在威尼斯定居十年以上；不過一直到伊姆皮恩過世後，他的妻子安娜（Anna）才在安特衛普出版《會計帳冊技巧——最新指南與證明》（*New Instruction and Proof of the Praiseworthy Arts of Account Books*，一五四三年）一書。這本書有別於帕喬利的教本，沒有納入存貨章節，不過它卻提出完整的帳冊樣本、匯票範例，同時介紹如何記錄相關的帳目。但伊姆皮恩的著作不見得比帕喬利的模型更臻完善，因為它沒有將資產負債表的利潤和虧損加以系統化，而且建議等到帳冊全部填滿後再結帳，不建議定期結帳（但定期結帳的好處是可以更系統化地進行管理控制）。然而，伊姆皮恩的教本還是成為荷蘭人、英格蘭人、法國人和德國人學習複式簿記法的重要管道之一。[11]

其他較具影響力的數學家如瓦蘭提京・曼赫（Valantijn Mennher）與克雷斯・皮特斯佐（Claes Pietersz）也依循帕喬利的方式，將形式數學（formal mathematic）與商人簿記法的教學結合在一起。荷蘭人認為，唯有學習商人簿記法，一個人的教育背景才堪稱完整。曼赫是移居到安特衛普的巴伐利亞人（Bavarian），他在一五四九年取得公民身分，後來因傳授數學與複式分錄等知識，而在當地變得非常有名氣，並成為其所屬行會的首領。曼赫在一五五〇年至一五六四年間發表了四份和簿記作業有關的著作，他透過這些著作向讀者保證，只要定期選擇同一天查核企業所有分公司的帳目，就能算出利潤。克雷斯・皮特斯佐是在一六〇六年過世，從一五七〇年代起，到他過世前的那段期間，他不僅在阿姆斯特丹的私人課程中傳授算術，還在一五七六年於阿姆斯特丹出版兩份有關義大利簿記法的教本。他宣稱這種作業「對商人來說非常有利可圖」，其中一本被翻譯為英文，標題為《通往學識的小徑》（*The Pathway to Knowledge*，一五九六年）。[12]

從著名的德國版畫〈商業的象徵〉（Allegory to Commerce，最初是在一五八五年發表），便可看出荷蘭的的確確是當時的世界商業中心。而透過這幅版畫，我們也能了解到它取得這個支配地位的根本原因——因為當地人精通複式簿記法。這幅版畫是德國印刷商人、書寫家暨會計學教師老喬漢・紐多福（Johann Neudörfer the Elder）與瑞士藝術家暨雕刻師喬斯特・阿曼（Jost Amman）的共同作品。這是一幅出色的大型版畫，不僅因為它將細節雕琢得極為精緻，更因為從它的畫面便可了解，當時的一般大眾已能深刻體會商業成就取決於複式分錄的道理；更重要的是，這幅版畫還解釋了要如何記帳。這幅版畫有三個部分：最上方是商業的守護神墨丘利（Mercury），他的右手拿著一個天平，天平兩端的秤盤上各放了一本帳冊，兩本帳冊以兩條分別標記「借方」與「貸方」的繩子連在一起。天平下方是幸運女神，她站在一本被標記為「日記帳」的大帳冊上，而這本帳冊就擺放在一根大粱柱之上。所有商業都取決於運氣，但幸運女神會讓節制和謹慎的人獲得回報，而節制和謹慎，正是會計作業的產品。13

版畫的下方三分之二的部分，刻畫出塵世的狀況；位於雕版中央的，是世間的商業中心，這是以安特衛普和斯海爾德河（River Scheldt）上的船隻來代表。到了此時，商業和會計終於找到立足之地，且並非在威尼斯或佛羅倫斯。觀察版畫最下方三分之一的畫面，便可發現這個訊息顯得更加明確：我們不僅可見到商人待在他們的店鋪和會計室，也看到他們在記錄複式分錄帳冊，而且版畫上還解釋了相關的基本作業。作坊的中央有一個聖龕，裡面擺放著一本標題為「*Secretorum Liber*」（即密帳）的書冊；版畫最下方有三組描述如何記錄複式分錄帳冊的畫面，頂端是一份備忘錄。從中可見到，交易一完成就被記錄下來，其下方是一名正在將各項分錄轉登到一本日記帳的會計師，碑文上描述要如何記錄每一本帳冊：「我每天記錄我的日記帳。」這個畫面下方還刻畫出複式簿記法的基礎功課，記錄最後的分類帳：「借方在左手邊／貸方屬於右邊」。〈商業的象徵〉版畫傳達了一個清晰異常的訊息，要打好商業的基礎，就必須精通複式分錄。然而，它也清楚呈現出這項世俗科學的極限，並傳達了中世紀人對財務傲慢的警告——以頭蓋骨和冒著煙的花瓶，象徵著人生與商業變幻無常的本質；一旁還刻畫著「虔誠、敬畏上帝並懺悔」的警語。

儘管很多荷蘭人虔誠信仰上帝，但他們也勇於承擔巨額的風險——透過投資股票、裝配船隻——並因此獲得巨額的財富。雖然荷蘭在宗教信仰方面是寬容的，且這個社會比其他鄰近國家更講求平等主義（農奴可擁有土地，可藉由製作起司而致富，而且還可以買股票），但它終究是一個才剛萌芽的現代世界，各種發展都還非常不成熟，因此，當地的風氣還是可能極端殘暴。舉個例子，在叛亂期間，當地遭到西班牙阿爾巴伯爵（Duke of Alba）麾下的士兵殘忍蹂躪，士兵們像玩死亡遊戲一樣，用長矛叉住嬰兒，還把農奴吊掛在樹上。一五八四年時，腓力二世的法國天主教支持者，在台夫特暗殺代表荷蘭郡（County of Holland）主要家族的奧倫治—拿索（Orange-Nassau）第一任新教徒親王沈默威廉（Protestant William the Silent）。兇手在沈默威廉離開晚餐桌時，用一把左輪手槍打穿威廉的胸膛，威廉臨死前請求上帝寬恕他的靈魂和他的人民。但台夫特市長可沒那麼仁慈，他把那個暗殺者的手臂砍下，剖開他的肚子，掏出他的內臟，還把他的身體切成四份。

暗殺事件發生後，威廉的兒子莫里斯親王登基為荷蘭的聯合省最高行政長官——即國家元首——並依照計畫到海德堡（Heidelberg）與萊登上大學，最後成為那個時代最有知識的親王之一。他精通古典文學、數學；更在對西班牙之戰當中，展現出他的策劃長才，以極為精湛的技藝贏得戰爭；他還上過複式分錄會計法的課程，他不僅學會這項知識，且事後也實地加以應用。

莫里斯和當時荷蘭的實質首相約翰・凡・奧爾登巴內費爾特（Johan van Oldenbarnevelt）爭奪主導權，奧爾登巴內費爾特是一名軍人，也是長達三十二年的荷蘭叛亂運動主要領導人。一六一七年，一場境內宗教衝突，導致他和莫里斯親王之間的對立正式浮上檯面，他命令荷蘭北部的新教國家史戴登（Staten，史戴登島就是依此命名），脫離多半為西班牙屬荷蘭天主教國的南方，宣布獨立。在這場鬥爭期間，他和支持者遭到逮捕，其中包含國際法之父修果・格羅休斯（Hugo Grotius）。奧爾登巴內費爾特在公共廣場被斬首，據聞這個老長官要求劊子手「快刀斬亂麻」。一如十七世紀的荷蘭靜物寫生畫，荷蘭總給人一種沈靜和平的感覺，但在某些政治危機時刻，那裡一樣充滿血腥和分屍剖腹等令人膽戰心驚的畫面。

在一片政治混亂與暴力氛圍中，荷蘭人還是繼續在商業上創造了許多成就，且由於他們嚴守宗教紀律，所以也得以繼續專注於簿記作業。莫里斯親王在萊登大學就讀時，認識了賽蒙・史提文（Simon Stevin，一五四八年至一六二〇年），他是荷蘭人文主義的主要領導人物，也非常仰慕亞伯提和帕喬利的務實傳統。他不理會新柏拉圖學派貴族皮科・德拉・米蘭多拉的警告，將高貴的知識和商人的技藝融合在一起。在當時，一個親王和一個出身低微（事實上他是個私生子）的工程師在同一所大學裡相識已屬罕見；異常的是，他們竟能結為好友——更匪夷所思的是，史提文還教導親王學習複式簿記法。[14]

史提文精通語言學、宇宙學、透視畫法、代數學等知識，且對十進位分數、數字理論、物理學、航海學及天文學等皆有涉獵，還做過一份審慎的複式簿記法研究。身為公民人文主義者，史提文的成就遠遠超過帕喬利。他將自己的學識應用到實務上，尤其是水務管理。另外，親王還指派他擔任幾個最敏感的文官職務。他後來成為堰堤監察員和荷蘭軍隊的行政長。[15]

史提文理解數學和政府之間的關聯性，他的會計教本《君主的會計學》（*Accounting for Princes*，一六〇四年，阿姆斯特丹）共發行了數個版本。這本書非常創新，它明確區分了企業資本和所有權人資本之間的差異，還解釋如何藉由將不同交易合併成為較大的數字，以便將分錄數量減到最少。史提文對數字的世界很有信心，所以未曾在他的專論中提到上帝，他將他的資產負債表稱為「證明表」，由此可見他真的很科學。史提文透過他的教本，建議把會計納為一項公民財務管理工具，這是前所未見的革命性建議。他認為複式分錄不僅對政府有好處，對君主和領導人來說，更是必要工具。他譴責所有主張複式分錄無助於自治區行政管理的人，質疑為什麼政府職員和執行官一方面放任其所屬部門負債累累，且陷入財務混亂；另一方面自己卻又變得很有錢。他堅稱，不願當責的管理階層最終勢必會導致政府垮台。另外他也主張，一個精通複式分錄的君主，將會懂得如何靠自己的力量閱讀金庫的帳冊，不需要完全聽信財政官員的說法。他向親王保證，商人一定比親王目前雇用的文官和稅吏，更能勝任財政官員的工作。上述種種獨到的創見讓莫里斯親王驚嘆不已；雖然他承認簿記法很難理解，但也表明自己將進一步研究這項知識。莫里斯親王不僅要求他個人專屬的會計師將他的事務記錄到複式分錄帳冊，還將複式分錄應用到政府單位。就這樣，荷蘭做到了西班牙一直都做不到的事。有史以來，首度有君王——儘管他是一個共和國的君王——學會複式分錄會計法，並將它應用到政治行政管理上。[16]

一六三八年九月一日，法國前攝政皇后、路易十三（Louis XIII）之母瑪麗・德・梅迪奇（Marie de' Medici）到阿姆斯特丹，進行為期四天的凱旋皇室訪問。打從腓力二世在荷蘭展開讓他從此萬劫不復的鎮壓行動後五十年間，很多事都已改變。腓力一手打造的無敵艦隊徹底失敗，讓西班牙走上注定沈淪的命運；而荷蘭的黃金時代也就此展開。這個出身梅迪奇家族的法國皇后還在此時來到阿姆斯特丹，目的不僅是要來感受這裡的豐富文化，更想見識此地的大企業聯合荷蘭東印度公司（de Vereenigde Oost- Indische Compagnie，簡稱VOC）的奇異事蹟。十七世紀初始，VOC將船舶的商品載運噸數提高為英國東印度公司的兩倍，資本投資金額提高到英國東印度公司的十倍——當然，它的獲利也因此遠遠超出對方。當時來自阿姆斯特丹、巴西、曼哈頓和中國等地國際貿易商品的訂價權，多數是掌握在該公司手上；它還打造軍艦、建造堡壘並組織戰地軍隊。儘管VOC的資金是由民間提供，但它堪稱荷蘭政府的國際分身，且它讓小小的荷蘭得以穩居世界貿易中心地位近一百年的時光。

對荷蘭和位於阿姆斯特河（Amstel）畔的這座富庶城市來說，梅迪奇皇后（雖然遭到黎塞留（Richelieu）紅衣主教流放）的造訪可說是別具象徵意義。這個城市採納容忍異教的宗教政策，在政治上也相對自由，而且擁有亮麗的商業成就——當地運河裡的船隻載滿了商品，它的銀行和股票交易所也因創業家的熱絡活動而顯得忙碌異常。事後回顧，瑪麗・德・梅迪奇似乎是去拜訪未來（就在大約一個多月之後，第一位荷蘭殖民者在布朗克斯（Bronx）定居）。總之，當時的阿姆斯特丹是一座令人驚嘆的城市，到處可見來自世界各地、讓歐洲人大開眼界的奇異商品。

荷蘭人文主義者卡斯帕・巴洛伊斯（Caspar Barlaeus）在記述梅迪奇皇后來訪事件時，宣稱這就像是君主體制和「工業」暨「國際貿易」的正面交鋒——兩者雖同時擁有隆重的排場，卻呈現出強烈的對比。阿姆斯特丹市長在這個距離佛羅倫斯極為遙遠之地，向「科西莫之女」（其實她只是科西莫的遠親，屬於家族的另一個分支）展現世上最偉大貿易城市的樣貌。最重要的是，瑪麗還拜訪了東印度公司的辦公室。如果君主國是以它的軍事勢力為基礎，此刻荷蘭人展現在她眼前的，就是一股擊潰西班牙及其龐大王國的新「武力」。巴洛伊斯吹噓，這家大「企業」就像「一個君主」：它募集軍隊到全球各地打仗，並對西班牙國王及其王國展開掠奪。不過他的這一番說法並不只是單純在炫耀荷蘭人的聲勢，更意在凸顯荷蘭的意識型態。巴洛伊斯刻意借用西班牙王國的說法，同樣宣稱：「我們的共和國，遍及太陽閃耀之處」。換言之，他意指舊有的君主體制已遭遇到一個實力相當的對手，一個在「商業」、「著作」和「工業」上的強大對手。而荷蘭人深知，如此輝煌的成就，多半要歸功於優良的會計作業。[17]

VOC是在此前三十六年由約翰・凡・奧爾登巴內費爾特創辦。當時他擔心荷蘭人彼此之間的激烈競爭，可能產生自相殘殺的後果，最後傷害到荷蘭的貿易活動；於是，他設計了一家單一聯合企業，來代表荷蘭的所有地區，這家企業就是聯合荷蘭東印度公司。從公司章程可清楚發現，民間資本與國家利益被混為一談，但奧爾登巴內費爾特認為，唯有這樣的模式，才能為這個共和國創造最大利益——該公司被賦予了貿易壟斷企業的責任，但也必須負責維護荷蘭的利益。[18]

該章程上也明訂，所有荷蘭公民都可以購買該公司的股份，所以「只要來自船貨的報酬一兌現，公司就必須將其中五％的收益，以股利的形式發放給股東」。該公司是由十七個主要股東和約六十名次要大投資人，即十七紳士與管理人（Heren Seventien and the Bewindhebbers）主導。公司股票是在阿姆斯特丹股票交易所交易，它是歷史上第一家公開交易的有限負債企業，堪稱資本主義史的里程碑之一——只要經由股份的買進或賣出，荷蘭公民就可以自由投資這家企業或退出投資。外界對這家企業的信心，理當是取決於其內部會計作業，而關於會計作業，公司章程上明訂，公司必須聘請專業記帳人員，並要求公司董事會定期查核所有船舶和倉庫的帳目。這份章程以荷蘭的開放政府精神為本，命令該公司每六年必須發布一份公開查核報告，報告中必須包含一份與公司所有成本，及其盈餘和虧損有關的總帳。而要製作這份總帳，每個部門的經理人都必須提交其所屬部門的帳冊，未遵從者就得接受懲罰。[19]

荷蘭人不僅是基於商人倫理而崇尚會計作業，他們崇尚會計的傾向也來自荷蘭的某個文化傳統——水務管理。由於地理環境的緣故，如果堤防破裂導致滲水，荷蘭就有消失之虞；因此市政管理的良窳攸關人民的生死，而這也是荷蘭人那麼嚴肅看待會計，並維護當責文化的理由之一。如果缺乏由堤防、沙丘、下水道和運河所組成的治水系統，荷蘭根本無法倖存，而這個系統是由各地的水務局（Waterschappen）負責管理。水務局派駐各地的主管和VOC各地區的辦事處一樣，都必須對當地居民負起直接的責任；這是必要的，因為如果專款資金和公共設施管理不當，整個地區就會被水淹沒，很多人民也會因此而失去性命。

荷蘭有一句俗諺：「受水患所苦的人才有能力治水」，這或許是荷蘭最優秀的工程師，暨複式分錄大師史提文會成為荷蘭監察長的根本原因——也說明了為何維護優良且相對透明的市政會計作業是必要的。本地的稽核報告（schouw）被視為某個「務實共識」（pragmatic consensus）的一環，唯有透過它，才能保證市政的優質管理與土地的乾燥。[20]

一致性的優質公民財務管理作業，讓荷蘭人民漸漸對當局產生信任感，而這是荷蘭人民有信心購買股票，並得以創立史上第一家公開交易企業的原因之一。不過，這樣的信任感很快就因VOC內部的不良運作，而遭受嚴厲的考驗。該公司內部的不良運作模式，讓這史上第一家現代企業爆發了史上第一場股東抗爭行動。當時VOC的最大投資人是艾薩克・勒・梅爾（Isaac Le Maire，一五五八年至一六二四年），他是定居在阿姆斯特丹的佛蘭德商人，一如弗朗西斯柯・達提尼，他涉足相當多種商業業務，從銷售商品、處理匯票，到銷售航海保險與從事東方貿易航行訓練等；不過，和達提尼不同的是，勒・梅爾是個惡名昭彰的商人，因為他總是以狡獪的方式來因應會計作業，而且總是從事一些以掠奪為目的的商業風險投資。不過儘管勒・梅爾本身是個詐欺慣犯，他卻要求企業必須當責。一六〇二年時，他購買了價值八萬五千基爾德的VOC股份，但他絕對不只是要當一個單純的投資人，他要的不只是股票報酬。由於VOC事後未發放股利，他便秘密組織了幾支和VOC競爭的貿易遠征隊，同時藉由一個期約售股（出售

VOC股份）機制來規避持有VOC股票的風險。後來有人指控他挪用VOC公款，該公司董事會也向他提起告訴，這件事使得勒．梅爾誓言復仇。他不僅繼續支持和VOC打對台的風險性投資（但後來失敗），還買通VOC的會計長巴爾倫．蘭普（Barent Lampe），要求他在帳冊中植入有利於勒．梅爾的詭計的股數。一六〇九年時，勒．梅爾寫了一封信向奧爾登巴內費爾特抱怨，並要求公開查帳。一六〇七年至一六〇九年間，該公司股票價值從二一二％跌到一二六％。[21]

後來勒．梅爾的詭計並未得逞，但股東的疑慮卻成為事實。為了消弭股東的疑慮，VOC的董事十七紳士宣布將發放更多股利，但他們卻無法提出公開查帳報告，還宣稱那麼做會讓西班牙人抓到小辮子，並直接威脅到國家利益。由於VOC是荷蘭的皇家軍事機構，所以禁受不起那樣的損失，一旦切實當責，所有參與者都會陷入風險之中。這些董事在VOC成立之後二十年間，反覆利用這個論述來博取股東與大眾的信任，進而規避被實質公開查帳的命運。或許這也解釋了為何VOC剛成立不久那幾年，並未採用複式分錄來記錄的中央分類帳，因為那樣的帳冊會讓查帳工作變得更加容易。

一六二〇年時，該公司還是遲遲未進行外部查帳，也沒有發放股利；加上有人指控它涉及內線交易情事，公司內部有一些圖利特定人的交易，導致公司權益受損。另外，它還不法操縱帳冊，讓公司資產看起來比實際上多；除此之外，VOC的報酬率也從歷史平均水準的一八％降到六．四％。於是輿論開始發出反十七紳士與其他主要股東，也就是管理人的聲浪；到了這時，外界已不再是根據該公司的財務數據，而是根據市場上的謠言，來決定是否買賣該公司股票。公司當局這種守密的心態，也漸漸侵蝕了現代第一宗資本主義風險投資案件的基礎。[22]

一六二二年時，不滿到極點的股東終於不再忍讓，他們發行一份宣傳小冊《必要的揭露事項》（*The Necessary Discourse*），來攻擊十七紳士與六十個管理人。他們在這份宣傳小冊中，否定該公司以國家秘密為由不揭露查帳報告的邏輯，也否定公司派所堅稱的公司營運絕對透明。股東們以插圖的方式，抱怨公司不肯公布查帳報告，他們宣稱公司管理人沒有製作會計帳冊，就算有，也「拿了鹹豬肉塗抹」帳冊，所以帳冊可能已經「被狗吃了」，而這一切作為當然是要隱匿他們的違法利潤。股東挖苦地抱怨，唯有等到所有人都入土以後，董事會成員才會展開全面查帳；接著，他們又進一步指控那六十個管理人的所作所為一點也不符合嚴謹商人的標準。[23]

抱怨的股東表示，他們只不過是想要取得一份正當的財務查核報告 reeckeninge。接著他們又提出具體的貪腐指控，例如，公司董事為牟取個人利益，以低於市價的價格出售靛藍染料；另外他們也指控董事們藉由操縱股價，透過大型工業與商業專案收取回扣等手段，來獲取個人利益；此外還控訴公司董事的偷竊行為，無恥到足以傷風敗俗。舉個例子，據說有一名董事在檢查某艘船上的貨物時，發現一個黃金打造的十字架；他隨即把那個十字架偷偷放到自己的口袋。不過由於那個十字架體積不小，重量也不輕，所以很快就穿破他的口袋，任誰都能從他破掉的褲子，清楚見到那個十字架。結果，另一個董事注意到他「無力背負自己的十字架」，便無恥地從他的褲子裡抽出那個十字架，揚長而去。凡此種種，都清楚刻畫出該公司內部難堪的富人醜態。24

到最後，莫里斯親王的行政團隊終於找到一個解決方案——只不過，他會以荷蘭式風格來進行。雖然身為史提文的學生，他自己的政府是採用複式分錄記帳，但他卻基於「國家利益為重」的理由，否定會計語言，拒絕當責。他表示將不會公開查核VOC的帳冊，但國家會秘密查核該公司的財務。

雖然當時荷蘭在會計與政策當責方面的表現，是歐洲各地的表率之一，但它一直都難以切實維持透明的政府和財務。誠如喬漢斯・胡德（Johannes Hudde，一六二八年至一七〇四年）在五十年後發現的，當時該公司還沒有設置可計算公司總收支餘額的中央分類帳。胡德是個數學家，曾擔任阿姆斯特丹市長，而且在一六七二年被任命為VOC的董事長，即十七紳士之首。他堪稱政府治理菁英人士的縮影，不僅擁有流暢的數學和簿記能力，更樂意為了政府和內部查核等有意義的目的，好好發揮自己的長才。他曾建立一個岩石標示系統，整個城市處處都可見標記高水位的胡德石（Hudde Stones），他在水位管理方面的成績有目共睹；另外，他曾在萊登大學研究數學，是法國哲學家笛卡兒（Descartes）的追隨者之一，經常和著名的懷疑論哲學家與數學家如史賓諾沙（Spinoza）、惠更斯（Huygens）和牛頓（Newton）通信。胡德也和萊布尼茲（Leibniz）合作，共同發展微積分學，證明了胡德定律（Hudde's Rule），兩個能得出相同總和的多項式方程式或不同方程式——這項數學發現和他試圖平衡VOC帳冊的志向頗為相符。[25]

接任董事長後，胡德希望為VOC製作一份資產負債表，但他也體認到，該公司不良的中央簿記作業讓這項任務顯得難如登天。其中一個原因是，VOC並未記錄負債相關的帳目，所以他一開始的工作，就是先設法區隔資產和負債。資產包括所有還在海上的物品（商品和現金）、船隻、設備、戰爭材料和要塞、食物、房地產與軍需品；而為了衡量負債，他將債務分成需計息與不需計息的負債、尚未支付的薪資以及股本（出售股票時的現金價值）等項目，以及諸如海上虧損與船難等風險，畢竟損失一艘船就可能毀掉一個商人或整個企業。胡德也試圖將該公司所有使用在世界貿易活動的異國通貨納入帳冊，這可不是件容易的事！另外他還根據本地的或有事件（contingency），為各項商品指定適當的風險值。他也試著計算十年期間的統計數據，唯有兼具數學家和商業會計師身分的人，才有能力做這件工作，而商業會計領域開始使用到機率統計學，也大約是從這個時期開始。他體認到，維護過剩商品的成本，經常超過商品本身的價值，因此他提出幾個建議，例如銷毀部分香料存貨，因為這些香料的儲存成本，到頭來常超過香料本身加計關稅與運輸成本的價值。他也發現，與其囤積存貨，不如積極創造更多需求來提振銷售量，這樣的賺錢思維是以責任會計、謹慎的貿易活動和約略的價格統計為基礎。[26]

為了傳達上述觀點，胡德還寫了一些哲學性原則和範例問題，給VOC的經理人做參考；實質上來說，他等於是勾勒了一份早期的成本會計原則：「一個商人囤積了一百磅的丁香庫存。年度銷售量為五十磅，而年度產量為五十磅。這一百磅丁香庫存的價值是多少？」他指出，答案是「沒有價值，相反地，還可能會產生虧損，因為這些存貨會衍生房租和其他費用等成本。」他主張在進行簿記作業時，一定要秉持這種探索正確評價的精神，而這也是賺錢的絕對必要元素。另外，他也試圖平衡期望利潤與實際利潤的記錄方式，這不容易，即使是活在現代的我們都很難做好這件事。為了達到目的，他設計了一種可預測未來二十五年獲利的統計計算方法。要計算遠在數千甚至數萬英里外的商品的貿易價值，這是唯一可行的方法，因為這些商品的銷售價值，要很多年以後才可能確定。胡德的原則是，除非已經能透過一個貸方分錄或借方分錄，為每一筆交易的每個項目指定價值和虧損數字，否則就不能記錄這項交易。27

可惜，沒有足夠的證據可證明，胡德最後是否真的成功為ＶＯＣ製作出有效的資產負債表。身為十七紳士之一與阿姆斯特丹市長，他肯定是個大忙人，不過他確實聘請了許多內部記帳人員來延續他的工作——問題是，這些記帳人員的下場都很悲慘。其中一人死於船難，另一個在一六九〇年受他指派來為這家企業記錄帳目的丹尼爾・布拉姆斯（Daniël Braams），也在完成幾份帳目初稿後不久就過世；不過他們在記帳時，都謹記胡德的評價原則。十七紳士後來又指派了另一個記帳員，但這項命令始終沒有完成，幸好ＶＯＣ的董事雖未能維護良好的帳冊，他們倒是把胡德的教誨記在心上，以至於後來他們在預測利潤與成本時，終於改採極審慎的態度。就這樣，VOC的行政管理階層漸漸接納了優良會計的精神，甚至實際作業。[28]

如此看來，VOC留給我們一個錯綜複雜的教誨。VOC是一八〇〇年代以前最大型的資本主義企業；它早就知道複式分錄作業的存在，也能找到很多優秀的專家，來幫它執行複式簿記作業，但它卻遲遲未能將複式分錄制度化。然而，會計的精神終究還是對這家企業產生了一些影響：激發他們進行內部查核，試圖進行計算，而且願意用極端審慎的態度來計算公司的價值、利潤和虧損——史提文的概念似乎成功留存了下來。

十七世紀下半葉的荷蘭，是受諸如胡德等精通人文主義知識、科學和商用數學的人物所統治，他們將自身的技能應用到國家的管理，一六六二年時，自由市場共和國理論家皮耶特・德・拉・柯爾特（Pieter de la Court，一六一八年至一六八五年）撰寫了《荷蘭共和國的真實利益與政治箴言》（*True Interest and Political Maxims of the Republic of Holland*），猛烈攻擊君主體制，並詳細敘述如何以會計作業等經濟管理措施和自由市場來提振荷蘭經濟。德・拉・柯爾特相信自己必須精通政治理論、倫理學、歷史、數學、會計學，並成為商業與貿易知識的專家，才能有效打造出適當的經濟與政治政策。

在德・拉・柯爾特眼中，荷蘭的自由和政治當責文化是對君主體制暴政的一種回敬。他解釋，對荷蘭的居民而言，「任何政體造成的傷害，都比不上被一個君主或至高無上的領主統治所造成的傷害」。他也察覺到這個傳統源自於義大利共和城邦，早在約翰・洛克（John Locke）完成有關代議制政府的《專論》（*Treatises*）以前，德・拉・柯爾特就公開宣稱，工業、商業、自由貿易和政治自由有可能戰勝君主的意志。在西班牙及法國為了消除共和政治體制的威脅，而相繼侵略荷蘭卻無功而返的激烈戰役中，德・拉・柯爾特的著作，就像是呼喊著商人肯定將戰勝君主的勝利召喚。事實上，德・拉・柯爾特的訊息，是對暴虐獨裁君主體制的一種公開質疑，他宣稱，如果沒有政治和經濟自由、勇於當責的文化以及宗教寬容心，工業和商業發展就不可能成功。29

德・拉・柯爾特成功獲得荷蘭大議長（Grand Pensionary of Holland，在缺乏有效的聯合省最高行政長官的情況下，他就是政府的領導人）喬罕・德・維特（Johan de Witt）的庇護。德・維特不僅付錢幫德・拉・柯爾特出版他的著作，還掛名共同作者（不過，他可能也親自補充了一點內容）。德・維特是見解精闢的哲學家，也是非常熟練的商業行政管理人，負責研擬共和國政治理論與經濟政策，有了德・拉・柯爾特的助陣後，德・維特成為荷蘭統治菁英的代表性人物。這個菁英圈子認定，共和國倫理和數學是打造優質政府的工具。德・維特在一六五二年至一六七二年間擔任荷蘭大議長，換言之，他是荷蘭黃金時代的管理者。在這段荷蘭特別富裕的期間，儘管西班牙、瑞典、英格蘭和法國的惡意不曾稍歇，荷蘭還是蓬勃發展成一個貿易、宗教寬容乃至藝術、科學、哲學與神學中心之一，也成為政治辯論、印刷和國際通訊的重要樞紐。30

德・維特是多爾瑞契拉丁語學校古典教育下的產物，也受過笛卡兒學派數學教育，曾就這個主題出版著作；另外，他也曾接受律師訓練，並深入遊歷法國及英格蘭。以他深厚的朝廷式政府經歷及外交知識來說，他是個傳統的政治家，但也是個重視商業的經理人和訓練有素的數學家。德・維特最恆久的成就，是他在他的《終生年金專論》（*Treatise on Life Annuities*，一六七一年）中發展出終生年金的數學原則，這是最早將或然率理論實務應用到經濟學的例子之一。另外，逐漸釐清笛卡兒的幾何學理論後，他在一六五九年出版了一本有關直線與曲線計算的書籍，這本書不僅對應用物理學相當有用，也對彈道學助益匪淺。[31]

十七世紀時，世界各地雖讚揚荷蘭的財富和自由，但卻也對此戒慎恐懼，而荷蘭內部也並未因此獲得太平。在奧倫治的聯合省最高行政長官威廉二世（William II）於一六五〇年過世後，喬罕・德・維特領導荷蘭超過二十年，但隨著荷蘭的財富逐漸成長，強大鄰國法國和英格蘭對它的覬覦也有增無減。一六五〇年代至一六六〇年代期間，英格蘭人和荷蘭人在英吉利海峽、各貿易路線甚至各個殖民地爆發多次戰役。其中，英格蘭在一六六四年奪下荷蘭人的新荷蘭殖民地（New Netherland）及其首都曼哈頓；另外，一六七二年時，路易十四的軍隊突然來襲，在荷蘭境內四處掠奪。德・拉・柯爾特和德・維特雖有計算能力、懂會計，並極力主張組成共和政府；但即使耗盡所有財力，區區一百萬荷蘭人絕對抵擋不了二千三百萬法國人。更何況，敵意甚深且專制的太陽王和他手下的龐大軍隊，更早已下定決心要重創這些出身低微的傲慢商人，一心一意要打得他們向天主教法國跪地求饒。此時，長期以來都維持殘暴政治傳統的奧倫治親王們，察覺這可能是從德・維特手中奪回權柄，恢復世襲制聯合省最高行政長官權威的大好機會。他們免除德・維特的職務，並組織一群暴民殺了他和他哥哥柯爾尼利斯（Cornelis），取出他們的內臟（德・維特的手指和腳趾也被砍下來，某些暴民還吃掉他們的內臟），一個銀匠把柯爾尼利斯的心臟放在他的櫥窗裡展示了好幾年。宗教寬容、數學和自由貿易的力量，終究敵不過由殘暴領導人和暴民組成的瘋狂政府。

此時會計概念與作業雖已漸漸成熟，但尚未獲得強制執行的理由。事實上，這時雖有很多人已見識到複式分錄的力量，但也像德・拉・柯爾特一樣，了解它可能威脅到專制的威權和既得利益。從這時開始，儘管世人稱頌並仿效荷蘭的政治模型和會計作業，但也害怕那麼做可能為自己帶來厄運。維特兄弟悽慘又血腥的下場預言了一件事：世人勢必要再歷經一番長期的奮鬥，才能將數理的嚴謹明確原則和當責文化導入政治圈。

CHAPTER

6

# 會計人員與太陽王

我已漸漸懂得品味親自處理財會事務的樂趣……所有人都不該懷疑我無法堅持到底。

——路易十四對其母親奧地利的安妮皇后所說的一席話，一六六一年

一六六一年三月，法國國王路易十四已達法定年齡，於是他正式把持了歐洲最大的王國。當時的法國幾乎堪稱世界上最富庶的王國，人民對未來懷抱遠大的希望，畢竟歷經了近一個世紀的戰爭、叛亂和暴力相向，法國終於出了一個英明的年輕國王，而他同時也是一個重視文化、深受偉大藝術家與風流韻事吸引的男人。從路易十四頭上戴的那頂巨大白色假髮，以及他跳芭蕾舞、經常參觀煙火與莫里哀（Molière）的戲劇等行徑來說，我們對路易十四的上述觀感一點也沒錯。路易也和他偉大的外曾祖父西班牙的腓力二世一樣，相信自己的專制權利來自上帝的恩賜，他相信上帝賜給他權利，而且在內心

深處，也認為自己只需要對這個崇高的權威者負責。不過，路易其實活在一個矛盾裡，雖然他痛恨荷蘭那些新教徒市長的非凡財富，卻相當受他們的商務工具吸引，這項工具就是會計。問題是，最初路易只見到會計應用在行政管理方面的效果，沒有注意到會計作為當責工具後的威脅，等到他終於體認到會計的威脅後，他對這項工具的態度也隨之轉變。

路易十四之所以能成為凡爾賽宮的主人，與那個時代最偉大的藝術贊助人，還有他之所以有能力對整個歐洲發動戰爭，一切都要歸因於他是在他信賴有加的會計師的謹慎監督下，展開他的治國之路。路易十四的教父、足智多謀的義大利人儒勒・馬薩林紅衣主教（Jules Mazarin）堪稱是實質上的首相。當他過世時，除了留給這個年輕的國王一部分財富（包括無價的馬薩林鑽石），還把幫他累積了巨額財富的私人會計師留給了路易十四，而這位會計師就是讓—巴普蒂斯特・柯爾貝爾。馬薩林向路易保證，整個王國沒有人比讓—巴普蒂斯特・柯爾貝爾更有用，於是這位精通複式簿記實務作業的首席會計師，就此展開了管理整個君主國的道路；也因如此，路易十四的故事和會計史的關係非常密切。路易的才氣不僅表現在他評估藝術家與文化產物價值的本事，以及他利用藝術與文化來宣傳王權的能耐，他更深刻體認到自己需要一個優秀的會計師，而且他也認知到，若他想查核自己個人的帳目，他也必須搞懂會計，唯有如此，才能善加監督他的財富和行政團隊。

以路易身為國王的高度來說，他接手的法國其實是一個貧窮的國家。當時整個王國因投石黨亂內戰（Fronde，一六四八年至一六五三年）而受苦，這場內戰是在他父親路易十三過世後不久爆發，並一度危及他母親，西班牙腓力二世的孫女，奧地利的安妮皇后，與其首席顧問暨大臣馬薩林紅衣主教的攝政地位（一六四三年至一六五一年）。事實上，路易本身幾乎沒有任何財產可言，他完全是靠馬薩林的力量和財富在治理這個王國。正因如此，他迫切需要累積一筆能讓他掌控整個法國甚至全世界的財富。

於是，當路易一親政，便要求柯爾貝爾帶領他走進會計的神秘世界，因為他知道，在投石黨亂期間，整個王國就是靠著柯爾貝爾有效率的會計應用，才得以支撐下來。路易後來還對他兒子描述，他是如何和柯爾貝爾一起展開會計改革的歷程，他了解到，皇家帳目的主要登記簿是政府的中心支柱之一。路易寫道，他讓柯爾貝爾全權控制國家財政的原因，不僅因為柯爾貝爾「勤奮」且值得信賴，更因為他知道柯爾貝爾擁有優異的記帳能力。[1]

馬薩林能發掘柯爾貝爾是路易的幸運，如果換成另一個時空背景，柯爾貝爾有可能會成為另一個類似梅迪奇家族的顯貴人士，不會願意為他效勞。無論如何，柯爾貝爾不僅和梅迪奇家族成員一樣，深諳老義大利銀行家那種商業知識，也和他們有直接的淵源。讓－巴普蒂斯特・柯爾貝爾是漢斯（Reims）某個商人銀行家族的成員，該城鎮是法國香檳區的首都，有大教堂並以產布聞名。然而十七世紀的法國，畢竟不同於文藝復興時期的義大利，在那時的法國，中產階級裡的顯貴人士根本無法成為自己居住城市裡的王孫貴族。當時的法國社會是有錢貴族的天下，而類似腓力二世那種傳統中央集權式君主政體的支配力量，更是日益增強。在那樣的時空背景下，特別是在貴族的投石黨亂失敗後，野心金融家或商人多半只能藉由幫大貴族做事，或者是為國王效勞，才有機會提升自身的社會地位。[2]

柯爾貝爾的父親一開始也不只是單純的布商，以古代的說法而言，他是一個négociant，也就是國際經銷商和金融家。佛羅倫斯的傳統在漢斯及萊昂獲得相當程度的保留，因為從中世紀時代開始，這兩個地方和佛羅倫斯之間就一直維持著密切的貿易與銀行業務關係。柯爾貝爾家族透過聯姻，和勢力強大的法裔義大利銀行家族帕爾蒂切利（Particelli，柯爾貝爾的姊姊嫁到這個家族）維持相當密切的關係。[3]

年輕時的柯爾貝爾是在漢斯的耶穌會學校求學，除了文法、人性論和修辭學，耶穌會的教育還包括一套專為商人設計的特殊課程。這套課程和神學與古典文化無關，而是聚焦在地理學、自然科學（可能包含一點工程學）、閱讀理解、筆記製作、建檔與歸檔，和如何將個人的閱讀與演講筆記以正式的結構記入筆記本等知識。[4]

柯爾貝爾十幾歲起就開始接受會計師相關的訓練；不過法國和義大利或荷蘭不同，當地並沒有正式的會計學校，所以柯爾貝爾是在和他家族關係密切的企業裡當學徒。他最初是在義大利瑪斯克瑞尼（Mascranni）銀行家族的萊昂辦公室當差，在那裡學會國際銀行業務、基本會計作業和匯兌作業，並從中學了一點義大利文。接著，他又進到巴黎的會計事務所：查皮連恩研究所（l'étude Chappelain）擔任職員，再到拜特尼（Biterne）法律事務所任職，在那裡學習金融法，而金融法正是國家行政管理的一環。[5]

商行和會計公司的工作經驗，讓柯爾貝爾獲得相當具體的訓練。一個學徒確實可以透過這樣的環境，學會經營公司的技巧，因為他必須勤奮地記錄各個層面的事務；而若想精通貿易活動，不僅需要熟知各種商品——從布、金屬、植物到香料和奴隸等——還必須懂得測量法，並了解如何評估商品的價值。打從中世紀時代開始，商人就會隨身帶著許多參考書，但也有很多人會自己製作個人的通貨兌換筆記本；海關表格和規定；歐洲幾項主要語言的基本金融用語翻譯；潮汐、日落與日出時間表；商品說明書；地圖；航海資訊，以及城市的解說等。柯爾貝爾對文書處理技巧、匯兌與貿易的法律及程序，以及行政管理等尤其嫻熟。總之，學徒的歷練讓柯爾貝爾獲得相當臨場的會計訓練；事實上此時的他也已蓄勢待發，準備在法國就業市場發揮他學會的各項技能。[6]

柯爾貝爾完成上述初期訓練後，便在一六三九年花錢，在法國軍隊為自己買了一份差事。這是他在皇家行政管理團隊的第一個職務，身為財務行政官與會計師，他遊歷了法國各地，撰寫和部隊人數及配給等主題有關的行政管理報告，同時管理整個軍團的財務。如果是在此前幾十年，他的生涯發展有可能到此為止，沒有進一步飛黃騰達的可能；換言之，柯爾貝爾可能會繼續當個有錢的中產階級金融家，或單純地當一個文官。不過他優秀的會計能力，和清晰撰寫報告的表現，讓上司對他另眼相待；很快地，柯爾貝爾就被任命為馬薩林紅衣主教的個人經理人，也就是他個人的行政官。[7]

柯爾貝爾和馬薩林見面後，兩人一拍即合，因為他們簡直是兩個互補的靈魂。此時的馬薩林已累積了比整個王國更多的巨額財富，但卻缺乏管理巨額財富的專長；另一方面，柯爾貝爾年輕時所受的所有訓練，都是和管理巨額財富有關，只不過他自己沒有那麼多錢可管。不過，此時的他和法國最可觀的財富近在咫尺，紅衣主教的地窖裡堆著滿滿的金銀財寶，包括超級大量的藝術作品、古代文物和珠寶等收藏。不過馬薩林真正的財富，其實是一大堆雜亂無章的封地契約，與各式各樣土地及工業證書，還有大量模稜兩可的財務計畫。馬薩林向柯爾貝爾坦言，他完全不知道自己實際上擁有多少財富，也不知道自己有能耐籌到多少錢，來支應軍隊所需的資金。無論如何，投石黨亂爆發時，馬薩林需要非常多資金，因此他迫切需要一個優秀的會計師，這個會計師不僅要能幫他理清雜亂的財務狀況，還必須能夠迅速為這場戰事籌到資金。[8]

柯爾貝爾是個精力充沛且執著的人，面對這個艱巨的任務，他一開始就積極迎合紅衣主教，全心全力為法國的這個實質統治者效勞。柯爾貝爾先檢視馬薩林的檔案，清理出堆積如山的文件和封地證書，並找出應收而尚未進帳的收入，以及應償還而尚未清償的負債。他也開始管理各項工業專案、諸多來源的收入，以及馬薩林名下龐大的基督教會土地。從他們兩人自一六五〇年至一六五三年間的詳細通信內容，便可看出柯爾貝爾協助馬薩林管理的事務確實是包羅萬象。在一份標記一六五一年九月三十日的紅衣主教財務狀況報告中，柯爾貝爾通知他的老闆，他其實已經收到「所有文件」，也正在設法「解決困難」，期盼能讓紅衣主教的財務管理逐漸步上軌道。一六五二年時，柯爾貝爾跟著皇后的財政官員、議會主席傑克斯．圖比厄夫（Jacques Tubeuf）做事，但這段期間他還是試圖蒐集馬薩林的所有文件，幫紅衣主教的各項風險性事業投資談妥條件。柯爾貝爾扮演查帳者的角色，努力研究紅衣主教的文件，「釐清」各種誤謬，最後為他的「閣下」多收回了數十萬里弗爾的收入。事後他寫信給想必相當開心的馬薩林：「我懇求您相信，我沒有犯下任何明顯的錯誤。」[9]

起初，馬薩林認為柯爾貝爾是個庸俗的平民，為人處事又流於冒昧，不怎麼把他當一回事；但短短一年內，他就宣稱柯爾貝爾是他「不可或缺的得力助手」。至此，柯爾貝爾的努力終於開花結果，且隨著大量金錢滾滾而來，就算身為會計師或財務顧問的他犯了什麼個人過失，也很容易被頂頭上司原諒。一六五八年投石黨亂平定之後，馬薩林手上共握有八百萬里弗爾的現金。到這名紅衣主教在一六六一年過世時，柯爾貝爾更成功讓他手上的現金增加到三千五百萬里弗爾，而馬薩林後來把其中一大部分財產留給了路易十四。[10]

儘管柯爾貝爾在一六五〇年代成功幫馬薩林累積並管理財富，他終究只是個家族隨員，身為馬薩林的會計師，他雖非常接近這個新王國的權力核心，卻尚未成為權力核心的一員。事實上，會計師在法國的地位一向不高，多數人也想像不到他們能獲得更高的地位。然而柯爾貝爾提供的服務實在太重要了，而且他的建議也確實極為寶貴，因此，馬薩林臨死前把他舉薦給路易，而路易也非常聰明地晉用柯爾貝爾，來擔任他的會計師與個人心腹。因此當路易在一六六一年掌權後，他和柯爾貝爾其實早已合作無間了。[11]

讓─巴普蒂斯特・柯爾貝爾向來以他的重商主義（mercantilism）理論著稱。他主張世界上的黃金和財富額度是固定的，因此法國必須建立工業，唯有如此，這些有限供給的財富，才會從荷蘭和英國流向法國。為了達到這個目的，他設置了國有獨佔企業，並在新世界（在當時稱為柯伯特河（Colbert River）的密西西比河位於路易斯安納州的河口灣）建立一個屬於法國的王國。儘管各方對柯爾貝爾一手策劃的工業專案的成效爭辯不休，但身為一個財務管理人，柯爾貝爾的創新精神確實無可辯駁。亞當・斯密曾警告國家不宜干涉財會事務，但他卻相當推崇柯爾貝爾，尤其是他身為財務管理人、稅款徵收人和會計師的精湛技藝。斯密讚美柯爾貝爾的工業及國家帳目知識深厚，也很讚賞他「在公共收入的徵收和支出方面，導入有效的方法，讓一切變得井然有序」的成就。[12]

會計不僅攸關行政管理的良窳，也是權力與鎮壓的工具。柯爾貝爾執掌財務總管辦公室（Controller General of Finance）後，隨即開始課徵各種收入，並對國王認知裡的政治仇敵展開帳目查核；其中，柯爾貝爾尤其熱中於對付自己的對手尼可拉斯・富凱（Nicolas Fouquet，一六一五年至一六八〇年）。富凱是馬薩林和路易十四早前的財務管理人，根據各種流傳的說法，他是一個才華洋溢、勇敢但貪婪且患有妄想症的人。當時一個作家暨敏銳的政治觀察家塞維涅夫人（Madame de Sevigné），將富凱描繪為柯爾貝爾的野心和路易十四的專制傾向下的受害者。但不可否認地，富凱確實相當跋扈，他曾犯過一個眾所周知的錯誤——自以為身為路易十四的首相的他，可以在國政上隨意擺布這個年輕的國王。[13]

一六六一年八月，就在馬薩林過世後，路易正式掌權之際，富凱在自己位於巴黎南方的子爵城堡（Vaux-le-Vicomte）裡舉辦一場極盡奢華之能事的宴會。這個大臣不單純的豪奢生活，和對高級社會人士與文化界的大方贊助，都讓路易倍感屈辱；因為路易名下的所有居所，都比不上富凱的子爵城堡宏偉。為什麼富凱那麼有錢？因為他和其他所有財務管理人前輩一樣，暗度陳倉地將皇家的基金轉進自己的口袋——這是個心照不宣的事實，每個人都知道這個肥缺能撈到這樣的好處。然而富凱不僅剽竊皇家資金、未能善加管理皇家的基金；更糟的是，他還利用這些錢，硬生生把國王的派頭比了下去——尤其是到投石黨亂平定後，國王個人的財務還是搖搖欲墜。另外如果富凱只是把錢花在文化事務和宴會上，路易或許不會那麼處心積慮地想要毀滅他，問題是，情況並非如此單純。路易要求柯爾貝爾安排一個奸細假扮成貝勒島（Belle-Île）岸邊的漁夫，這座島是富凱的財產，位於布列塔尼（Brittany）的南岸，安排奸細的目的當然是意在監視富凱的一舉一動。柯爾貝爾的密探描繪了這座島的詳細地圖，同時寫了一份報告，詳細說明富凱在島上的活動。他指出富凱雇用了一千五百名勞工、二百名駐軍，還設置了四百座大砲，並儲存可供六千個人使用的軍需品和補給；大工程師沃邦（Vauban）也在這座島的沿岸建造堡壘；更甚的是，柯爾貝爾的密探回報，富凱已擬定好接管加勒比海海島馬提尼克（Martinique）的計畫，而且打算利用他自己的海岸島嶼來接收馬提尼克生產的所有物資。總而言之，富凱明顯正在打造一個縮小版的王國和一個小型帝國。富凱是一個獨立且富有的貴族，此時更坐擁皇家威權所無法掌控的軍隊和堡壘，種種情況顯示，他已對路易構成重大威脅。[14]

一六六一年九月，路易和柯爾貝爾終於採取行動，他們逮捕富凱，並將他的親朋好友全數流放。柯爾貝爾擬定了幾份詳細的逮捕計畫，除了查封富凱的所有辦公處所，國家的律師也對他提出各項控訴，並沒收所有文件。柯爾貝爾不僅想取得富凱的秘密計畫和信件，更想取得富凱的帳冊，因為對他來說，這些帳冊是最有力的叛國證據。柯爾貝爾強力要求皇家稅賦律師必須在查封文件時，親自在場監督，同時要求他們火速把搜到的文件送去他的辦公室。柯爾貝爾知道，若想完成有效的帳目查核，就必須要取得所有財務報告。身為國王火槍隊隊長的查爾斯・達爾達尼央（Charles d'Artagnan，此人後來成為大仲馬（Alexandre Dumas）的《三劍客》（*The Three Musketeers*）裡的角色，並因此而永垂不朽」率兵逮捕富凱，並負責指揮隨後在他家進行的搜查行動。他們在富凱的辦公室裡的大型衣櫥後方，找到一本稱為Cassette的對摺式厚重筆記本。柯爾貝爾下令將這些文件密封，並派快遞信差火速將文件送給他。達爾達尼央還奉命逮捕富凱的所有助手，並搜索他們是否還私藏其他秘密文件。15

富凱被柯爾貝爾突如其來的奇襲搞得措手不及，頓時束手無策，而柯爾貝爾的行動也讓富凱和很多不同女士之間的通信內容曝光；這些女士分別是富凱的情人和告密者。另外他用來記錄各項收付、餽贈與賄賂的帳冊也隨之曝光。不僅如此，富凱還在那本厚重的帳冊中，條列了他手下的密探與間諜名單，其中很多人是在宮廷與行政單位服務。帳冊裡的詳細內容也清楚記錄了他的所有財務往來情況，以及他在貝勒島興建堡壘的計畫與財務狀況。16

一般大眾都猜到，富凱因叛亂罪嫌而被交付審判一案的影武者是柯爾貝爾，而這件事賦予他的家徽——一條向上爬的蛇——一個新意義。雖然最後的審判結果並未能說服大眾相信富凱所犯下的罪行，卻清楚對外界宣示國王以其意志凌駕法律的意圖。這件事也凸顯出柯爾貝爾的某種本質——他非常樂意把會計當成一種政治武器。柯爾貝爾體認到，打倒敵人的關鍵就在於對方的帳冊，因為透過帳冊，就能掌握對手的人脈、財務和計畫，當然他的想法一點也沒錯。這樣的政治行動毫不亞於梅迪奇的作為，但涉及的籌碼卻大得多。路易統轄的法國有高達二千三百萬人口，擁有世界最大編制的軍隊和持續擴張的海運王國，再加上有一個極端優秀的會計師相助，路易遂漸漸產生了成為歐洲霸主的自我期許。[17]

雖然柯爾貝爾為人並不正派而且殘酷，但他在擔任路易的實質首相期間，還是完成了幾項值得關注的創新。柯爾貝爾在他的《法國財政事務歷史實錄》（*Historical Memoirs on French Financial Affairs*，一六六三年）中，解釋他和路易如何將會計融入治國權術。他不僅描述自己如何教導路易學習「義大利會計方法」的基礎概念，也說明他引導國王將這個方法使用在日常的皇家行政管理上。不過這份文本只有一份手稿，那是柯爾貝爾親自撰寫的，而且未能完成，但這已是柯爾貝爾最長且最詳細的著作了。他寫這份文本的目的，是要讓路易了解以前每一任國王的財務先例。[18]

這份文本中詳細描述了皇家過往的帳目，這意味柯爾貝爾的《歷史實錄》是只供路易一個人看的。文本中解釋以前的國王徵收多少稅金，他們有多少收入，還有由哪些官員負責管理這些資金等；不過柯爾貝爾也警告，以前的國王只單純批准財務政策：查帳和控管事務則完全交給大臣負責。而由於以前的國王無法親自核驗帳冊，才會衍生貪污和管理不當等弊病，柯爾貝爾主張，有了會計作業，他就能針對皇家財務、稅賦、製造和海運貿易等，歸納出最新的數字。柯爾貝爾也描述了富凱掌管財務時期的帳冊，從中可輕易看出那些垮台的大臣們犯了什麼錯誤，還有他們有多麼「鋪張浪費」。[19]

最重要的是，柯爾貝爾還在文中描述國王應該扮演財務委員會的指揮者，也說明國王應如何落實這個任務；同時他也描述他本人該如何架構這個委員會的組織，與國家的會計帳冊。根據柯爾貝爾的擘劃，他將擔任會計長，而路易則扮演審計長的角色。柯爾貝爾建議「每年都必須將國家的全部支出收據，記錄在一本精準的登記簿上」，並應核驗過往年度的登記簿。[20]

柯爾貝爾解釋，若路易想成為審計長，就必須了解基本的簿記方法，這是直接引用帕喬利的概念。不過柯爾貝爾這份文本也有一些創新，例如，他以國家取代企業或公司；換言之，柯爾貝爾將複式分錄重新打造為可供國王使用的一種技術。柯爾貝爾提到，國家會計帳冊將被列為機密，他向路易打包票：「藉由這個清晰且簡單的方法，陛下就有能力自我保障，減少對其他有幸為陛下服務的財務大臣的依賴。」當然，柯爾貝爾是那些大臣中的例外，他終其一生都在為國王記錄這些帳冊。[21]

路易懂得簿記，也喜歡簿記，至少他喜歡複雜的單式分錄簿記。路易寫信給他母親時提到：「我已漸漸懂得品味親自處理財務事務的樂趣，即使未投以太多關注，我也能注意到以前幾乎未曾留意的重要事務，所有人都不該懷疑我無法堅持到底。」路易每隔一天就會花兩個小時以上，逐一檢視大臣和密探們上呈的急件，這些急件的內容和政府的各項主題有關；不過如果當中有財務相關的報告，他會更詳細地加以檢閱。儘管如此，路易卻從未成為科西莫・德・梅迪奇那種境界的正牌會計師，這個國王只是稱職地依循柯爾貝爾的簿記內容前進而已。路易和柯爾貝爾經常就財務上的疑問通信，柯爾貝爾會將必須取得國王授權的支出請願文寄給路易。當時最常向國王呈報的官員就是柯爾貝爾，他一週會向國王上呈兩次以上的彙總報告。其中最重要的是星期五的報告，他會在那一天概要向國王報告他收集到的所有資訊，和皇家帳冊的狀況。柯爾貝爾會在報告上留下半張空白頁，讓國王做註解。最初路易很喜歡數字，他寫給柯爾貝爾的註解中提到，聽到他談論財務「很讓人感到愉快」，而且路易起初也非比尋常地順從他的會計師，他曾在會計帳冊的空白處寫道：「由你全權判斷什麼是最好的。」[22]

柯爾貝爾收集了非常大量的資訊，而他必須想個簡單的辦法，向國王呈現這些繁雜的資訊，所以柯爾貝爾不僅記錄國家的帳冊，還製作與記錄關於一百種行政管理主題的對開剪貼簿。路易偶爾會翻閱柯爾貝爾製作的摘要記錄，但通常他只要求看最終的報告。身為一個優秀的會計師，柯爾貝爾準備了大量的剪貼簿、日記帳和分類帳帳本存貨，供每個主要收稅官和多數政府辦公室使用。至於國家帳目的分類帳則是由他本人維護，而路易也能靠自己的力量核驗這些分類帳；最重要的是，這些會計帳冊全都非常清晰、容易閱讀，而且可輕易下註解。路易沒有時間處理繁雜的文書工作，而柯爾貝爾也會設法幫他排解所有雜務，所以簿記作業拙劣或備忘錄記載不精確的會計人員和密探，經常會被柯爾貝爾訓斥。[23]

由於事務繁多，加上政府行政多半仍是維持中世紀時代的模式，故柯爾貝爾並無法系統化地將複式分錄推行到一般政府事務上。儘管柯爾貝爾是複式分錄的專家，但其他行政管理人員鮮少受過這項商業技巧的訓練；不過他終究還是發展出一份根據幾項複式分錄原則而設計的精密國家會計格式。路易、柯爾貝爾和財政委員會的其他大臣會在記錄好的帳冊上簽名，若這些最終的帳目依法必須在國王和該委員會面前結算，柯爾貝爾就會趕在結算之前，先幫路易進行更複雜的初步簿記和核驗作業，再用便於國王和各委員核驗的方式來安排帳冊。這些會計帳冊代表著國王財務資訊處理的一種典範，柯爾貝爾就是利用這套典範，力諫路易成為一個會計師國王；就某種程度來說，路易確實也從善如流，至少有一段時間是這樣。

很顯然地，柯爾貝爾希望他的改革能變成永久性，所以他積極推動將會計學納入法國國王的教育課程，而且也史無前例地順利如願。一六六五年時，柯爾貝爾為路易的那些繼承人撰寫了一份和財務有關的手抄本指示，他在這些指示中說明，處理與記錄會計帳冊是精通財務的必要手段。柯爾貝爾建議那些年輕的王子，應該每年用手寫的方式在所有國家帳冊裡做註記。他也建議王子應學習查核國家財務登記簿，以便核驗國家的儲蓄、支出和收據等。柯爾貝爾也警告王子永遠都不能偏廢這件工作，因為這件事非常敏感，不能委由他人代勞。總之，柯爾貝爾深深感覺到，年輕的王子必須學會會計學與存貨管理的基礎知識，才有資格成為一個國王。[24]

不僅如此，柯爾貝爾還對路易的政府灌輸財務資訊必須保密的商業概念。早在一六六一年，路易十四和他的首領大臣們共同打造他們的第一個政府時，柯爾貝爾便寫了一份備忘錄給路易，指導他要如何組織並管理皇家議會（Royal Council），還建議國王應命令所有大臣和政府成員宣誓保密，任何違反誓言的人都將被政府驅逐。這個作法不僅代表著大臣和秘書必須謹言慎行，也代表國家財務資訊獲得緊密控制。[25]

這種國家保密措施和柯爾貝爾的公開會計政策主張，呈現強烈的對比。他公開擁護許多經濟與會計著作，並命令身為很多柯爾貝爾貿易法律作者的傑柯斯・薩瓦里（Jacques Savary）撰寫《完美的商人》（*The Perfect Merchant*，一六七〇年），其中一個章節就是專門用來描述商業用的複式簿記法，後來也成為柯爾貝爾一六七三年推動的《商業法》中的一環。這項法律要求企業必須記錄複式分錄帳冊供政府定期核驗，就這個案例來說，柯爾貝爾建立的公共會計規定不只設下許多標準，還設立了一個監督管理格式。在政府的監督管理之下，商人因害怕被罰巨額稅金，不得不遵守公共皇家查帳作業——就這樣，整個王國裡的各個社會階層和政府都積極提倡會計作業。

柯爾貝爾還設計了某種專供國王使用的東西：讓路易可放進口袋的會計帳冊，這些帳冊包括國家分類帳，以及解釋各個帳目如何運作的說明。從這些戲劇化的可攜式帳目，便可了解柯爾貝爾為了將會計作業轉化為路易十四的個人治國工具，是多麼費盡心機；目前法國國家圖書館還收藏了二十本所謂「路易十四的筆記本」。在每個會計年度期間和會計年度結束後，柯爾貝爾就會製作一、兩次這種筆記本給路易，當中記錄了各個不同帳目的總額，還結算出那個年度的最後預算數字。這些筆記本的外表是以紅色的摩洛哥皮革包覆，採用燙金標題，而且用兩個彈扣扣住；帳本的尺寸長約六英寸，寬二・五英寸，採用這種尺寸的目的是要讓路易方便將帳冊放進口袋，以便隨時拿出來參考。第一版帳冊的手稿是在一六六一年完成，這些手稿是寫在紙上，但這麼樸素的分類帳顯然有損路易個人的身分地位。路易認為，如果要他隨身攜帶這些會計分類帳，那些分類帳帳冊就必須配得上太陽王的身分和氣派。柯爾貝爾似乎基於這個原因，而向法國著名的手稿裝飾家尼可拉斯・傑瑞（Nicolas Jarry）求助，於是傑瑞的工作室幫忙製作包覆著華麗彩飾皮套的新筆記本。從一六六九年開始，這些筆記本的外觀就變得非常華麗，上面描繪著豐富的彩飾，例如一六七〇年某一本帳冊的封底就裝飾著華麗的鳶尾花圖騰。即使傑瑞在一六七四年過世，但到一六七〇年代末期，這些筆記本上都還是有彩飾，甚至連簡單的帳目都用金色與彩色顏料書寫，且用花朵圖樣裝飾。總之，柯爾貝爾製作了足以匹配太陽王身分的珍貴會計帳冊，而路易也樂於將這些帳冊放在口袋，在和他的參事及秘書開會的過程中，或在批閱國家重要急件與聽取地方長官報告時，路易都會適時參考當中的內容。[26]

這些皇家分類帳上記錄的是一些簡化的帳目，當中只列出支出和盈餘，不過它比較了王國從每個稅款包收人（tax farmer）收到的收入。這些帳冊也提供以單式分錄計算出來的支出加總數字，並比較了支出總額和庫存現金金額的落差。此外為了讓路易了解長期以來的變化，帳冊裡還提供其他比較數字，例如一六六一年至一六六五年間，來自稅款包收人的收入分別是多少。舉個例子，一六八〇年的彙整手冊上，比較了一六六一年至一六八〇年的國家收入，這些分類帳不僅條列了所有國家稅收，還詳列特定地區首府裡，負責製作帳目的所有地方會計師的姓名。[27]

人文主義者有隨身記錄宗教或政治箴言筆札的習慣，但路易放在自己口袋的，則是柯爾貝爾幫他記錄的分類帳——用金色顏料書寫而成，並加上彩飾。這個慣例最意義深遠的一點是，有史以來，會計作業的筆記本和歸檔文化，第一次那麼貼近皇家治國作業核心。路易將他過去接受的人文主義晚期的傳統教育，和柯爾貝爾、朝廷眾多學者、地方行政機關與密探提供給他的實務及法律知識，全部融合在一起。人文主義教育顯然是有用的，但不足以作為有效治理國家的工具；而在路易十四與讓—巴普蒂斯特・柯爾貝爾共同落實的行政管理專案中，會計和傳統知識有史以來首度被結合在一起，共同用來管理一個大型的政府。

一六八三年八月二十日，讓—巴普蒂斯特・柯爾貝爾生病了，他發燒且渾身疼痛不堪，而且很快就在九月六日辭世。儘管有謠言指稱，他是因為一件不怎麼光彩的事而生病，但驗屍報告顯示，他的腎臟裡有一顆「巨大的石頭」，導致他的輸尿管阻塞。沒有人預料到他會那麼突然地從人生舞台上消失，儘管路易顯然因為失去一個老友和最親近的政治心腹而感到心煩意亂，但他其實早就越來越惱怒柯爾貝爾的作為。因為柯爾貝爾總是報憂不報喜，不斷向國王預告各種壞消息；且柯爾貝爾針對法國政治、財務與工業發展現況而提出的最新會計報告，更讓所有問題清晰到讓路易幾乎無法迴避。在柯爾貝爾過世前近十年間，他不斷向路易抱怨宮廷支出過高，對荷蘭等鄰國發動戰爭的費用過於龐大等，而諸如此類的龐大支出，已嚴重傷害柯爾貝爾辛苦建立的財政狀況。也因如此，路易早就對柯爾貝爾的嘮叨感到厭煩無比，而那些口袋筆記本裡記錄的數字嚴重失衡，更每每讓他坐立難安。28

雖然路易並未因為厭煩而選擇換掉他的情報頭兒，但那些筆記本卻也識時務地不再出現。此外，路易也設法瓦解柯爾貝爾以財政部及皇家圖書館為中心的勢力基礎，並藉由這次行動，讓一部真正有效率的國家機器就此戛然而止，因為如果這個國家機器持續運作，他就會失去掌控力量。路易曾說「朕即國家，國家即朕」，這句話再清楚也不過地表達出他內心的真正想法。路易的這些作為，和馬克斯・韋伯心目中非人治中央集權式國家的理想典範，呈現強烈的對比。在路易眼中，一個運作良好的國家文官體系和中央檔案庫，顯然會威脅到他個人的獨佔權利；所以路易寧可不要消息靈通，而是選擇獨攬一切大權。他關閉柯爾貝爾在政府設置的中央辦公室，當然該辦公室長年追求的資訊國家理想，也就此胎死腹中——唯有限制資訊流通，路易才能分化並統治手下的大臣。

柯爾貝爾過世後，路易十四手下再也沒有一個大臣能掌握足以和他相提並論的大權和那麼多資訊。更糟的是，路易還開始挑撥柯爾貝爾和他的政敵勒・泰利埃（Le Tellier）等大臣家族之間的關係；而這些人為了保住既有的勢力，遂開始玩起隱匿財務資訊的把戲。這個專制政府的極限，其實部分是路易刻意強加的限制。確切來說，路易十四並未留給繼承人一個中央集權化的國家，只留給他一群彼此競爭、各立山頭的強勢大臣；換言之，到路易的下一代繼位時，整個國家已沒有單一的行政管理核心。路易破壞了柯爾貝爾辛苦建立的制度，並對法國的長遠發展造成極大阻礙，少了一個類似柯爾貝爾那種精通簿記技巧，又同時擔任各部會龍頭的強大核心人物，就不可能有人會認真查帳，也沒有人會落實中央集權化的會計作業。

這時柯爾貝爾大臣的繼承人，開始利用家族持有的財務檔案，來作為自我防禦的武器。路易十四的宮廷回憶錄作者聖西蒙公爵（Duke de Saint-Simon）回憶，當時柯爾貝爾家族制定了一個標準對策，來應付控制了和柯爾貝爾家族敵對的政府大臣盧瓦（Louvois）家族，以免讓這個不友善的家族取得國家財政資訊。具體而言，柯爾貝爾的弟弟毛列夫瑞爾伯爵（Count de Maulévrier）愛德華・弗朗柯伊斯・柯爾貝爾（Édouard François Colbert）建議家族的後輩，對於盧瓦家族的所有要求，包括正式國家財務資訊的提供，一律應「優雅」以對，但實際上不予配合。在柯爾貝爾於一六八三年過世後，接任財務總管的克勞德・勒・皮列提爾（Claude Le Peletier）因而向路易十四抱怨，他沒辦法了解國家的財務作業，因為柯爾貝爾一向對外保密這些事務。勒・皮列提爾意有所指地說：

「只有他自己知道」。他說柯爾貝爾的家族並不樂於提供資訊，而缺乏柯爾貝爾個人的會計帳冊，皇家財政部門的文件根本就不齊全。[29]

由於未能將財務數據切實登入中央國家登記簿，法國又恢復了中世紀時代的傳統作法。各個大臣將自己手上掌握的財務記錄，視為某種寶貴的私人財產；但其實那是國家的財產。十八世紀法國永無止境的失敗命運，不僅導因於這種敝帚自珍的態度、眾多愚蠢的皇家命令，和差勁到難以形容的財務管理能力，更是路易一手破壞柯爾貝爾好不容易建立的國家機器的惡果。到頭來，法國人的會計作業能力還是普遍低落，會計大權也被少數幾個大臣及其家族把持。這也說明了為何原本極具創造力，且勢力強大的法國會就此失速並進而崩潰。到路易十四於一七一五年過世時，法國已經破產，而且沒有任何有效的會計制度可言；接下來，法國更深陷長達七十五年的金融危機，而七十五年後，一場世紀大審判正等待著法國人。

CHAPTER

7

# 史上第一件紓困案

我能算出天體運轉的軌跡，卻算不出人類的瘋狂。

——艾薩克・牛頓爵士，一七二一年

一如法國，十七世紀的英國也遲遲未能落實政府會計改革。即使是在這樣一個君主立憲制且有議會監督的國家，財務當責文化的形成一樣非常緩慢，過程中也是遭遇激烈的阻力，政治傳統脆弱的狀況未曾改變。君主立憲的精神是要對議會當責，但英國人卻花了超過一百五十年來建立對皇家財務的監督機制。[1]

早在一六四四年，在一般大眾要求國家善加管理收入的呼聲下，議會就成立了帳目委員會（Commission of Accounts）。該委員會的主席是威廉・普萊因（William Prynne），他是一名長老會領導人，向來高度關心國家的公共當責問題。他曾利用宣傳小冊批判皇家的權力，所以一六三四年時，被惹惱的查理一世（Charles I）憤怒地砍下普萊因的雙耳；也正因如此，帳目委員會從未獲得應有的政治關注。另一方面，勢力強大且身為國王盟友的克拉倫登伯爵（Earl of Clarendon）也擔心帳目委員會的存在，將讓議會獲得超乎正常標準的管轄權。一旦如此，克拉倫登眼中這個缺乏財務專業能力的實體，將可能無限上綱，進而威脅到國王的威權。儘管君主體制在一六四九年的內戰期間垮台，又於一六六〇年在查理二世（Charles II）的領導下重建，英國實質上仍舊未能建立任何財務當責的制度。因此在一六七五年，當議會要求國王提供皇室的完整收入及支出帳冊時，國王竟回應：「議會調查國王的金庫是很不尋常的事。」[2]

議會成員和國王的大臣們，都對國家缺乏合格會計師的現況感到憂心。海軍部秘書長塞謬爾・皮普斯（Samuel Pepys，一六三三年至一七〇三年）就曾感嘆，查理二世的政府缺乏會計專業人士。皮普斯在他著名的《日記》（Diary）中，定期討論國家和他自己的會計作業，例如他曾描述自己在財政大臣辦公室裡「平衡」他的「帳目」；另外他也提到，有一次睡前，他在家和另一名官員結清更多帳目，而他認為這些事「很困擾」。皮普斯擔心他的上司，掌管英國海軍的海軍部督察官山文治伯爵（Earl of Sandwich），或查理國王本人都不懂基本的會計。更糟的是，皮普斯認為海軍的財政長官喬治・卡特瑞（George Carteret）閣下，是一個不懂得如何記帳，而且不認識任何懂得記帳的人的「瘋子」。換言之，海軍根本沒有人可以領導財務方面的作業。[3]

儘管如此，查理二世後來還是察覺到改革國家會計作業可能對他有利，於是他在一六六七年為皇家金庫成立一個會計辦公室。雖然皮普斯原本對這個辦公室的功能抱持存疑的態度，但這個新財政單位終究順利聘請到幾個稱職的金庫秘書，而且他們的帳目記錄作業堪稱可圈可點。不過後來議會的成員又開始擔心，金庫的效率改善後，會讓查理獲得過大的權力，因為擁有優秀會計作業能力和健全財務管理成效的金庫，將讓查理有機會取得更多收入。就這樣，君主和議會都試圖利用會計的力量來實現某種目的，並基於各自的政治利益，呼籲建立當責文化。4

一六八八年，在議會的要求下，前荷蘭最高行政長官奧倫治—拿索的威廉國王，和同為君主的瑪麗皇后二世（Queen Mary II）在一場所謂光榮革命（Glorious Revolution）的血腥政變後，驅逐查理的兄弟暨繼位人天主教徒詹姆斯二世（James II）；接著威廉和瑪麗根據一套將容忍異教、保護新教徒和商業利益等奉為神主牌的議會憲法來治國，而且要求所有重大的皇室決策，都必須經過議會同意。大致上來說，這個全新的君主國的支持者是各城市中具備商人背景的輝格黨（Whig）；國王仰賴這一群新都會菁英來抗衡代表地主階級的托利黨（Tory），因為托利黨黨員多半較認同傾向專制主義的斯圖爾特王朝統治者。

一六八九年的「權利法案」（Bill of Rights）明訂君主在取得議會同意前，不得徵稅，而就理想狀態來說，國王和議會應該都能在這個法案約束下做到財務當責。另一方面，受約翰・洛克有關政治自由的著作等刺激，國會鬆綁出版限制，媒體從此開始獲得相對的自由；不過即使政治變得更開明自由，外界還是難以有效約束並敦促政府在財務層面上當責。一六九八年，經濟學評論家、營業稅稅收官與托利黨黨員查爾斯・達凡南特（Charles Davenant，一六五六年至一七一四年）試著計算公共稅賦收入，但他在他的《公共收入論》（*Discourses on the Publick Revenues*）中抱怨，「要查閱和收入有關的帳目時，遭遇極端大的困難和反對聲浪」；不僅是在查閱國家會計帳冊時遇到困難，他提出的所有要求都遭到拒絕。達凡南特認為，國家資金的公共會計作業，是治理一個成功的商業社會不可或缺的要素，因為秘密結帳的作法不值得信賴，而且會傷及國家治理與貿易的正當性。[5]

到安妮皇后於一七〇二年當政後，議會的政黨政治已趨於成熟，代表自由城市的輝格黨，和代表傳統鄉村的托利黨彼此競爭，並透過各種宣傳小冊和辯論，討論這個新君主國的本質。隨著和公共債務、英法間之貿易餘額，以及和蘇格蘭統一的財務狀況等主題有關的辯論日益白熱化，托利黨控制的報紙《麥卡托報》（*The Mercator*）開始勉勵它的評論家，藉由「搜尋帳冊」來證明他們的論點。這樣的情境對精通會計的精明政治家來說，是個大好機會，因為他們可以善加利用大眾對國家財政的不滿，趁機嶄露頭角，為自己爭取利益。[6]

羅伯特・沃波爾（Robert Walpole，一六七六年至一七四五年）就是在這樣的環境下崛起，他後來成為國庫首席大臣、財政大臣和大英王國的第一任首相，掌權時間達二十一年，創下歷史紀錄。他了解會計作業在政府內部的力量，而且也很懂得利用這股力量：不過和路易十四一樣，沃波爾後來也發現，優良的國家會計作業會產生一種討厭的副產品，那就是政治當責。

沃波爾是在一個獨特的英國圈子裡長大，在這個圈子裡，會計和數學計算早就成為其政治生活的一環。法蘭西斯・培根（Francis Bacon，一五六一年至一六二六年）是個頗具影響力的政治人物，他也是實證方法的發明人，他為政治行政管理領域建立了一種講求科學思考和商業方法的傳統。培根率先提出一個概念：深入研究大自然與大自然的安排，並深入研究商業，是透過人類觀察力來探索上帝是否存在於物質世界的方法之一。培根和政治哲學家湯瑪斯・霍布斯（Thomas Hobbes）都認為，會計不僅是商業管理的工具之一，也是思考政治的工具之一。霍布斯在他的《利維坦》（*Leviathan*，一六五一年）中，將邏輯推理的誕生歸功於會計。霍布斯宣稱，如果沒有加法和減法，政治上就不可能找到任何符合道德的事可做。有史以來，從未有人那麼強而有力地闡述會計、倫理和政治之間的關聯性。7

沃波爾就是在這些政治哲學家所營造的氛圍下，接受養成教育，外界對他的道德標準常抱持存疑的態度；但無論如何，多數人終究肯定他是一個卓越的會計師。沃波爾的父親公開承認自己是培根派哲學的追隨者，正好他也是培根的遺產管理人，而且是個相當活躍的管理人，由此可見，在劍橋受教育的沃波爾來自一個會計文化豐富的背景。沃波爾是當時新生代英國政治人物的代表，這一群政治人物都極為精通應用財務數學，深具荷蘭領導者德・維特的風格；不過在那個時代，各界和數字有關的論述並非永遠都很精確。政治圈裡不斷有人談論查帳的議題，或要求落實查帳，但他們的論述多半都缺乏事實根據。沃波爾在一七一〇年接任海軍財務人員，只不過才任職一年，他就在一片指控馬爾伯羅公爵（Duke of Marlborough）軍事政府貪污的撻伐聲中，被羅伯特・哈雷（Robert Harley）為首的新托利黨內閣免職。不過沃波爾隨即為馬爾伯羅公爵辯護，他協助草擬亞瑟・曼沃林（Arthur Maynwaring）的宣傳小冊《給一個擔憂公共債務，尤其是海軍債務的朋友的信》（*A Letter to a Friend Concerning the Publick Debts, particularly that of the Navy*，一七一一年）中有關財務計算的內容。他在這份宣傳小冊中計算海軍的成本相對公共債務的情況，並宣稱在他負責管理財務的那段期間，除了漫長的西班牙王位繼承戰爭和對法之戰的成本較高，海軍的成本並沒有增加太多。沃波爾對戰爭期間相關數字的計算，讓曼沃林得以將負債的責任算到沃波爾的前任管理人的頭上。[8]

一七一一年四月時，英格蘭和法國深陷無法自拔的交戰窘境，且兩國都因這場衝突累積了龐大的債務。在英國方面，很多人擔心政府無力償還國家舉借的五千萬英鎊，這筆債務約占大英王國國家收入的六〇%。很多人相信，這些債務將會動搖國本，進而引發財務與政治大災難：也因如此，民眾大聲疾呼，要求議會採取行動。

當時愛德蒙・哈雷（Edmund Harley）擔任撥款審計官（Auditor of the Imprests），他的職責是核驗國家大臣的支出，而他指控沃波爾才是應該為債務負起大部分責任的人，因為他沒有把海軍基金裡的三千萬英鎊算進來。這一次，沃爾波以一份名為《有關下議院某委員會報告中提到的那五百萬及三千萬之說明》（*A State of the Five and Thirty Millions mention'd in the Report of a Committee of the House of Commons*，一七一二年）的宣傳小冊來為自己辯護。他在這份刊物中，詳細解釋國家會計作業的運作方式，以及為何那些錢會看似從國家帳目中消失，因為很多會計師必須在國家查帳人員面前轉登帳目，而這件工作曠日廢時，才導致他們尚未將這些資金登帳。沃波爾將他帳目裡消失的數字，歸咎於國家帳冊的記錄過程過於冗長，除非「收入」與「支出」欄位「都已平衡且經撥款審計官簽名」，否則就不算正式的帳目。他抱怨，如果他的郊野黨（Country Party，地主階級的一個政治派別，反城市金融家，也意欲對抗首相日益高漲的權力）對手了解「普通的加法」，就應該了解下議院那份報告的意義。這是一個非凡的時刻：一個重要的政府大臣藉由指控對手不了解複式分錄會計法，來捍衛自己的清白。[9]

沃波爾也在他的宣傳小冊上，公開提出改革國家會計師作業方法的訴求。他主張財政部的落伍規定必須改革，而且應該透過各種查驗與限制，逼迫國家會計師及時並清晰地維護各項帳冊。不過，沃波爾最終並未能擺脫托利黨方面對他的「貪污惡性重大」指控，最後他被新托利政府判定有罪，囚禁在倫敦塔裡達七個月之久。不過此刻的他已成功為自己建立了足智多謀的國家財政高手的聲望，外界稱他為「林恩捲毛」（Lynn Bob）、「諾福克知更鳥」（Norfolk Robin），別名「羅賓漢」（Robin Hood）、「諾福克賭徒」（Norfolk Gamester）、「諾福克潘趣」（Norfolk Punch）、「諾福克尖刺」（Norfolk Sting）、「貴格會教徒」（Quaker）或「諾福克的猶太人」（Jew of Norfolk），這些稱呼全都意在嘲笑他，但從這些綽號也可看出他的本領和嗜好。[10]

就在眾人對國家債務的問題爭辯不休之際，沃波爾於路易十四過世後一個月即一七一五年十月，再度回到權力核心。這一次他已是掌握實權的首席金庫大臣，國家債務全部歸他管轄。一七一四年八月一日，也就是喬治一世（George I）繼承皇位那一天，國債已超過四千萬英鎊，每年光是負債利息就得支出二百萬英鎊以上，而這也成為政治辯論的癥結點：要如何在降低如此高額債務的同時，又能維持足以對抗法國的軍事基礎？沃波爾著手研究這些負債，並向國會提出一份計畫，說明要如何降低高達六%的負債利息支出。[11]

一七一七年，沃波爾透過議會，通過一份將債務利率降到五%的計畫。他打算將因此而省下的利息，提撥到一筆沈入基金（sinking fund），這是一個高明的償債方法。成立這筆沈入基金的目的是要藉由償還本金，阻止利滾利的惡性循環，換言之，未來的利息支出就不至於不斷上升。這意味政府在償還負債利息的同時，還會提撥一筆資金來償還負債的本金，後續節省下來的利息，將再投入這筆基金。沃波爾利用他的財務知識，成功找到一個降低負債（但沒有還清）的有效方法。[12]

不過，後來政治人物以投資計畫的形式，來因應債務危機，而且這個計畫看起來好像真的能解決問題。一七二〇年時，托利黨的首席金庫大臣暨財政大臣羅伯特・哈雷成立一家股份公司，打算利用這家公司籌到的股款來償還公共債務。他的計畫是以法國的密西西比計畫（Mississippi scheme）為藍本，該計畫在一七一九年提出，為歐洲各地的投資人獲取了巨額的報酬。由於當時有謠言指稱西班牙已放棄它在南美的貿易權利，加上德瑞克（Drake）和雷列（Raleigh）在新世界發現一個黃金國的老故事不斷流傳，大眾和政治階層人士遂產生極大的想像空間；在這樣的氛圍下，哈雷夥同約翰・布倫特（John Blunt，另一家股份公司與銀行的董事）成立了南海公司（South Sea Company）。國王計畫把南美東岸，從奧里諾科河（Orinoco River）到火地群島（Terra del Fuego），以及整個西岸的貿易壟斷權交給該公司，而該公司則會發行股份給政府的所有債權人，以報答政府賦予它的特權。換言之，利用這個創意會計手法，政府的債務神奇地被轉化為南海公司的股份；不僅如此，該公司還同意承受大約三千一百萬英鎊的政府債務，而政府只需針對這部分債務支付四％的利息；只不過政府需另外支付一百萬英鎊的現金，作為該公司的流動資金（有現金以後，它才能營運）。一旦股份順利售出，該公司將直接付四百萬英鎊給政府，作為取得上述壟斷權的代價。換言之，政府借助民間投資人之力，拿貿易壟斷權來作為國家償債方法的交換條件；這個案例堪稱現代財務學的奇蹟。[13]

不過這個完美解決方案的背後卻存在一個陷阱，南海公司在一七二〇年年初就已預見到它無法實現原本預估的收入，於是它利用假造的獲利報表，來主導一場投機熱潮。它的具體作法是發行更多股票，以換取更多現金，來支付應付的股利，整個手法堪稱早期的龐氏騙局。這個作法促使該公司股價在四月從原始價格一百二十八英鎊，上漲到每股三百六十英鎊。到了一七二〇年六月，該公司股價更飆漲到每股一千英鎊。當時很多股票認購人是以借貸資金來支付股款，而他們的貸款利息大約是五％；不過隨著外界對南海公司的信心在八月起開始動搖，債權人紛紛提高利率或暫停貸款，先前促使該公司股價飆漲的主要力量也因此快速枯竭。就這樣，這座金字塔開始崩潰，南海公司的股價也崩跌到幾百英鎊，很多投資人（包括大貴族、政府大臣、國王的情婦等）因此產生巨額的虧損。英國自由思想家約翰・托蘭德（John Toland）也損失龐大，以至於在過世前那幾年，他連請醫師看病的錢都拿不出來。更糟的是，這場大崩盤導致公共信用市場、工業和商業、政府的穩定性，甚至英國國家安全的基礎遭到嚴重侵蝕。

法國的密西西比泡沫在一七二〇年稍早破滅時，法國政府既沒有工具、也沒有資金可挽救引爆危機的密西西比公司。當時法國王室愚蠢地相信才華洋溢、但為人不可靠的蘇格蘭賭徒約翰・勞（John Law）擁有神奇的財務魔力，因此將皇家銀行與鑄幣廠外包給他。密西西比公司崩潰後，由於法國具備財務素養的政府大臣非常稀少，而且沒有設置國家銀行，所以它不得不繼續以極高的利率向瑞士借款；問題是，法國根本負擔不起那些利息成本。就這樣，法國君主和大眾對公共信用、通貨、諸如會計等工具與整體金融市場的概念徹底失去信心。而由於未能推行有效的財政改革，也沒有現代的稅收制度，故整個十八世紀期間，法國幾乎都在破產的命運中掙扎，工業創新停擺，經濟也停止成長。[14]

不過，命運雷同的英國卻從那場崩盤的打擊中漸漸恢復，箇中原因是它擁有當時其他國家所缺乏的一種文化：英國政治圈瀰漫了一股興盛且創新的會計文化，那股風氣之盛，連早先的荷蘭都望塵莫及；而這樣的文化氛圍，尤其讓沃波爾得以設計出一套拯救南海公司與英國信用市場的政府紓困方案。沃波爾的紓困故事生動述說了財務與政府會計的成就與失敗，而透過這個故事，我們也得以清楚見到，即使是受過良好會計技巧訓練的政治人物，偶爾也可能因抵擋不了誘惑而違反他們的規則。

托利黨原本指望利用南海公司來制衡英格蘭銀行（Bank of England）的力量，因為他們認為，英格蘭銀行賦予英格蘭的漢諾威國王及他的支持者輝格黨過多權力（喬治一世是德國人，他在一七一四年繼承了英國的王位。荷蘭的威廉國王在一六八八年繼任大英王國國王後，王位繼承問題一直爭執不休，而喬治一世就是在這個紛亂的情勢中崛起），也基於這個原因，身為輝格黨黨員的沃波爾一開始反對這家公司。不過，儘管各方對這個債務計畫爭辯不休，而且沃波爾也承認自己一開始就覺得南海計畫是「痴心妄想」，但他最後還是忍不住擁抱了這家企業。

沃波爾會被捲入南海泡沫其實一點也不足為奇，想想偉大的天文學家牛頓就好，連他都在這個泡沫達到最高峰時，參與了這場投機活動，最後損失了二萬英鎊，這筆錢在當時可是一筆驚人的數字。儘管沃波爾對這家公司的公開財務數據有疑問，卻還是選擇相信這整個計畫。他的精明絲毫不亞於牛頓，但終究還是被貪婪遮蔽了雙眼。

就在沃波爾從一七二〇年開始支持並投資南海計畫之際，議會議員阿奇巴爾德・哈契森（Archibald Hutcheson）律師，就已相當精確地算出了南海公司股票的價值。在一片貪污亂象與黨派利益為先的下議院，哈契森是相當罕見的正直之士，所以他一向備受崇敬。哈契森善於利用公共財務數據，來計算國家財務狀況，他的這個能力在諸如《公共債務與基金現況》（*The Present State of Public Debt and Funds*，一七一八年）等著作中一覽無遺，其技藝之精深堪稱前所未見。[15]

他在一七二〇年發表了《與南海公司及英格蘭銀行的提案有關的某些計算》（*Some calculations relating to the proposals made by the South Sea Company and the Bank of England*），就某些方面來說，這份著作不僅是對沃波爾的政策的攻擊，哈契森也批判了一手策劃這個計畫的托利黨同儕。沃波爾後來為了協助英格蘭銀行，和以紓解國家債務壓力為目的的沈入基金而支持南海公司，他認為這麼做等於是以三管齊下的方式來降低債務；問題是，等到崩盤那一天，事實證明這種安排一樣會造成嚴峻的後果。哈契森在計算南海公司的價值時，超越了會計的層次，採用更新的財務分析概念。

南海公司的股票價值是以它的獲利假設為基礎，哈契森利用現值（present value，將過去和未來的貨幣計算為現在的價值）、折現現金流量（將未來的貨幣價值折現，這會讓金額降低）和年金表（用來釐清一筆付款金額長期以後的價值，或是特定時間點的價值），計算了該公司必須賺多少利潤才能讓它的股票價值顯得合理；而此時高達四千三百萬英鎊的政府負債，全寄託在股票價值的高低。他的計算結果清楚顯示，如果該公司透過投資人認購新股的方式取得資金，並將這筆錢付給政府，那麼政府就會賺錢；而早期用較低價格投資該公司股票的投資人也會賺錢。但新投資人卻注定會因這項投資而虧損二〇％以上。如果要讓新投資人賺錢，該公司就必須有能力賺到高得不切實際的利潤，而如果它無法創造那樣的利潤，「成千上萬的人」將會被這個金字塔計畫毀掉。哈契森主張：「如果我的計算正確無誤」，該公司對外宣稱的「年度利潤」根本毫無根據。他計算後發現，南海公司完全無力發放股利給剛認股的投資人。[16]

哈契森的計算錯綜複雜，他先衡量該公司應付給國家的債務、公司的利潤、股票認購收入，和公司資產價值及可能利潤（計息）等數值的轉換比率，再以此作為計算的基礎。不過雖然計算非常複雜，他的推理卻很清晰，南海公司每年必須賺五百三十萬英鎊的利潤，也就是年度軍事預算的十倍以上，才足以支撐它約當原始價格三〇〇%的每股股票價格，問題是，這樣的利潤目標非常難以達成。[17]

沃波爾對這些數字心知肚明，因為這些數字不止一次在議會被提出，諸多議員也對此爭辯不休。事實上，湯瑪斯・布洛德瑞克（Thomas Brodrick）議員就曾要求提供詳細的南海公司計畫，而且要求這些計畫必須接受公開審查。但另一方面，也有很多人對哈契森的計算結果爭辯不休，南海公司、投資人和這個計畫的支持者都發表了各自的分析，對於該公司股票的合理價值應該是多少，每一方也各執一詞。一七二〇年四月時，《弗萊因郵報》（*Flying Post*）和《每週雜誌》（*Weekly Journal*）雙雙發表了一些企圖證明該公司合理股票價值的計算，計算出來的結果，介於每股四百四十英鎊至八百八十英鎊不等。正當所有關係人不斷就各自的數字來回爭辯之際，沃波爾決定和該公司站在同一陣線，因為他相信這家公司——雖然真正的原因其實是他需要資金來進一步發展他的職涯，以及興建一座鄉間宅邸。或許他漠視哈契森的分析的原因是，就政治層面而言，哈契森實在是個死纏不休的討厭鬼。總之，無論是利潤或政治考量，哈契森算出來的數字怎麼看都不討喜。[18]

不過，這個泡沫還是在一七二〇年八月破滅了，在短短幾個星期內，南海公司的股票價值從每股一千英鎊暴跌到四百英鎊。這個發展當然遠遠出乎沃波爾的意料之外，因為那時他正待在諾福克的鄉間宅邸，忙著結算他的家庭帳冊、購買不動產，還有放款給想要買更多南海公司股票的人。更糟的是，他才剛派他的銀行人員羅伯・賈康柏（Robert Jacombe）到倫敦去幫他買五千英鎊的股票。當股票價格在三天內暴跌超過五〇%的消息傳來，沃波爾非常震驚，因為他面臨了破產的可能。他瘋狂地試圖聯絡賈康柏，後來倫敦方面終於傳來回音，而這個消息讓他喜出望外。賈康柏並沒有將那筆資金投入南海公司的股票；這個精明的銀行家到南海公司的辦公室去會見該公司的董事，結果發現他們令人難以信服，因為他們似乎「被（他的來訪）嚇壞了」，公司裡也呈現「兵荒馬亂」的樣子。當南海公司的股價開始重挫，賈康柏馬上就對這個計畫失去信心，並且撤銷投資，這讓已經虧損累累的沃波爾得以少虧很多錢。[19]

等到眾多股東終於搞懂哈契森的計算後，都同感義憤填膺。該公司股價崩盤後，向來不是政治現實主義者的哈契森堅持，政府應該放棄南海公司欠政府的七百萬英鎊，並利用這筆錢來協助因這個計畫而失去一切的「一般民眾」。以當今的用語來闡述，他是主張政府應紓困一般商業界。其他如約翰・特蘭查德（John Trenchard）這位以輝格黨共和體制派系的名義寫作，頗具影響力的政治評論家，也用自己的方式計算了該公司的股票價值和公共債務現況，並呼籲基於股東和投資人的利益，應對南海公司與其他所有股份公司展開全面查帳。特蘭查德寫道，在發放股利前，每一家公司都必須提交一份年度「股票現況說明，它們的會計師也應該在一名財稅法庭法官前，宣示這份說明符合該公司股票的真實現況」。特蘭查德暗示，唯有這樣的公開查帳作業，才足以協助投資人做出優質的判斷。特蘭查德感嘆，不透明的財務不僅將圖利公司的董事，躲在暗處為自己牟利的政府大臣也獲得利益，至於其他所有人，只有盲目「冒險投機」的份兒。[20]

特蘭查德呼籲成立一個獨立超然的財務查核辦公室；不過，身為守舊派政治人物的沃波爾，卻直覺地抗拒這個公共當責的訴求。事實上，唯有國家財政維持保密的狀態，他才有辦法繼續鞏固自己的權勢和財富；因此他決心找出一個無須承擔政治或財務責任，但又能穩定市場的方法。

沃波爾是個很有效率但貪腐的政治人物；然而儘管他貪求權勢和金錢，倒也認為自己有義務出面拯救英國的金融與工業市場。由於此刻英國的經濟幾近崩潰，政府也幾乎沒有能力舉債和償還負債利息，沃波爾遂啟動國家干預，打造一個拯救南海公司的方案。他打定主意，絕對不能讓南海公司步上法國密西西比公司的後塵。[21]

在此同時，南海公司的投資人也開始自力救濟，他們聘請一個聲譽卓著的第三方會計師查爾斯・史奈爾（Charles Snell）來查核該公司的帳冊；但沃波爾很清楚，那樣的公開查帳作業有可能會引來嚴重的後果，所以他認為自己有必要阻止查帳的進行，並藉由重整這家企業來穩定金融體系。這樣看來，當時的南海公司簡直就像現代人所謂的「大到不能倒」的企業，根據《公共信用重建法案》（*Act to Restore Publick Credit*），沃波爾的第一要務是設法保住這家公司，並繼續支付大約三千三百萬英鎊的政府債務的利息，同時拯救眾多投資人和放款給投資人買股票的銀行。為了紓困整個金融體系，他首先要求政府借錢給南海公司，讓它不至於立即陷入困境；接著他說服英格蘭銀行，承接南海公司持有近四百萬英鎊的政府債務；另外南海公司則必須將它持有的白銀轉讓給政府的鑄幣廠，以支付給政府的罰款。總之，沃波爾藉由維持市場正常運作，和阻止南海公司破產，順利協助投資人收回五二%的血本。[22]

但在沃波爾心目中，市場、金融階級、君主制度和他所屬的輝格黨的穩定重於一切。諸如哈契森等人物與作家暨政治評論家丹尼爾・迪福（Daniel Defoe）嚴厲指責「股票投機者」、「賭棍」和「騙子」，議會也採取行動「藉由防堵股票投機行為來建立公共信用」。沃波爾則以一句著名的話來攻擊他的政治對手：「沒有人是不能收買的」。他也採取行動來拯救他的銀行界友人，並密切聯繫英格蘭銀行的納桑尼爾・古爾德（Nathanial Gould），最後成功重整南海公司、英格蘭銀行和東印度公司，以及他一手打造的沈入基金。[23]

沃波爾能完成這個重整計畫，並不是因為他擁有什麼高超的財務本領，這其實是他巧妙協商下的結果。雖然並非每個人都同意他的安排（哈契森在議會中斷言反對），但也沒有其他人提出任何真正可行的反對計畫。沃波爾以嫻熟的政治技巧來處理這些複雜的事端，最後他的計畫也順利拯救了全國的信用市場，至少讓嚴重受創的企業和銀行得到支持。另外，由於設法迴避執行國家或民間企業的公開查帳程序，他的計畫也保住了政治穩定性。負責處理這個騙局的核心機構議會的秘密委員會（Secret Committee），其包括哈契森在內的成員，原本顯然希望能一舉揭發貪腐的事態；不過，沃波爾的種種作為，讓相關調查行動對政府的傷害得以降到最低。[24]

在調查過程中，秘密委員會發現一筆總額高達五十七萬四千英鎊的巨額股票賄款，主要用來分送給議會與政府成員。經過調查，參與相關欺詐行為的不僅是南海公司的董事，連國會議員、大臣、皇室成員甚至國王的情婦，全都以支持該計畫為交換條件收賄，而該公司的帳冊也詳細記載了相關的賄款流向。不過秘密委員會並未能順利逮到南海公司的出納人員羅伯・奈特（Robert Knight），他早在此前六個月，即一七二〇年十二月，就帶著關鍵的綠色帳本逃逸無蹤。綠色帳本是南海公司的秘密分類帳，當中完整記載了該公司最重要的賄賂案件，奈特在一個不知名的英國高級官員的「說服」下，輕而易舉地從監獄牆壁的洞口越獄，並抵達設有不引渡條款的奧屬荷蘭列日（Liège）。沃波爾和喬治二世聽到這個會計人員失蹤的消息後，反而都鬆了一口氣，雖然很多人涉及貪污，甚至因此遭到調查，但該案件中多數位高權重的人物如沃波爾的盟友史丹霍普與桑德蘭伯爵（Stanhope and Sunderland）都免除了顏面掃地的窘境。由於沃波爾的護航，多名大臣和高階官員免於破產與調查的命運，但他自此也被冠上「包庇大臣」的稱號。[25]

沃波爾的戰術引起大眾的義憤，其中最著名的事件之一，是湯瑪斯・高登（Thomas Gordon）及約翰・特蘭查德在《加圖來信》（*Cato's Letters*）論文集中攻擊沃波爾，他們呼籲透過開放政府帳冊，與查核政府大臣的財務，復興古代共和制度下透明、當責政府等美德。最值得一提的是，湯瑪斯・高登認為公開會計作業等同於政治自由及美德；在他眼中，除非政府人物切實公開自己的會計帳冊供公眾查核，否則這個國家就沒有自由可言，只會走向政治混亂和毀滅。高登基於道德理想而要求實現透明的政府，他在論述中呼籲以伯里克里斯（Pericles）為殷鑑；他指出，伯里克里斯為了永保權力，而大量揮霍金錢並迴避公共查核；更甚的是，為了製造政治混淆、保護自己的聲望和保守帳目的秘密，伯里克里斯不惜發動戰爭。因此高登認為，雅典的崩潰全是伯里克里斯一個人的「毀滅性愚蠢」所造成，一切只因他不願公開自己的帳目。[26]

對一切保密的政府財務慣例來說，這是非常激烈的歷史控訴；問題是，沃波爾並非伯里克里斯（Pericles）。他對自己經由各種操作而一手穩住英國財政，並免於外戰的成績非常自豪，而且儘管他重整公共信用市場和沈入基金的過程不透明，且和所謂的自由放任自由主義（laissez-faire liberalism）的訴求背道而馳，但大致也收到不錯成效，至少一開始是成功的。具體來說，一七二〇年代時，國家的債務大約是四千萬英鎊，年度利息支出約二百萬英鎊；但到了一七二七年，沃波爾已成功將利息支出降低一%，大約省下三十七萬七千三百八十一英鎊，幾乎等於整體軍事預算。而且他也開始將每年偶爾超過一百萬英鎊的盈餘撥到沈入基金，因為該基金的用途是要償還負債利息與降低負債本金。這一切的一切使得人們漸漸對市場恢復信心，並開始感覺到國家債務狀況已獲得控制，等到沃波爾於一七四二年去職時，他共將負債降低了一千三百萬英鎊。[27]

亞當・斯密在《國富論》（*The Wealth of Nations*，一七七六年）這部有關道德及自由市場經濟學的劃時代著作中表達疑慮，他認為沈入基金不是解決負債的方法；相對地，他認為這種沈入基金是一種誘惑，會使人漠視負債，甚至舉借新債。斯密也思考沃波爾這個人，雖然他深諳財務，又在啟蒙時代負責打理政務，卻總是政治考量優先。隨著因負債而起的政治壓力漸漸減輕，這筆沈入基金越來越不像是一個償債工具，而比較像一筆政治賄賂基金。

一七二二年起，沃波爾開始挪用這筆沈入基金。最初，他拿其中的資金來發行一百萬英鎊國庫票券，作為紙製通貨用的擔保品；一七二四年時，他又從這筆基金取出一萬五千一百四十四英鎊，以彌補國庫因金幣價值降低而產生的損失；到一七二七年時，這筆基金已成為沃波爾的主要政策武器。他從中領取十萬英鎊，將國王的文官薪俸基金（Civil List fund，這是由國王直接支付的薪資）額度提高到八十萬英鎊；當然，國王無法拒絕他的好意，不過一名國會議員公開抗議沃波爾的作法，說他正在摧毀他一手成立的沈入基金，但沃波爾還是保持沈默，並繼續從這筆基金撥款，支付東印度公司年金，還用它來降低一先令（shilling）的土地稅。到一七三四年時，他更挪用一百二十萬英鎊的沈入基金來支應政府的一般開銷，他原本口口聲聲要利用這筆沈入基金來管理債務和平衡政府帳冊，但此時，這筆基金的運作已成為一個大黑箱，而他更透過這個黑箱來迴避議會對政府支出的監督。[28]

沃波爾利用上述種種財務花招來繼續掌權，一七三二年時，喬治二世（George II）國王把位於唐寧街十號的宅邸當作禮物，送給這個能幹的大臣。精明的沃波爾同意入住，但他為了博取公共利他主義的美名，決定將這座宅邸留給政府，作為後世所有首相的正式居所。不過即使精明如沃波爾，他的首相任期也終有結束的一天。一七三九年，他未能有效防堵英國和西班牙在西印度群島的貿易爭端，詹金斯耳朵之役（War of Jenkins' Ear，肇因為一名英國船員詹金斯宣稱一個西班牙人割下他的耳朵）的爆發，加上一七四一年的選舉結果失利，這個「又肥又老的諾福克法官」便因議會的不信任投票，而在一七四二年黯然下台。沃波爾史無前例地掌權達二十一年，而且到目前為止，他依舊是英國史上在位最久的首相。不過，到他下台時，這位國家早已厭倦這個才華洋溢但肆無忌憚的大臣了。

威廉・賀加斯（William Hogarth，一六九七年至一七六四年）的畫作形塑了十八世紀英國的現代景象，並忠實呈現出諸如沃波爾等人物的矛盾。透過賀加斯的作品，我們得以一窺「知更鳥統治」（Robinocracy）下的貪婪繁榮景象。在漢諾威君主統治下，金融遭富裕的城市商人把持，而他們也藉著這樣的優勢，對一般大眾強取豪奪。賀加斯的〈新婚不久後〉（Shortly After the Marriage，或稱 The Tête à Tête，一七四三年至一七四五年）畫作上，描繪了一名宿醉的子爵，他不知道是混完一夜的妓院，還是剛和情婦廝混一整晚，回到家後無精打采地癱在椅子上；而他的妻子在家打了一整晚的牌後，也才剛醒過來；他們的管家拿著一堆收據和一本分類帳，帶著嫌惡的表情走開。從這幅畫作便可得見，儘管會計非常重要，但卻遭到那些社會菁英漠視，它生動描繪出英國菁英和他們早已極端拿手的會計工具之間的矛盾關係；這項重要的工具雖然和繁榮及救贖息息相關，但卻可能像生命一樣，被世人糟蹋甚至放棄。沃波爾和會計的故事述說英國人如何走出南海泡沫的災難，但同時也說明了英國如何因上述種種自肥文化和政治包庇文化，遲遲無法確實建立一個當責且透明的政府。

當時一般人談到沃波爾時，通常不會想到他的財務紓困方案及其他政策，而總是把他當成一個強盜。他那個時代最偉大的作家紛紛嚴厲指責他，連沃波爾都曾抱怨，「近來這些拙劣的作家越來越膽大包天了。」塞謬爾．詹森（Samuel Johnson）在他的長詩《倫敦》（*London*，一七三八年）中描述一個因金融文化而變得貧瘠的城市：

用陰險的計謀探測你的秘密
留意你的脆弱時刻，再恣意搜括
接著，你錯置的信心很快會讓你得到報應
動手吧閣下，不抓住支配權就會遭到背叛
在這裡，數字能幫你擺脫恥辱或逃避譴責

諷刺小說作家暨《湯姆・瓊斯》（*Tom Jones*）的作者亨利・菲爾丁（Henry Fielding），也將當時的英國描繪成一個美德無好報的反面烏托邦（dystopian）。在他描繪的景象裡，到處充斥欺詐和虛偽，和小說家塞謬爾・理查森（Samuel Richardson）在《帕梅拉》（*Pamela*，一七四〇年）中勾勒的「美德有好報」的理想景象正好背道而馳。菲爾丁的《反帕梅拉》（*Shamela*，一七四一年）不僅是對理查森的一種批判，也是對沃波爾掌權時期的英國的撻伐，因為在那段時間，用盡各種手段迴避查核帳目的金融騙子，已經稱得上最有美德的人。《反帕梅拉》中的那名女僕不是看不見、摸不著的美德模範，而是個狡猾的竊賊，她嫁給她丈夫的唯一目的，就是要掠奪他的家產：「我說，大人，我希望我沒有義務把每一先令的帳目都記錄下來，交給你過目；你的僕人才該對你忠誠。我向你保證，我絕對不是抱著這樣的想法嫁給你，再說了，你不是告訴我，我應該當你的家產的情婦嗎？」在以性愛換取對方的寬恕的過程中，她更得意洋洋地說：「我猜想我已經成功阻止你進一步拒絕或質疑我的費用了。」[29]

當然，大眾有充分理由懷疑沃波爾的政策所造成的貪腐金融文化，必然讓他的朋友受益良多；人民也沒有理由相信，這是一個當責的政府。議會中負責監督政府支出的帳目委員會一直到美國獨立戰爭後才再度召開。沃波爾雖然成功紓困了英國，但並沒有推動他從政早期信誓旦旦要實現的改革和當責。

他本人當然也未能當責，南海泡沫過後的一七二二年，沃波爾開始在他位於諾福克的土地上興建浩頓廳（Houghton Hall），那是十八世紀最偉大的帕拉帝奧式（Palladian）宅邸之一。在大建築師暨設計師威廉・肯特（William Kent）操刀下，大樓宅邸的內裝可說是極盡豪華之能事，肯特後來又接著在白廳（Whitehall）興建國庫與騎兵衛隊，總之這座諾福克的宅邸是沃波爾大權在握的明證。他在一七四二年離職時，將所有藏畫從唐寧街十號搬到諾福克，頓時讓那座宅邸變成世界上最偉大的藝術寶庫之一，裡面共收藏四百幅大師名作。一如科西莫・德・梅迪奇和讓—巴普蒂斯特・柯爾貝爾，沃波爾既是一個政治財務管理者，也是一個偉大的藝術贊助人。然而沃波爾在一七四五年過世後，他兒子卻震驚地發現，這個偉人的遺產竟是四萬英鎊的債務。換言之，史上第一件紓困案件的策劃人是背負著赤字過世的。

CHAPTER 8

# 利用瑋緻活花瓶獲得「聲望與利潤」

把這一邊所有快樂的價值全部加總起來，再把另一邊所有痛苦的價值全部加總起來。

——傑瑞米·邊沁（JEREMY BENTHAM），一七八一年

十八世紀的英國不僅是沃波爾紓困案那種獨特財務政治戰略的發源地，它也成為世界上最大的帝國強權。身為世界的首要生產國、出口國和進口國，這個小小的島國得以繼續維護它令人聞之喪膽的海軍與海外王國。另外，這時的英國也是工業革命的發源地，部分歷史學家也將工業革命稱為「刻苦革命」（industrious revolution），因為當時的清教徒將他們對功利主義（utilitarianism）的信念、執著的科學追究精神以及無窮的野心，融合到政治相對自由的環境裡，從而促成了前所未見的技術創新和經濟成長。諸如約書亞·瑋緻活（Josiah Wedgwood，鼎鼎大名的瑋緻活瓷器發明人）等異教徒和工業

家，在此地推廣會計、利用會計來管理創新的企業，並以系統化的方法，利用會計來闡述和人類幸福及財富有關的新概念。[1]

英國獲得強大工業力量的主要原因，在於當時的它成為超越荷蘭的會計文化與教育中心。早在中世紀時代，當地的文法學校就開始教導計畫去當學徒的男孩們學習會計，英國的文法學校仿效義大利與荷蘭的教育模型，幫男孩們做好上大學與從事商業活動的準備；而配合工業的持續擴張，會計專業人才的需求也不斷增加，進而成就了一個良性循環，此時會計被重視商業的紳士統領階級視為某種越來越不可或缺的工具。

從查爾斯・史奈爾（他後來受雇於南海公司的股東，在南海泡沫崩潰後查核該公司的帳冊）的著作可見到，當時會計教本已經有現成的市場，因為很多紳士和商人想要親自管理家產和事業。他是《地主帳目——清楚易懂的家產帳目格式》（*Accompts for landed-men: or; a plain and easie form which they may observe, in keeping accompts of their estates*，一七一一年，倫敦）的作者。在他一七一四年的著作《紳士會計師》（*Gentleman Accomptant*）中，曾在劍橋大學求學的律師兼音樂家，也是諾斯男爵（Baron North）第六子的羅傑・諾斯（Roger North）明確表示，懂得會計知識的紳士和「上流人士」必能佔有優勢，因為懂得會計的人才有辦法管理自己的事務，也才能追蹤國際貿易與國家事務。諾斯宣稱，會計的發展已達到相當完美的境界，世人甚至可將之視為某種科學；他堅稱，所有有意成為治理階級的人都必須懂會計。他的見解確實很有道理，在一六八八年那場革命後，貨物稅會計師就開始以複式分錄的形式記錄國家會計，政治勢力、行政官員和簿記知識之間的關係，達到有史以來最密切的狀態。[2]

蘇格蘭是這個融合了古典與商業教學法的教學中心之一。一七二七年，約翰・梅爾（John Mair）受雇於亞伊爾文法學校（Ayr grammar school），擔任算術、簿記和其他科學科目的教師，他後來接著撰寫了史上最具影響力的英文會計教本之一的《條理分明的簿記方法》（*Book-keeping methodiz'd*，一七三六年），到一七七二年為止，這本書共發行了九版，堪稱十八世紀期間北美最著名的會計教本。除了文法學校，當時也有很多會計學校〔當地人也稱為「書法專科學校」（writing academy）〕專供需要文筆清晰工整的會計師與行政官員就讀。這些學校傳授會計學，甚至教導將來打算上劍橋大學或牛津大學的中小學生學習會計，因為他們未來在海軍或政府的職涯中，可能會需要使用到會計。

到了十八世紀下半葉，會計甚至是複式分錄會計法在英國社會都已非常普及，因為新的會計學校如雨後春筍般不斷成立，數量之多前所未見。到了一七四〇年，英國已有超過十一所營運中的會計專科學校，而到了十八世紀末期，這種專科學校更超過兩百所。其中，約翰・路爾（John Rule）的艾斯林頓專科學校（Islington Academy）在廣告上宣稱它訓練「紳士、學者和商人」，當時很多專科學校的老闆都是白手起家，但其中至少有九所學校的校長，是知名科學家或皇家專科學校（Royal Academy）成員。這些專科學校堪稱工業革命的骨幹，因為它們的教學將科學、實證訓練和實務的商人技能等，全數融合在一起；他們教導學生學習複式分錄會計法、航行方法、勘測法和測量法，甚至還傳授軍事相關的主題。在這個處處都是機會的世界裡，訓練速度的快慢攸關重大，例如艾斯林頓專科學校一七六六年的一份廣告就吹噓，想要從商的紳士將能在「非常短的時間內」學會複式分錄會計法。[3]

由於商業與工業在日常生活的重要性日增，社會上限制女性參與會計教育的聲音也漸漸淡化；事實上，某些人甚至認為會計教育有助於保護沒有男主人的家庭或單身女性，讓她們不會太容易成為財務掠奪者的獵物。而隨著簿記知識迅速擴散到社會的各個階層，越來越多貴族女士和商店老闆娘、工業家和單純的不動產所有權人，也紛紛開始學會複式分錄會計法；事實上，據說很多人從很年幼的時候就在媽媽的懷抱裡學習會計。誠如某一則廣告宣稱的，私立女子學校教導學生學習「和『記錄帳目』、繪畫、女紅、舞蹈有關的英文、寫作、算術，以及一點點法文」。不過，雖然當時某些開明的工業家會教導自己的女兒學習會計，其他人多半仍舊認為會計是一種專屬男性的陽剛技術。[4]

當時很多會計專科學校是由異教徒領導成立的，這些人多為低派教會（Low-Church）的新教徒，他們因為拒絕背棄自己的宗教信仰，而和清教徒一樣，被排斥在英國國教（Anglican，即聖公教）教堂與大學之外。這些異教徒一心追求幸福、自律、科學進步和救贖等理想境界，而這些理想境界的結合，就形成了英國啟蒙運動時期的獨特新教徒教義，馬克斯・韋伯還將這些教義理想化為新教徒工作倫理。異教徒對會計的信仰是因宗教熱情而起，他們遵循古老的英格蘭傳統，希望將基督教信仰和科學理性主義與自然科學正式結合在一起。他們的信仰，是建立在牛頓所謂透過數學顯露出來的秩序、和諧與進步等理想典範的基礎之上。對這些受神啟發且講求紀律與利潤的人來說，會計是履行個人刻苦作風的工具，也是理解政治自由與忠實看管上帝所賜之經濟繁榮的理想工具。[5]

私立專科學校不僅讓異教徒獲得收入，他們還透過這些專科學校來應用自己獨樹一格的科學及商業知識。連非新教徒——自然神論的一神教派教徒（Deist Unitarians）、貴格會教徒和長老會教徒——也紛紛到遍布整個英國的專科學校學習。位於蘭開夏（Lancashire）的沃靈頓專科學校（Warrington Academy）的成立宗旨，是要教育異教徒的兒子，而且主要聚焦在「企業與商業」，以及「最佳簿記法」。位於諾丁漢（Nottingham）的標準丘專科學校（Standard Hill Academy）的創辦，則為了提供非國教徒學科的教育，因為這些學科能幫助年輕男性「在專業領域與各種貿易及工業領域更顯出類拔萃」。[6]

當時，連高派聖公會都接納這種商業課程。英國各個社會背景的新教徒，希望透過科學實驗和觀察，探索上帝在大自然的傑作，並試圖將這些大自然的知識轉化為世俗財富，進而執行上帝的意志。另一方面，國教徒中較自由的派系也相信，科學和牛頓的研究，將強化基督教新教徒的力量，讓他們更有能力對抗其他宗教及無神論者；換言之，科學和牛頓的研究將成為全新科學化基督教的基礎，也因如此，他們試圖公開接納數學和利潤的典範，希望藉此促成清教徒和異教徒回歸聖公會教堂。誠如著名的古典派學者理查・賓利（Richard Bentley）在一六九六年於劍橋大學發表的波義耳演說（Boyle Lecture）中提到的，上帝命令「男人」藉由「追求」他們的「自身利益」，來找尋「利潤」和「歡娛」。總之，會計是這些哲學觀點中的核心要素。7

不過，清教徒和異教徒是基於更重要的理由，才會記錄個人的帳目。英國的法律禁止他們擔任公共辦公室的首長，或組織正式的教會，而這個禁令導致他們缺乏階級制度和監督機制，但也意味著這種英國版的新基督教（和階級分明的英格蘭教會不同）真正成了所有信仰者的教派，同時讓異教徒與喀爾文教徒養成一種處處「提高警覺」的新生活文化。每個人都必須「時時提高警覺」，留意整個世界的情況，以抵抗惡魔的侵犯，並在「基督的勝利之戰」（winning of Christ）中提供協助。為尋找那個屬於上帝的王國，忠誠的信徒一如崇高的科學家，在筆記本和心靈會計帳冊裡，寫下他們觀察這個世界的心得。異教徒、貴格會教徒和喀爾文教徒，必須記錄他們自己的罪惡和美德帳目，而他們通常是利用寫日記和自傳的方式來做這件事；換言之，他們在日記或自傳中，記錄自己的善行、罪惡和經濟成就。以很多案例來說，他們在寫日記時，不僅會寫下自傳式的觀察發現，也會為了搜尋個人失敗的證據，或期許自己成為預定論（predestination）中被上帝拯救的那個人，而記錄日常生活的一切。8

諸如強納森・斯威夫特（Jonathan Swift）等文學界人物都記錄了非常詳細的會計帳冊，長老會教友作家丹尼爾・迪福，則是在他的《魯賓遜飄流記》（*Robinson Crusoe*，一七一九年）中寫下一段和簿記有關的描述。《魯賓遜飄流記》是一本虛構的自傳，寫過專家級的會計教本、也是非常多產的財務評論家的迪福，在這本書裡安排魯賓遜「像個債務人和債權人」般訴說自己的一生，試圖平衡他生命中的正面與負面表現。一如耶穌會士記錄善行與罪惡的會計帳本，迪福也試圖計算生活中的善。

住在利茲（Leeds）的裁縫約瑟夫・萊德爾（Joseph Ryder）是個異教徒。一七三九年時，他在日記中寫道，他利用每天的寫作和記帳作業，讚美「上帝將人類塑造為一種理性生物的仁慈」。他認為財富是因敬神行為與優良會計作業而生，一如活在他之前三百五十年的義大利天主教徒達提尼，萊德爾，他也會在自己的日記裡清點道德帳目，同時在分類帳上計算財務狀況。萊德爾懷抱一個新概念：如果一個人透過大自然（大自然是上帝的傑作）的研究而精通工業或科學問題，並經由這項研究獲得財富，這些財務成就就不是罪惡，它只是讓我們了解宿命的一個徵兆。優良的科學、優良的記錄和優良的會計作業，將讓人得以更加靠近上帝和利潤。一個人的會計帳目做得越好，就越可能清楚透過這項作業，見到自己可能獲得救贖的潛在宿命。基於上述信念，簿記開始在每個人生命中佔有一席特殊的位置，它成為聖公會教徒、劍橋大學校友、具有科學精神的貴族次子、上流的商人與地主、都市商人和金融家，乃至一般精通文學且通常具有經商精神的異教徒平民等生活中的一環。總之，簿記是貫穿錯綜複雜的英國新教教義的關鍵之一。[9]

在所有異教徒中，工業家約書亞・瑋緻活（一七三〇年至一七九五年）明顯出類拔萃。他不僅證明了刻苦的清教徒也有成功的一天，更展現出會計在清教徒科研項目中的重要性，以及它對工業創新的重要影響。瑋緻活受他信仰的異教啟發，創建了歷史上最成功且最創新的企業之一，直到今日，瑋緻活瓷器依舊是一般人渴望得到的逸品，一套六人份的晚餐餐具組要價動輒一千美元以上。瑋緻活先生是藉由精密的成本會計研究：計算生產過程所耗費的時間、勞力、材料、機械與銷售成本，才獲得如此成就。他將刻苦的工作方式，和會計作業提升到創新與成功的全新層次，但即使如此，他還是難以在利潤和道德之間找到一個平衡點。在執行實務會計作業時，他發現會計有可能讓他成為世界巨富，但卻不盡然能讓他獲得健康，並達到幸福、自由與社會和諧等理想。

沃波爾是個莽撞且貪婪的政治人物，他向來以舉辦豪華的晚宴和擁有賀加斯風格的個人嗜好著稱；相反的，瑋緻活是一個事必躬親且重視道德的商人，他著名的瓷器工廠就設在伯明罕（Birmingham）北方的伯斯勒姆（Burslem），當時工廠的庭院裡擺了一座著名的時鐘。不過，瑋緻活和沃波爾倒是有一個共通點：他們都利用會計來讓自己變得更有錢；只不過，瑋緻活不是透過政治花招來致富，而是透過個人的虔誠與工業的經營，瑋緻活相信，虔誠和工業能讓他和手下那些工人的靈魂變得更美好。[10]

約書亞・瑋緻活經常跟他的商業合夥人兼好友湯瑪斯・賓利（Thomas Bentley）誇耀他透過工業來追求「財富、聲望和公共利益」（但在沒有外人的時刻，他就比較不是那麼有道德，因為他說，出售更多瓷器將會帶來「聲望和利潤」）。瑋緻活早期的信件，總是在談論政治自由的必要性與科學的重要性，但他的信中也充斥許多數字。複雜的複式分錄會計法是第一次工業革命（一七六〇年至一八四〇年）的基礎。沃波爾使用數字，瑋緻活更是每日與數字為伍。舉個例子，他喜歡計算夏洛特皇后（Queen Charlotte）瓷器訂單上的數字，她訂購的瓷器就是後來所謂的皇后御用瓷器（Queensware）：「整套瓷器中包括十二個茶杯、十二個茶碟、一個淺碟、附上蓋子與飾架的糖碟、茶壺與飾架、湯匙、咖啡壺、十二個咖啡杯、六對燭台和六顆帶葉的蜜瓜。」雖然瑋緻活會定期寄一些無關緊要的計算內容，像是興建斯托克特倫運河（Stoke-on-Trent Canal）的成本給賓利，但他深信，會計能夠解決工業生產力與獲利能力問題。[11]

中世紀與文藝復興時期的畫家經常透過他們的畫作，來強調會計的風險；但相反地，從十八世紀英國藝術家的表現，則可充分看出這個正值黃金年代的年輕工業國家的狂妄。由於利潤滾滾而來，會計帳冊似乎讓英國商人，至少諸如瑋緻活等成功商人感到非常開心。也因如此，會計帳冊成為當時英國商人和銀行家畫像中的常客，畫裡的人物總是帶著微笑，畫裡的桌子上也總是擺著攤開的會計帳冊；從這些畫像便可見那個時代的人對現代會計技術深具信心。舉個例子，湯瑪斯・勞倫斯閣下（Thomas Lawrence）為霸菱兄弟（Baring Brothers，他們的銀行在一七六二年成立，但這家歷史悠久的銀行卻在一九九五年因一位著名無賴交易員，也是其所屬分行的稽核人員尼克・李森（Nick Leeson）而倒閉）畫的人像畫中，他們鑽研主要分類帳的神情，看起來就像是用手指在地圖上遊走的探險家，一副打算征服世界的氣勢。另外，在一幅描繪印度傑出商人約翰・毛伯瑞（John Mowbray）的畫像上，他翹著二郎腿坐在桌子旁，聽著一個本地信差向他報告消息，臉上露出滿足自信的表情，桌上也散布著他的會計帳冊。這些畫作傳達了一個訊息：一個優秀的會計師不僅善於處理他的帳冊，甚至有能力掌握整個世界。12

然而這股信心掩蓋了隨著工業發展而來的種種挑戰，雖然英國的商人散發出強烈的自信，但他們在會計上的進展，其實少得令人訝異。經營工廠需要複雜的會計，而這些工業家也經常和這些複雜的工廠帳務「搏鬥」，但因為太過複雜，多數人最後選擇放棄。當時這些工業家的理想，是希望將會計作業改造為適合工業生產的模式，以瑋緻活的例子而言，為了提升效能擠壓出更多利潤，他需要釐清瓷器的生產成本。而為達到諸如此類的目的，工業家開始切割工廠的作業，透過會計分析，將生產鏈上的每個環節區隔開來。雖然成本會計從中世紀以來就已存在，即使方法相當原始，但到此時為止，還是沒有一個公認的方法可用來衡量勞工、機械和原物料的成本。另外，創業家也需要衡量資本投資的報酬，而除非能明確釐清某一部新機器是否賺錢，否則根本無法計算出來。13

在這種情況下，就有必要針對工廠的各個不同環節，設置週期性的成本帳目。舉個例子，為了有效經營工廠和礦區，經理人必須估算出各項工具和每一個製造流程的成本金額，進而決定哪些礦區或工廠要擴張，哪些則要關閉等。一七七四年時，奎克鉛公司（Quaker Lead Company）就曾試圖這麼做。一七七七年時，會計師暨數學家沃德霍夫・湯普森（Wardhaugh Thompson）撰寫了一份專為工業而設計的複式分錄簿記法應用，這是一份創新的著作，但他也在文中暗示了結算工業利潤帳目的困難；不過他強調，若沒有會計，所有的一切都只會是「猜測的結果」。經濟理論學家如馬克斯・韋伯等人，將第一次工業革命視為一種進步，但那時的會計和工業管理方法，卻和此前幾百年相差無幾；儘管活在現代的我們，可能會感覺成本會計的技術與重要性似乎不言可喻，但當時成本會計卻一直遭到忽略。雖然企業確實會針對工廠內部的個別要素（原料、勞工、生產機械、現金、付款、股份付款、利潤與虧損）等製作定期的帳目，但卻鮮少進行全面性的整體查核作業。[14]

然而，工業界的領袖們深知自己的財富取決於精確的會計；換言之，會計是獲利的基礎。蘇格蘭長老會教友、也是科學家暨蒸汽引擎發明人詹姆斯・瓦特（James Watt，一七三六年至一八一九年），就深刻體會到，會計對他旗下幾家企業與工廠的重要性。年輕時當過學徒的瓦特曾向父親借錢，但他每天都會還錢給父親（同時向父親報告他的進展），他一天工作超過十二個小時，但還是能挪出時間記錄優良的複式分錄帳冊。[15]

瓦特的合夥人馬修・博爾頓（Matthew Boulton，一七二八年至一八〇九年）更將實驗室、工廠和會計帳冊視為工業機械的一部分，他宣稱必須用研究科學的那種謹慎與嚴格態度來記錄帳冊。博爾頓和瓦特的公司的會計長設計了一套特殊的會計方法，商人和製造商可以用這套會計方法，計算某個生產循環的實際利潤。由於工業產量持續增加，要記錄的帳目越來越多，所以諸如瓦特等工業家必須記載非常繁多的財務文件，而這對他們來說實為一大挑戰。事實上，瓦特發明了一台謄寫機器，這台機器的運作方式，是以非常濃的油墨壓印在特殊的薄紙上，讓油墨可以在下一張紙上留下印記，其部分目的就是為了補救會計抄寫員短缺的問題，因為他的財務記錄實在多到難以應付。由於瓦特體認到，會計對他而言是一大競爭優勢，所以他還暗中監視其他公司如何記錄帳冊；他是世界上首度體認到會計方法也可以成為工業秘密的人之一。[16]

約書亞・瑋緻活和瓦特一樣，是非常有競爭力的人。他不僅追求聲望和利潤，更希望他的皇后御用瓷器能「立刻讓整個世界為之驚豔，因為你知道的，我痛恨浪費時間」他在一七六五年如願以償，英格蘭的夏洛特皇后下了一張全套瓷器訂單，這份訂單讓原本虔誠謙虛的瑋緻活被興奮沖昏了頭，頓時顯露出他原始的傲慢姿態。他自恃這筆皇家訂單將創造更多需求，並讓他名下的瓷器製造廠更加聲譽卓著；於是瑋緻活擬定一個行銷策略，並寫信給他的事業夥伴賓利，要他在英格蘭貴族階級中尋找一些菁英客戶，他說因為這些人是「樹立品味標準的人」。的確，喬治三世（George Ⅲ）很快就跟進，訂購了一套他專用的手繪花草皇后御用瓷器，世界各地的廷臣和外交官也紛紛仿效。一七七〇年時，英國派駐俄羅斯的大使凱斯卡特勳爵（Lord Cathcart）也訂購了一整套瓷器送給凱薩琳大帝（Catherine the Great）。[17]

儘管瑋緻活的皇后御用瓷器成功打響名號和銷路，他卻在一七六九年遭遇到現金流量問題。當時公司的支出超過收入，因為它的產品太過昂貴，只有少數菁英人士買得起；而這樣的結果令瑋緻活開始擔心，製造仿古花瓶可能「讓我們的利潤和虧損一樣多」。矛盾的是，業務量增加竟意味著瑋緻活將產生虧損，為解決這個問題，他寫信給合夥人賓利：「找人、找人」，「把你的所有人手全部找來工作。」到那年年底，他們製造了價值一萬二千英鎊的陶器，但也背負了四千英鎊的債務。[18]

和腓力二世一樣，這個聰明的工業人也發現會計是個大挑戰：「上個星期我絞盡腦汁，想要找出適當的數據以及計算每項產品的製造、銷售費用和虧損的方法。」沒錯，瑋緻活又回頭想從帳冊中找答案，但他還是感到很困惑，因為即使他的計算似乎已經考慮到生產費用，計算出來的數字卻只約當實際商品製造及銷售成本的一半。他要求賓利核驗這些帳冊，因為他實在搞不懂自己錯在哪裡。[19]

從這時開始，瑋緻活展開多項會計創新。他計算折舊、行政成本、銷售費用和資本的利息，並將費用分成十四個類別，包括「付給男孩、零工、倉庫和簿記」到「意外」

與「租金、耗損及偶發費用」等。他也逐項向賓利解釋如何計算以上所有數字（小至每種顏色的黏土）。[20]

他的筆記本裡寫滿了和「降低勞工成本」的目標有關的會計附註；他說，他要利用自己的帳冊，用更少人製造更多產品。瑋緻活的結論是，只要大量製造他的超優質瓷器，就能回收生產成本。瑋緻活檢視帳目後發現，長期下來，生產成本雖然複雜，其中的變化卻是「像時鐘運轉般那麼有規律」。說穿了，工業就是一部機器，如宇宙般，有著固定的運轉間隔。透過會計，瑋緻活清楚察覺自己能夠計算出這些勞力間隔的代價。[21]

透過會計作業，瑋緻活再也不需要憑空猜測他的成本是多少。從這時開始，他不再一味抱怨喝醉的工人是「毫無價值的工人」，而是試圖用更高的效率來管理他們；另外，他察覺到童工遠比成年工人更便宜、更有效率，也發現按件計酬的方式比按日計酬更有效率。他甚至開始根據歷史記錄來計算未來的銷售金額，同時策劃一些能在未來「增加銷售額的手段」。他也搞懂許多和消費者心理有關的洞見，例如他察覺到有錢人不介意多付一點錢，但些微的差價就可能足以嚇跑「一般人」，所以他必須分別製造一些能迎合有錢人和中產階級的產品。[22]

更厲害的是，瑋緻活透過這些計算，查出公司的會計主管正在掠奪他的財富。身為公司最終查核人員的瑋緻活發現，只有一個方法可以了解成本並揭穿詐騙行為，那就是持續不斷的即時查帳。他派他一向信任的個人會計師彼得・斯威夫特（Peter Swift）「來協助職員檢視與清算各種事項，這樣我每個星期就能收到經由週一郵遞服務寄來的帳目，這些帳目必須根據我吩咐他的方式做，而且數據的收集永遠也不能間斷」。他知道，要讓會計作業發揮最大的功效，計算與查核作業絕對不能中止。[23]

瑋緻活不僅建立了詳細的成本會計方法，讓他得以管理生產成本、勞工和訂價；也歸納出幾個會計理論，他的幾份成本會計著作，後來也成為經濟史上部分最基本的文獻。瑋緻活創造了一種能用來預測可能成本的成本分類或排序方法。就這樣，他的方程式和管理方法中開始出現了或然率的概念。

以瑋緻活的例子來說，這一切作業都是值得的。一七七三年時，歐洲各地的物價紛紛崩盤，這當然也波及陶器及其他消費品的價格。幸好在這之前，瑋緻活已設法降低他的製造費用、策略性設定價格並擴大產量與他的國際市場佔有率。從瑋緻活品牌的歷久彌新，我們就可以知道，他的公司順利度過了那一場漫長的經濟風暴，而瑋緻活本人也變成一個富翁。他在一七九五過世時，估計約有五十萬英鎊的財富（約當今日的四千五百萬美元，但這筆錢在十八世紀的購買力卻遠高於當今的四千五百萬美元）。[24]

達提尼過世後將他的財富留給上帝；相反地，瑋緻活將他的財富留給家人。他經營事業的宗旨是「提供這個世界想要且讓人感覺舒暢的產品」。瑋緻活對自己的成就很自豪，甚至不吝於炫耀他的成就，這樣的行徑和古代異教徒所秉持的謙卑相去甚遠；但儘管瑋緻活信心滿滿，他還是擔心自己的成功不夠穩固，而這樣的憂慮也非庸人自擾。由於當時社會上財富分配不均的情況越來越嚴重，加上美國獨立戰爭（一七七五年至一七八三年）的種種嚴酷挑戰，英國迫切需要改革，事實上，它需要展開會計改革。不過，此刻已經非常富有的瑋緻活，卻反而開始厭惡激烈的變革，因為這個異教徒已經成為英國權力結構裡的重要支柱之一。[25]

英國政府內部未能積極推動會計改革的原因之一，是從沃波爾掌權以後，國家就開始有能力管理公共債務；不過美國獨立戰爭在歐洲颳起一場金融風暴，英格蘭和法國都為了籌措和殖民地的獨立有關的戰爭支出，而不得不四處搜括。英格蘭比法國更早受到衝擊，因為當時它境內瀰漫一股強烈的反天主教情緒，加上工資下跌引發了一七八〇年的戈登暴動（Gordon Riots），這場暴動導致倫敦五分之一的建築物遭到摧毀，當然也嚇壞了擁有大量不動產的菁英階級，更讓英格蘭的情況雪上加霜。改革勢在必行，但異教徒內部卻開始分裂，一部分人主張維持現狀，但另一派則主張激進的改革，甚至企圖發動革命。

改革派的輝格黨國會議員如威廉・皮特（William Pitt）和威廉・溫德漢・格倫維爾（William Wyndham Grenville）試圖修補美國戰爭所引發的危機，諸如瑋緻活的異教徒友人理查・普萊斯（Richard Price）等人物，則提議採用沈入基金的舊解決方案。普萊斯的《有關公民自由的兩篇評論：對美戰爭及王國債務與財務之概要導論及補充》（*Two Tracts on Civil Liberty, the War with America, and The Debts and Finances of the Kingdom with A General Introduction and Supplement*，一七七八年）呼籲政府捍衛「受治理的人民的福祉」，以免人民被戀棧權力且搜括財富的寡頭政治執政者「剝削」。普萊斯警告，最大的危險就是國家債務，即使皮特在一七八三年成為首相，國債還是繼續增加，到一七八八年時，英國有高達七〇%的稅收被用來償還負債利息，因為國債總額早已從沃波爾當權時代的四千萬英鎊暴增到一七八四年的二億五千萬英鎊。原本被視為激進異教徒的普萊斯，此時被議會的議員譽為「那個有能力的計算家」（that able calculator），從此以後，calculator 成為一個帶有稱讚意義的用語。他在他的論文裡納入幾百頁的計算和帳目，用來說明如何以他所建議的沈入基金來克服國家債務的問題。[26]

皮特政府最後終於賦予實權，給原本理當要監督國家支出、但此刻蒼老且毫無力量的帳目委員會。原因很簡單，此時的皮特需要更多收入，所以只好試著管理老舊的國家會計工具。在皮特嚴格的監督下，該委員會的成員在一七八五年七月十五日於唐寧街召開第一次會議，但後來改到蘇格蘭場（Scotland Yard）去檢核預付公務費查核人（Auditors of Imprest，負責查核王國所有官員）的帳目。他們的目的是要檢視所有帳目，再試著將這些帳目合而為一，成為單一的預算報告。在製作上呈財政大臣的正式報表以前，一系列的檢核人員、調查人員和委員會成員都必須對這些帳目進行查核作業，並做上查驗記號、寫上附註，若有反對意見，則予以退回，並再度加以檢核。財政大臣收到這份報表後，必須協助制定最攸關重大的國家經濟決策。[27]

一八〇六年時，皮特的前任秘書喬治・羅斯（George Rose）撰文寫道，綜觀英國歷史，一般大眾對國家帳目的了解，從未像此刻那麼清楚。羅斯相信，利用複式分錄帳冊來記錄國家收入和支出，配合相關帳目的公開，將有助於平撫國人的憂慮。總之，戰爭、經濟危機、高築的債務及社會動亂等不幸因素的匯集，促成了異教徒念茲在茲的多項會計改革；不過，異教徒的最終理想，是讓國家成為一個民主共和國。儘管皮特和普萊斯推動上述改革，羅斯也提出了種種主張，很多委員還是承認，要釐清國家帳目有點困難，一直拖到五十年後，帳目委員會才終於完成它的改革，此時已是一八三二年。[28]

你或許以為瑋緻活應該會欣然看待這些改革，至少會熱中參與，畢竟他是他那個年代最偉大的會計師之一，也是個異教徒，而且還有一個主張激進改革者的密友；此外，他也抱怨，所有沒有選舉權的人都是奴隸，他曾挖苦奴隸制度，同時抱怨英國「頑固的統治者」在對美戰爭中製造了「大災難」。不過，他也明顯表現出對政治的厭惡，從瑋緻活的信件可發現，他雖身為英國權力結構裡的主要支柱之一，但心態卻很被動。舉個例子，他希望他的異教徒老友約瑟夫・普利斯特里（Joseph Priestley）能多花點時間在「休閒娛樂」上，不要老是那麼執著地四處激進布道（他後來因這些激進的布道內容，而在一七九一年從英格蘭逃到賓州）。[29] 瑋緻活向來都很關心歐洲各國的君主和本國的大貴族，因為他的生意仰賴這些人支持。當法國革命在一七八九年爆發，身為大英君主國與世界各地重要人士的最大陶器製造商的他，似乎不怎麼關心自由議題，因為他正忙著生產雕有法國財政部長雅克・內克爾（Jacques Necker）和路易十六那個參與革命的堂兄奧爾良公爵（Duke d'Orléans）頭像的鼻煙盒，奧爾良公爵不久後就上了斷頭台；如此看來，這些鼻煙盒倒是具有一點預言效果。總之，此刻整個世界充斥革命的風氣，異教徒也相信自己的時代已經來臨，但瑋緻活卻還是一心一意專注於浮雕產品的生產。[30]

一七九一年，瑋緻活在伯明罕的普利斯特里暴動（Priestley Riots）後，寫信支持老友普利斯特里。那一場暴動是以反異教徒和普利斯特里那革命色彩濃厚的布道為訴求，普利斯特里是瑋緻活家族的老友，他不僅是個異教布道者，還是個科學家；他發現氧氣、相信工業的力量，而且堅定捍衛政治與宗教自由。瑋緻活支持普利斯特里對抗燒毀他的教堂的那一群暴民；不過當瑋緻活聽說普利斯特里支持法國大革命，並支持英國成立共和政府的訴求後，他聲明反對普利斯特里呼籲展開武力暴動的那幾段文字，並建議採取較節制的作法。至此，瑋緻活對這個革命派友人的不安已顯而易見，而原本相當激進的瓦特也認同瑋緻活的觀點。瓦特對普利斯特里提出警告：「大英王國正享受著前所未見的繁榮」，其他國家則陷入革命的混亂，所以他認為「推翻所有好政府」是一種蠢行。[31]

當普利斯特里基於安全考量而逃到費城〔當地的市長和班傑明・富蘭克林（Benjamin Franklin）將他視為革命英雄而展開雙臂歡迎他〕後，瑋緻活的書信裡就已找不到任何激進的言論了。在寫給密友伊拉斯摩斯・達爾文博士〔Erasmus Darwin，達爾文的兒子羅伯（Robert）後來和瑋緻活的女兒蘇珊娜（Susannah）結婚，生下了演化論之父查爾斯・達爾文」的信件中，瑋緻活還是比較聚焦在「優良運河系統將帶給英國多大利益」之類的計算。換言之，在整個世界風靡革命的大時代背景下，瑋緻活還是繼續偏安於他相當不錯的利潤，和他將留給世界的遺產：優質的工業管理和為中產階級設計的餐具。

然而，即使瑋緻活位於伯斯勒姆的工廠創造了優異的營運成果，殘酷的事實卻還是發生了。工業污染對瑋緻活的員工及其家人造成不利的影響，這讓他開始納悶為何科學未能進一步改善人類的生活。隨著戰爭和暴力革命席捲整個歐洲，肺結核也陸續在瑋緻活和其他工業家庭裡肆虐，約瑟夫・普利斯特里和詹姆斯・瓦特的女兒雙雙被這種疾病纏身，而瑋緻活工廠裡的鉛及煤也對約書亞的兒子湯姆（Tom）造成傷害。瓦特在他晚年寫道：「我現在一無所有，因為我終於發現它（金錢）既無法帶來健康，也無法讓人幸福。」由於瑋緻活對科學還是懷抱堅定的信念，所以他砸下大錢，企圖研究出上述疾病的療法，不過他關心利潤和工業的程度，終究還是勝過對醫療進展和人類福祉的關懷。[32]工業帶來的種種可怕發展，促使浪漫主義詩人威廉・華茲華斯（William Wordsworth）哀嘆，工業是英格蘭的「禍害」，它將黑暗散播到「河流和山谷」。偉大的工業隱含有毒物質，而即使天資聰穎如瑋緻活，都沒有計算到這項巨額的成本。[33]

雖然身為創新者的瑋緻活最後試圖利用會計來保持現狀，但經濟學家和哲學家卻普遍認為，會計可以成為促進更大規模社會與文化變遷及進步的工具之一。其中亞當・斯密利用會計數據來發展多項自由市場理論，例如，他利用他將之譬為「非常完美的帳目書」的《末日審判書》等古代帳冊，來追蹤影響著市場價格的那隻「看不見的手」的活動。他還利用法國的帳目、英格蘭和蘇格蘭的食物市場來了解訂價。身為信奉道德思想的大師，斯密將會計數字和道德商業理論及自由等融合在一起，期許能設計出一套讓人類幸福的模型。[34]

就這樣，英國的新教徒思想家漸漸跳脫了利潤導向的會計，試圖編列生產力暨幸福預算。舉個例子，一七八一年時，功利主義（utilitarian）哲學家傑瑞米・邊沁就試圖利用一種「享樂、幸福量表」來闡述他的「最大幸福原則」，這個量表就是以複式分錄法來評估快樂值。邊沁想要建立一個能計算快樂與痛苦的帳目：「將其中一邊所有快樂的價值全部加起來，再將另一邊所有痛苦的價值加起來。」他說，從這兩者的結餘便可看出一個人好的傾向與壞的傾向，而一個人了解自己的傾向後，就可以試著改善自己的生命，但這麼做不是為了追尋救贖，而是要追求世俗的幸福。[35]

就這樣，簿記的科學成為一種思考幸福、福祉和個人價值的方法之一，不再只是計算利潤的工具。邊沁點出了瑋緻活一直以來都未能體會的事：聖潔的刻苦耐勞精神有可能帶來快樂，但也可能帶來痛苦。生命的挑戰和商業的挑戰一樣，都是要找出其中的平衡點，並設法讓生命的改善與幸福程度得以超越財富本身。然而，十八世紀末的人還是未能實現人類幸福與商業之間的和諧，誠如普利斯特里試圖告訴瑋緻活的，這個世界上有太多不公平，所以很多人感覺唯有透過革命這種人類的懲罰，才能得到自由和人類的幸福。

CHAPTER 9

# 大債、大數字與法國大革命

陛下……依循英格蘭的前例發表帳冊……是對民族性的一種侮辱……

——法國外交部長維芝納伯爵（COMTE DE VERGENNES）對路易十六的建言，一七八一年

經過五十年，英國諸如阿奇巴爾德・哈契森發表的那類數字預算宣傳小冊，還是未能在歐洲和美國引發任何回響，直到巴黎人開始辯論和數字有關的種種，乃至法國大革命的爆發，會計帳目才成為法國人議論政治與製造新聞的方法之一。只不過，打從巴黎人開始針對數字與政治當責等議題展開激烈辯論，各方在過程中提出的數字一直都令人半信半疑。引爆法國大革命的原因之一，就是政府內部爆發了一場和當責與數字精確度等議題有關的鬥爭，而拜這場鬥爭之賜，財務帳目的使用才能在現代政壇逐漸普及。[1]

令人訝異的是，在法國，會計與當責話題的熱度比在荷蘭或英格蘭更持久，箇中原因不難理解。誠如我們所見，荷蘭的政治領導人懂會計，而且維持相對開放的政府；至於英格蘭，由於它擁有議會制度、憲法政府和為了管理國債而成立的國家銀行，所以具備完整的財務當責制度，而那是專制君主統治下的法國所欠缺的。或許正因為法國非常缺乏開放的政府，所以公共會計與當責的政治語言才會那麼強勢地在這個國家興起。[2]

約翰・亞當斯（John Adams）在一七七八年的巴黎之旅後，發表過一番著名的評論：古代法國君主和掌握特權的貴族自得其樂地活在豪奢的華麗世界，即使多數法國人民深陷越來越嚴重的貧窮泥淖，他們也視而不見。雖然法國政府也設法削減部分支出，但政府可能違約不償還債務利息的威脅，還是導致利率大幅上升。而若想降低債務、通貨膨脹和利率，唯一的管道就是對法國那些傲慢的貴族、大地主課稅，這些人占總人口數還不到三％，卻擁有法國九〇％的財富。問題是，一百多年來，法國這些菁英人士一直抗拒繳納超過五％的稅金，也拒絕進行可能促成增稅的所有改革，尤其抗拒全國性的會計查帳作業，因為這些權貴人士認為，查帳作業是衡量其財富規模的第一步，最終目的是為了對這些財富課稅。

不過，在法國，會計與當責文化倒也非蕩然無存，但這樣的文化只存在於少數商人行政管理者和政治經濟學家的圈子。一七一六年，也就是路易十四過世後一年、奧爾良公爵腓力二世（Regent Philippe d'Orléans）攝政期間，在政府破產的情況下，主張改革的「巴黎弟兄」（Pâris brothers，一群財務官員，原本他們被指派的任務是要管理民間的稅收系統，也就是稅收包辦系統，但功敗垂成）擬定一份計畫，希望能提升稅收作業的效率，並查核獨立稅款包收人的帳目。他們在一七一六年六月十日的法律公告上，命令所有稅款包收人和國家會計師必須交付其收據，也必須記錄日記帳，以供地區會計「控管人」查核，而這些控管人會進而將所有行政日記帳，整合為一份以複式分錄記載的分類帳。巴黎弟兄還根據這項法律裡的某些規定，利用公告式的小型海報，來發表簡要的會計指南供大眾閱覽。他們宣稱，會計原本是商人和會計師的專屬工具，但今後，它將成為政治行政管理的系統化環節之一。[3]

果不其然，他們提出的改革方案也遭遇非常大的阻力。稅款包收人遲遲不願採納複式分錄記帳法，一方面是因為這種記帳方法比較難，更因為他們不願意放棄透過收稅作業來牟利的特權，或許也是擔心競爭，更害怕巴黎弟兄等大權在握的國家財務官員會奪走原本屬於他們的把持力量。這個變革正好是發生在一七一六年約翰・勞成立通用銀行（Banque Générale）並展開他的密西西比計畫之際。問題是，這個聰明但最後落得悲慘下場的蘇格蘭金融家，最重視的並非清晰準確的會計帳冊；在擔心被課稅，也擔心自己因享受特權而遭到外界攻訐的金融家階級、老貴族階級，和約翰・勞本身的影響圈裡眾多敵對人士群起攻擊之下，巴黎弟兄在一七二〇年遭到流放。不過宮廷裡沒有永遠得意或永遠失勢的人，首相紅衣主教度波伊斯（Dubois）在一七二一年約翰・勞的泡沫破滅後，將巴黎弟兄召回，協助法國政府管理這一場金融崩潰，只可惜，儘管奮力掙扎，法國政府還是未能成功達到目的。[4]

雖然巴黎弟兄自始至終都沒有規劃出一個足以和沃波爾紓困方案相提並論的計畫，但接下來四年間，他們還是繼續落實先前提出的多項會計改革。他們不僅想利用會計來改革整個國家，還把會計納為某種新的治國工具。克勞德・巴瑞斯・勒・蒙塔恩（Claude Pâris Le Montagne）在一份可能是為了呈給政府而寫的秘密論文中提到，實現「有序政府」的唯一途徑，就是利用複式簿記法來培養財務當責的文化。他強調，為民間稅款包收人的「影子財務」保守秘密，對一個專制國王有害無益。他警告，這種保密作法勢必會釀成貪污風氣，而這種貪污之毒的唯一解藥，就蘊藏在複式分錄的「可靠表格」裡的「扎實幾何學計畫」，因為複式分錄能對國家的所有財務狀況發揮「整體控制」的功能；他的結論是，公共複式分錄會計法是實現「公共利益」的基礎。[5]

但儘管巴黎弟兄展開那麼多改革，卻未對法國的國家政策產生持久性的影響。由於當時一般大眾和政府人士對約翰・勞泡沫的崩潰極為反感，因此不管是在民間或政府，都鮮少人擁有通透的會計與當責基本概念；換言之，擁有足夠財務學養的人少之又少，當然也就欠缺翻轉國家政策的力量。法國和以商立國的英國不同，它的攝政王也不是精通會計的荷蘭人，所以會計在法國的發展條件可說是先天不足、後天失調。事後巴黎弟兄也抱怨，攝政王「只看帳冊（一般財政官員的登記簿）的封面，完全沒有翻閱內容」另外巴黎兄弟原本希望能激發世人對「帳目報告（comptes rendus）」的辯論，但最後這個願望並未能成真。[6]

當時，法國國內的經濟辯論是一群重農主義者（Physiocrat）在主導，他們算是早期的經濟學家，相信財富來自農產品生產和自由市場。重農主義者的理論當中包含非常多崇高的概念，而且使用很多數字；不過和哈契森與巴黎弟兄不同的是，這些重農主義者並未針對帳目與預算進行財務分析。在法國經濟哲學家法蘭索瓦・魁奈（François Quesnay）、文森・德・哥爾內（Vincent de Gournay）、安內—羅伯—雅克・杜爾哥（Anne-Robert-Jacques Turgot）提出的概念中，最著名的當屬他們所謂「自由放任」的商業理論，這個理論主張自由的大自然法則是商業的基礎。早在亞當・斯密之前，這些重農主義者就期許能藉由提高政府補貼、價格控制和行會壟斷權（guild monopoly）等，以那隻「看不見的手」來提振農業產量和國家財富。根據他們的觀點，在一個受大自然本身的平衡所控制的市場裡，沒有必要展開大規模的國家財政管理。不過雖然魁奈利用數學來研究經濟理論，德・哥爾內和杜爾哥是熟練的會計師，但他們發表的作品中，卻鮮少分析複雜的數字、帳目或預算。儘管此時的英國人早就開始對國家稅收、放款利率和沈入基金等議題爭辯不休，法國人卻還活在一個財務資訊遭到專制君主封鎖的世界，一切只因國王要保守他的財務秘密。[7]

但無論如何，重農主義者和支持自由市場的先鋒還是相信，公共債務將會對經濟體系與社會的根基造成傷害。他們呼應蘇格蘭哲學家大衛・休謨（David Hume）在一七五一年提出的觀點，認為公共信用的特徵是「危險」、「魯莽」的，而且最終勢必會對民族國家造成浩劫。休謨以發人深省的用語來表達預算盈餘和預算赤字等選擇的意義：「不是國家毀掉公共信用，就是公共信用毀掉國家。」乍看之下，休謨似乎準確預言了法國的後續發展，因為到一七七六年，法國君主國的龐大負債已難有解決之道，並深陷嚴重入不敷出的泥淖；換言之，此時的君主國已處於破產邊緣。事實上，當革命的洪流於一七八九年席捲而來，儘管所有舊秩序瞬間被一掃而光，但國家還是存在，公共債務亦然。[8]問題沒有消失，全看要如何管理它。

漸漸地，法國大眾越來越迫切希望了解本國的財政狀況，更想搞懂國家為何會舉借那麼巨額的債務。在隨著美國獨立戰爭（一七七五年至一七八二年）而起的騷動期裡，法國的巨額債務繼續暴增，終於連路易十六也發現法國越來越舉借無門。雖然早先那一批改革者已改善了稅收效率，但因民間稅款包收人依舊濫用他們一手管理的收稅系統，導致國家沉重的債務問題更顯雪上加霜。由於國家沒有一套中央會計系統，所以也沒有人了解整個國家的確切收入，更不清楚未償還債務的金額究竟有多少。此時此刻，王國的稅款包收人和管理人依舊未能確實記錄相關帳目，他們不僅回歸最原始的記錄方式，而且還常在財政年度過後好幾年，回頭竄改先前的帳目。由於每三年才展開一次帳目查核，加上查帳人員能力不足，所以稅款包收人有非常充分的時間和空間可竄改帳目。某些政府財政人員甚至拖延十九個年頭後，才把自己管理的會計帳冊寄給皇家國庫。在此同時，由於無須立即將收到的稅金上繳國庫，那些不負責的稅款包收人便挪用這些稅收資金，在王國內大放高利貸。所以實質上來說，貪污早已成為一種制度化的慣例。[9]

由於國王無力取得更多貸款，也無從提高收入，一七七七年時，他為了突破困境，而提名大名鼎鼎的新教徒瑞士銀行家雅克・內克爾（一七三二年至一八〇四年）擔任法國的財政總監（Director General of French Finances）。內克爾是一介平民，他的致富管道是在出生地日內瓦及巴黎經營銀行和貿易業務、從事穀物投機操作，以及管理法國的東印度公司等。他的妻子開了一家著名的沙龍，舉凡狄德羅（Diderot）、達朗貝爾（d'Alembert）、格林（Grimm）、馬布利（Mably）和杜・德芳侯爵夫人（Mme. du Deffand），以及內克爾夫人的前情人愛德華・吉本等巴黎藝術圈、文學圈和科學領域的領導人物，都是這家沙龍的常客。當時吉本湊巧正在撰寫他的《羅馬帝國衰亡史》（*History of the Decline and Fall of the Roman Empire*，一七七六至一七七八年），這本書的推出時機真的可謂切合時宜。

不管內克爾個人有什麼缺陷（一個能透過法國的穀物貿易市場和公家企業賺取大量財富的人，想必在道德標準上容許不少的彈性），事實卻證明他是個成效卓越的經理人；不僅如此，他的文化素養相當高，野心也很大。由於內克爾夫人經營的沙龍，他一向能輕易取得大量的創意，了解輿論，配合他原本的出眾才華和財務敏銳度，最終順利成為巴黎政治與社會圈敬畏三分的人物。最重要的是，他和日內瓦方面的關係，讓他得以代表法國國王取得關鍵的信用額度，特別是在經歷七年戰爭（Seven Years' War）與美國獨立戰爭後，法國的債務已暴增到三十億里弗爾以上。光是償還這些債務的利息，每年就得花費三億里弗爾以上，平均利率介於五・五至六％，這筆金額超過國家總支出的五〇％，也是國家年度收入的一半以上。相反地，面積僅有法國三分之一的英格蘭，卻能順利按時繳納大約相等金額的債務利息，原因之一是它能向獨立超然的國家銀行舉借較低約三％利率的貸款。[10]

內克爾設法阻止稅款包收人在上繳稅收以前，又反過來先拿那些稅金放款給國王，且他試圖要求這些稅款包收人，每天精確記錄帳冊，以供隨時查核。他建議淘汰四分之三的稅款包收人（管理員），將原本總數達四十八人的稅款包收人精簡成十二個官員，而且這些人必須接受密集的查核。內克爾在他一七七八年十月十八日提出的會計法規中，企圖將國家財務系統中央集權化為一個以複式分錄帳冊為基礎的單一帳目，讓他更方便緊密查核。

一如先前的幾個改革者，他的作法也威脅到舊體制下的所有獨立財務階級，當然，每當貴族們感覺自己的既得特權遭到威脅，就會採取血腥行動來反制。長達一個多世紀以來，這些人一直在抗拒改革，這一次當然也不可能輕易就範。[11]

不久後，大眾媒體就以鋪天蓋地的大量傳單和宣傳計畫攻擊內克爾，後來的財政大臣加隆（Calonne）嫌惡地表示，那是「令人作嘔」的一種輿論，批評者簡直有「戀屍癖」。見到自己遭到大眾媒體的大規模污衊，內克爾一點也不感到震驚，因為在充斥謠言和誹謗文化的巴黎，身為一個外國新教徒又擁有取得瑞士信用額度的神奇力量的財政總監，理所當然會成為一個完美的攻訐目標。[12]

內克爾的女兒比他本人更赫赫有名，她是作家德・斯戴爾夫人（Madame de Staël）。她後來承認，那些宣傳並沒有達到預期的效果，反而讓她父親更成功，而且她說，至少一開始時，父親相信大眾是一股理性的政治力量；不過，隨著改革持續推動，外界對內克爾的攻擊也越來越具針對性，甚至有威脅的意味，一七八〇年時，一個誹謗意味濃厚但非常受歡迎的宣傳小冊吸引了大眾的目光。巴黎律師傑柯斯—馬修・奧吉爾德（Jacques-Mathieu Augéard）以不具名的方式，發表《杜爾哥先生寫給內克爾先生的一封信》（*Letter from Monsieur Turgot to Monsieur Necker*），當中充斥許多財務資訊，足以說服一般人相信這封信是出自某個政府內部人士。奧吉爾德攻擊身為瑞士銀行家的內克爾，藉由榨乾國家的錢來為自己累積財富（他宣稱相關總額高達一百七十五萬里弗爾）。他批評「這個日內瓦公民」的會計技巧難登大雅之堂，他說「你比我更了解商業（會計與登記簿的記錄）概要」，並宣稱內克爾庸俗的平民舉止，充其量只配當「一個小小的銀行行員與點鈔人員」。最嚴重的是，奧吉爾德指控內克爾是另一個約翰．勞，也就是當年印製投機性紙幣，最後引發諸如密西西比泡沫等金融危機的人。他警告：「一七二〇年的殷鑑猶未遠矣。」[13]

雖然奧吉爾德嘲弄會計難登大雅之堂，他卻在公開的論戰中，拿數字來作為他的主要武器。舉個例子，他宣稱內克爾的稅款包收制度改革，導致稅款包收人付出九千八百萬里弗爾的代價。更甚的是，他指控內克爾所謂「光是向國家財政人員開設的公司收回債務，就可收回高達二．五億里弗爾」是錯誤的說法，他寫道：「閣下，這是什麼說法！竟自貶身分地再次跟我計算這個數字，我對這件事可是瞭若指掌的。」這份控訴文章中還提出非常多數字來證明他的觀點，反駁對手的說法。極具影響力的輿論界人士杜．德芳夫人宣稱，奧吉爾德那六千份宣傳小冊迅速在巴黎與凡爾賽流通。奧吉爾德事後也在他自己的《秘密回憶錄》（*Mémoires Sécrètes*）中得意洋洋地表示，他的宣傳小冊「異常成功」。[14]

早在一七八〇年，用於政治宣傳的烏賊戰術已相當成熟，不過，內克爾直到這一次才學會不再跟著窮攪和。但儘管他低調以對，來自四面八方的攻擊卻未曾稍歇，甚至越來越受大眾歡迎；而且這些攻擊的內容，還採用看似權威性十足、足以說服大眾的數字，到最後，內克爾不得不開始回應。對一個高高在上的大臣來說，攙和到這種和稀泥似的宣傳戰本來就有失身分，而且非常危險。內克爾大可以利用他在政府的地位，試著禁止那些以攻擊他為目的的宣傳小冊出版，不過這麼做的效果可能非常有限，因為政府內部並沒有一個真正有效率的刊物審查機關。也因如此，他不得不藉由拿下宮廷論述掌控權，甚至利用街頭演說等方式，來對抗可能威脅到他的地位與聲望的宣傳狂潮。

一七八一年時，內克爾發表《上呈國王的帳目報告》（*Compte Rendu au Roi*），在當中解釋國王那一年的財務狀況。這是法國君主國有史以來首見，內克爾自豪地指出，這份報告代表著一個財政大臣勇於承擔他的行政管理責任，而且他還在這份報告中向大眾公布他的計算結果，宣稱自己共實現了一千零二十萬里弗爾的預算盈餘。[15]

誠如一份新聞宣傳小冊描述的，在那之前，政府從未發表過官方預算，以至於消息不靈通的大眾，常對皇家的實際財務狀況產生「錯誤的猜測」；不過國家財政保密的慣例，反而讓法國大眾更加好奇，更迫切希望了解法國政府的實際運作狀況——畢竟這個政府經常發動代價昂貴的戰爭，並為凡爾賽宮廷的豪奢生活提供資金，人民當然想知道政府向民間課的稅究竟花到什麼用途。總之，內克爾適時地介入了這個資訊真空，《上呈國王的帳目報告》發表後，人民終於能公開了解政府的帳目，從此以後，這類帳目報告也成為民眾評估政府效率的主要方法。[16]

這個瑞士籍財政總監所選擇的回應方式，一方面展現出他以文明手段開導攻擊者的姿態，另一方面更表達了他寧為玉碎的恐嚇，目標當然要震懾那些保守派人士。內克爾發表《上呈國王的帳目報告》之舉，堪稱一次一石兩鳥的媒體突擊行動，相當高明。他的目標不僅是那些將因改革而遭受威脅的法國權勢階級，還包括歐洲的其他看官，如法國的瑞士債權人，他希望藉由此舉說服他們相信法國的財務狀況還很健全。內克爾透過這本宣傳小冊，要求對手出面證明他的說法有誤或有詐；如果他們尋求以數字來打擊他，他自然也能以他們所沒有的武器來應付——他可以從政府內部，揭露政府的實際帳目。內克爾希望這份「宣傳」能將「這些曖昧的文件」、「國家財政的謎團」攤在陽光下，以便緩和外界對他的批判；他自豪地說，那是「這個偉大國家第一次」揭露它的悲慘財務真相。事實上，內克爾並不用對人民負責（在一個專制的君主國，並沒有實際的機制要求他對人民負責），不過他堅稱，唯有這份宣傳才能穩定秩序和信心；於是內克爾以喀爾文教派的作風，揭露相關資訊，而且還賭他揭露國家帳目「謎團」的作法，反而讓外國放款人更加相信法國人的信用。[17]

除了希望促使輿論轉向，內克爾還透過這份宣傳小冊，描繪出一幅全新的政治願景。他宣稱英格蘭的國會每年都會印出國家的財務狀況，也表示他打算跟進；不過他顯然完全不了解英格蘭的政治文化，也不知道他撰寫這份刊物時，英國國內正因這個議題而展開多麼激烈的辯論。他說，平衡帳冊是「道德」、「繁榮」、「幸福」和「強大」政府的基礎，他詳細說明了他的管理作業、國家收入和支出，而且最後還提供自己的帳目，供輿論公評他的說法是否合理。他果斷揭露個人帳目數字，主要目的是要展現他的行政管理美德。他暗示，公開且優良的帳冊就是公開且優良的政府，而公共繁榮和公共當責，是捍衛國家與主權力量的核心力量。這樣的觀點很創新，因為內克爾其實在暗示，國王的個人意志不等於政治力量，國家帳冊的管理才是構成政治力量的要素，而國家帳冊管理的功勞當然屬於他。[18]

《上呈國王的帳目報告》揭露了政府每個主要機構和辦公室的財務狀況，還有政府的支出及收入，其中，總收入是二億六千四百一十五萬四千里弗爾。在二億五千三百九十五萬四千里弗爾的「一般」總支出中，國王花了六千五百二十萬里弗爾在軍事活動上，還有二千五百七十萬里弗爾被花在宮廷和國王的家庭，另外國王還花了八百萬里弗爾在阿爾圖瓦（d'Artois）的家族。相較之下，國王只花了五百萬里弗爾在道路和橋梁上；一百五十萬里弗爾在巴黎警政、照明和城市清潔工作上，九十萬里弗爾在無家可歸的窮人身上，還有八萬九千里弗爾花在著名的皇家圖書館。總之，皇室優先的情況一覽無遺到令人不齒。

大眾看到內克爾揭露的內容後，當然感到極度震驚並群情譁然，不僅因為各類支出的落差過於懸殊，也因為這些內容讓原本神聖不可侵犯的領域，包括國王的家庭和凡爾賽宮戒備森嚴的權力舞台上的一切，變得不再神秘。報告中的國王家庭（Maison du Roi）不再是一個皇家、合法、個人或甚至神秘的主體，而是由一組令人震驚的數字所代表的實體。那是一個諸事匱乏的時代，內克爾利用這個機會批評國王的餐飲費用，並宣稱若妥善管理，相關費用有可能減半，但無論怎麼說，此舉都是對王位的極度侮辱。[19]

《上呈國王的帳目報告》的主菜是文中附加的帳目。內克爾提供了看似完整的國家帳目，並在最後一頁的一份大表格中計算最後的結果。內克爾宣稱，所有計算內容都有「禁得起考驗的文件」可做佐證，且負責製作這些國家帳冊的人也都簽了名以示負責；他表示，他將這些文件保管在一個箱子裡，而且會繼續基於證據的考量而製作相關的文件。計算到最後，內克爾宣布：「收入超出支出：一千零二十萬。」所有數字都列在上面，而且顯示確實有盈餘。誠如內克爾事後透露甚至承認的，他略過一筆大約五千萬里弗爾的軍事相關赤字，以及負債相關的支出，因為他認為這筆數字屬於非常項目（extraordinary），而他的這項作法也開啟了一個歷史悠久的先例，也就是基於國家利益而低報軍事支出，或甚至不在帳冊上提報軍事支出的慣例。[20]

倒楣的路易十六一直都對這些媒體戰採取觀望態度（他自己垮台那件事除外），顯然他根本不了解自己的財政大臣公開那些帳目的目的。內克爾本人確信這次行動能提升他自己的政治地位，他萬萬沒想到會有人質疑那些數字。他將《上呈國王的帳目報告》交給《百科全書》（*Encyclopédie*）的出版商潘克伍基（Panckoucke）發行，因為潘克伍基也意識到這本宣傳小冊可能會非常暢銷。事實證明，他的猜測一點也沒錯。如果奧吉爾德那本宣傳小冊的六千本銷量被視為一種成就，那就很難用筆墨來形容《上呈國王的帳目報告》的奇蹟了。在短短一個月內，潘克伍基印製的六萬份刊物全數銷售一空，另外，光是一七八一年，他又售出了十萬份，這改變了一般人對暢銷書屬性的想法。後來，他又印刷了成千上萬份外國版與翻譯版本，就這樣，《上呈國王的帳目報告》成為史上最成功的著作之一，也成了一個媒體奇蹟。以前，這種煽動性的題材向來是透過秘密管道流通，但內克爾的作法賦予辯論的本質一個全新的定義。在推出《上呈國王的帳目報告》的同時，內克爾又在一七八一年三月三日發布一項皇家當責公告，要求所有收稅官交出會計帳冊和未來的預算。這一切安排並非偶然。內克爾提議的「會計法」，是讓國王得以導正一般項目與非常項目等財務的機會。在過去，外界在辯論何謂優良政府時，都是以文字甚至影像或歌曲來進行；但自從《上呈國王的帳目報告》問世，相關的辯論不僅變得更加猛烈，以具體會計數字為本的情況也越來越普遍。[21]

內克爾的《上呈國王的帳目報告》以一種秘密真相的姿態出現，當然，這樣的題材非常投讀者所好。誠如內克爾本人在他早前有關國家財務制度的評論中明確指出的，雖然真正精確的國家財務帳目幾乎不可能完成，他的帳目終究比誹謗他的人提出的帳目精確。很多批判內克爾的人，事後都默認了他的數字，但並沒有停止攻擊他揭露相關數字的行為，尤其不能原諒他公布敏感的皇家費用的行為。他們認為內克爾揭露皇家帳目的作法，無形中將傷害到專制君主統治的特有信仰——保密性。外交部長維芝納就攻擊這種揭露政府秘密的概念，他還將《上呈國王的帳目報告》視為對國王個人威權的一種直接威脅；他和許多民眾一樣，認定內克爾雖不值得信賴，但提供的數字是精確的。維芝納在致路易十六的一封信中，將《上呈國王的帳目報告》形容為「對民族性的一種侮辱，而所謂的民族性就是對國王有感情、有信心且忠實。如果陛下允許您的大臣引用先王們一向嫌惡的英格蘭行政管理方法，法國民族性將蕩然無存」。[22]

由於《上呈國王的帳目報告》裡揭露的當責概念對宮廷貴族階級造成極大威脅，所以反應特別強烈的貴族之一德・克瑞基侯爵夫人（Marquise de Crêquy）公開對它發出怒吼。克瑞基當然知道《上呈國王的帳目報告》某種程度上只是一種作秀行為，但區區一個新教徒銀行家竟敢揭露皇家秘密？這等於是碰觸了以身分、血統、宗教和民族為基礎的特權概念。她認為鼓吹當責，亦即揭露國家秘密是一種顛覆行為，而且由此便可見這個文明的「百科全書編撰者」和「像個猶太人」的新教徒銀行家的素質，竟自貶身分去從事滑稽且低級的商人會計作業！克瑞基哀嘆，一切都是皇家大臣莫爾帕伯爵（Maurepas）的錯，因為就是他一手把國家秘密交給像內克爾那樣一個外國新教徒的。[23]

一個評論家也警告，一定要撲滅《上呈國王的帳目報告》所造成的那種「假象」和媒體轟動，因為內克爾的數字根本就是胡亂拼湊而來。最初，反對內克爾的聲浪都只是針對數字，但後來批判者還將矛頭轉向他的行為。他們認為反制這些爛數字的唯一方法，就是拿出「數字證據」；問題是，現代政治辯論模型告訴我們，要證明數字的正確性，簡直難如登天，因為只有極少人真的有能力分辨計算過程是否有誤，所以數字向來是掩蓋騙局的完美外衣。[24]

接下來十年間，向來不講仁義道德、被對手稱為「赤字先生（Monsieur Déficit）」的廷臣德・卡隆子爵查爾斯・亞歷山卓（Charles Alexandre, Vicomte de Calonne），成為內克爾在國家會計與當責辯論中的勁敵。卡隆本身是維芝納的門徒，也是皇家稅務律師、稅務監督人，對國家財務相當熟稔；因此他能利用足以反制內克爾的數字來攻擊他。這兩人纏鬥了長達十年之久，且過程激烈異常，這也堪稱歷史上第一場有關國家會計數字的公開論戰。

諸如卡隆那種包含計算與數字的評論終於突破了內克爾的政治盔甲，說實在的，不管路易十六在這個漫長的論戰過程中表現得有多麼事不關己，但確實很難想像那一連串以某個王國大臣為目標的猛烈攻擊，會不傷害到路易十六本身的皇家尊嚴感受，畢竟內克爾是他指派的大臣。無論如何，最後原本漠然的國王終於對特權階級（包括皇后、宮廷、他自己的弟弟阿爾圖瓦、皇家財務官員和巴黎議會）讓步，在一七八一年五月十九日將內克爾免職。內克爾被流放到鄉間，不過他並沒有閒著，而是趁這段時間撰寫他的暢銷巨著《論財務行政管理》（*Treatise on the Administration of Finances*，一七八四年），這本書讓他身為世界主要財務作家的地位變得更形鞏固。他女兒潔曼（Germaine）也因嫁給了瑞典大使而成為德・斯戴爾夫人，她是法國著名的浪漫作家。內克爾雖退出政治舞台，但他已將當責的基因釋放到政治圈的事實，並沒有隨著他的退出而改變。

接下來六年，還是有人企圖推動改革，而他們多半也是採用內克爾建議的方式來進行。到一七八七年二月時，卡隆成為財政總監，並接手處理當年讓內克爾頭痛不已的種種財務問題。卡隆企圖透過凡爾賽宮的顯貴會議，來解決法國腐敗的國家財政，他試著解釋財政赤字的形成原因，並試圖推卸和赤字有關的責任；另外他還提議貴族也必須繳納、不分貴賤的一般土地稅。雖然他本就無需為那些債務負責，但就政治層面來說，這些債務卻是身為財政總監的他必須解決的問題。只不過，一如先前在改革國家會計作業，以及對貴族徵稅這類不得不為的必要政策等議題上鎩羽而歸的前輩，卡隆也在一七八七年垮台，最後逃到倫敦。

此時遭到無情謾罵的卡隆，必須設法挽救他的聲望與職業生涯，而他認為唯一的解決方案，就是把赤字歸咎給內克爾。在作法上，他一口咬定《上呈國王的帳目報告》裡的計算不正確，他說，最後的清算結果並非一千零二十萬里弗爾的財政盈餘，而是四千六百三十二萬九千里弗爾的赤字，這個數字和內克爾揭露的數字，相差高達五千六百五十二萬九千里弗爾。卡隆提出和內克爾一樣的當責論述——計算是證明一個政府成功與否的唯一管道。他宣稱，他之所以做出這麼「令人痛苦的揭發行動」，全都是內克爾苦苦相逼所致，他說他的揭發行動將以「無可辯駁的真相」突破「假象的盔甲」，「消除大眾的錯誤觀感！」[25]

但大眾有能力判斷諸如一千零二十萬里弗爾這種總金額的真假嗎？很難說，因為直到一七八五年「鑽石項鍊事件」（Affair of the Diamond Necklace）發生，皇后瑪莉・安東伊內特（Marie Antoinette）遭人影射並抹黑，指控她參與這個複雜的竊案且轉售這項珠寶，大眾才對諸如二百萬里弗爾這樣的金額產生一點概念，也才終於了解這樣的數字代表什麼意義。當時的工資是以蘇（sou）來計算，不是里弗爾，而且一般勞工一天只能賺大約十五至二十五蘇，也就是大約一里弗爾，就算是技藝精湛的工匠，工資也大約只比一般勞工高一倍。尋常人家每天的麵包開銷平均大約是七至十五蘇，換言之，光是買麵包就要耗掉一般熟練工人五〇至一〇〇％的工資。所以很少人真正搞懂，大家在議論的那個巨大總金額代表什麼意義，遑論這些數字是怎麼算出來的。然而項鍊事件不久後，數字成為人民閒話家常的話題之一，所以很快地，內克爾那份報告中提到的「一千零二十萬里弗爾」也成為一般人交談中常出現的數字。對一般老百姓來說，無論是否為文盲，政治人物討論的那些數字顯然非常不可思議且令人反感，也因如此，國王在人民心目中的信譽也一落千丈。[26]

從一七八一年開始，諸如《萊登公報》（*Gazette de Leyde*）、《法國信使報》（*Mercure de France*）和《亞維農郵報》（*Courrier d'Avignon*）等報紙密集報導，因內克爾的《上呈國王的帳目報告》和其敵對陣營後續提出的各種帳目報告而起的辯論。他們通常是討論數字，有時候還會評論會計。一七八八年時，《亞維農郵報》檢視各方提出的不同帳目報告，並重新製作了皇家帳目與計算的摘要。雖然該報並不是真的以任何專業或技術角度來分析帳目，但記者們拿各方帳目進行比較的作法，凸顯出杜爾哥、內克爾和卡隆等人的計算結果的差異。一七八八年一整年，各大報紙上不斷出現各種版本的帳目報告和數字，漸漸地，大眾開始將「可靠的計算」和「政治正統性」畫上等號，顯然大眾不僅深受煽動言論與誹謗吸引，也深受會計數字的力量吸引。[27]

一七八八年，內克爾以勝利者之姿，回鍋執掌財政總監的職務。此時很多寓言故事將他比喻為自由的化身。基於顯而易見的理由，路易十六當然並不希望這名老大臣回鍋，但內克爾卻幾乎是在大眾一致的喝采聲下，再次回來掌權，而路易十六當然也越來越實權旁落。然而儘管群眾歡欣鼓舞地在街道上慶祝內克爾的勝利，法國的財務還是一樣糟糕，內克爾再度因這些問題和數字的糾纏而頭痛不已。

一七八九年六月二十三日當天，謠言指稱皇后強迫國王免除內克爾的職務，這個傳言促使抗議群眾湧向凡爾賽的街道，並衝撞這座城堡的鍍金大門。內克爾走到前門接受群眾的讚頌，某些有識之士擔心那種大規模示威活動將危及權力當局，但群眾遲遲不願解散；於是國王開始集結巴黎和凡爾賽的部隊。一七八九年七月十一日，內克爾抗議國王讓士兵進入首都，而這個爭論導致他們兩人的關係正式決裂，國王再度免除他的職務。宣稱自己擁有「第三等級」（Third Estate，影響力日益強大的非貴族政治代表，他們宣布在凡爾賽成立國民議會（National Assembly））全力支持的內克爾對國王的舉措大感震驚，並強硬表示，若不是他，國家早已陷入「飢荒與破產」。

七月十四日當天，一群憤怒的暴民群聚在巴士底（Bastille）監獄前，這裡原是位於巴黎邊陲地帶的中世紀堡壘，此時當作皇家監獄和彈藥庫；而作為皇家監獄是從十四世紀開始，雖然裡面只關了七名有特權的囚犯（其中一位是自稱上帝的愛爾蘭人），巴士底卻是皇家勢力與鎮壓的象徵。激進的革命領導分子之一，後來被友人羅伯斯比（Robespierre）在斷頭台上親手砍掉頭顱的卡米爾・迪穆蘭（Camille Desmoulins）在暴民群前登高呼喊：「平民們，趕緊把握時間」，並幫忙打開通往恐怖的大門。他呼喊：「對愛國分子來說，內克爾免職事件就像是聖巴塞洛繆（Saint Bartholomew，發生在一五七二年的一場著名的法國大屠殺）的喪鐘！今晚瑞士和德國的所有部隊都將撤離戰神廣場（Champ de Mars）來屠殺這裡的所有人；我們只剩一條路可走，那就是搶奪武器！」到那天午夜時分，皇家總督的項上頭顱已岌岌可危，因為武器和火藥全數遭暴民徵用，幾百年來的治安檔案都被丟撒到街道上，皇家旗幟也被降下。當德・利昂古爾公爵（Duke de Liancourt）向路易十六報告這個消息，國王卻問：「他們是在造反嗎？」公爵回答：「不，陛下，這是一場革命。」這句話迄今仍為人所津津樂道。[28]

就在舊機制搖搖欲墜之際，內克爾再度在大眾崇拜的歡呼聲下被召回凡爾賽宮。不過此刻的事態已非這個溫和主義者的能力所能控制，隨著革命的可怕力量開始蠢動，現在的他也顯得狼狽。內克爾畢竟只是一名改革者，不是革命家，而且革命並不容許所謂的舊秩序改革；相對地，那些革命人士透過國民議會，意圖一筆勾銷所有貴族特權和皇家命令，因為他們相信，只要使用會計這項內克爾原本寄予厚望的改革工具，就能輕鬆建立一個全新的政府。於是，在接下來艱苦的二十年間，內克爾逐漸從政治舞台上淡出，但會計改革和一般大眾討論大數字的習慣，卻沒有因此而降溫。

在那之後，數字繼續在政治辯論中扮演要角，會計更成為革命憲政規章的核心語言。英文的accountability（當責）一詞，或許就是從法文的comptabilitê一詞翻譯而來，最初是譯為accomptability，最後才演變成accountability。不管最初的用法是什麼，總之後來的英國人以這樣的翻譯方式來表達法國革命憲政規章的意義：法國一七九一年的革命憲法規定，所有財務和政治行動都必須以「公共帳目報告」的形式對外發表。[29]

一七九二年，國民工會（Convention Nationale，目前是立法機關）創立了一個當責局（Bureau of Accountability），這個單位有八名會計特派員，它必須針對它的年度支出提出會計報告，這個單位每年花費為四十九萬九千零一里弗爾，這不是一筆小數目；且要建立一個當責局，並不是那麼容易，因為當時鮮少官員擁有足夠的會計專長能接下這些職務。在它成立那一年，下議院議員安東尼・伯提（Antoine Burtê）發表一份標題為「當責特派員合格條件之短評」（Rapid Observations on the Conditions of Eligibility of the Commissars of Accountability）的文宣，他在這份刊物中討論要如何製作帳目，討論熟練會計師的不足，以及訓練會計特派員的難處等。[30]

由於稅收包辦制度在一七九〇年廢除，加上國家中央稅賦辦公室的成立，情況確實漸漸改善，不僅所有政府局處都會發表其所屬帳目，所有財政和海軍大臣也都會發表定期性的帳目；此外每個政府辦公室和機關也必須針對它們的活動，製作財務帳目和收據。就這樣，這個脫胎換骨的國家透過這些充滿數字的小型會計文宣來揭露它的運作狀況，並宣揚它的美德。31

此時內克爾早已遠離那些重大事件的舞台，他回到出生地，在靠近日內瓦的柯彼特宅邸（Chateau of Coppet）度過餘生。在此同時，繼承這個家族的溫和外表的德．斯戴爾夫人則熱心對抗拿破崙（Napoleon）。內克爾在一八〇四年過世，享年七十一歲。

革命雖未能真正促使這個國家成功建立起一個代議制的當責政府，卻在政治圈裡營造了一股重視財務學養與當責的文化，而這又種下了未來會計改革的種子。內克爾的《上呈國王的帳目報告》創造了一種透過國家資產負債表來評斷政治的語言，它可謂現代預算乃至財經報紙的前身，後來歐洲各地甚至美國都爭相仿效。未來的奧地利國王、托斯卡尼大公（Grand Duke of Tuscany）彼得．利奧波德（Pietro Leopoldo）則在一七九〇年發表了他自己的國家帳冊（Rendiconto）；即便是君主立憲的英格蘭和新生的美利堅共和國，也都密切注意《上呈國王的帳目報告》和法國的會計改革。總之，長久以來一直未能實現任何形式的國家財務當責的法國，卻提供了一個建立現代當責國家的方法，而且是一個可外銷的方法。

CHAPTER

10

# 「自由的代價」

一切公款之收入及支出帳目與正規報告書皆應定期公布。

——美國憲法第一條第九項

雅克．內克爾的《上呈國王的帳目報告》不僅在法國大革命中扮演了重要的角色，他的著作和會計改革也啟發了美國的開國元勳。當時，歐洲各地與新世界的開國元勳及行政官員，都努力設法尋找舊會計方法的新應用；後來那些方法在一個年輕的國家找到了肥沃的土壤，因為這個國家的憲法正是以政治當責的理想為基礎。看起來，剛開國不久的美國似乎有機會建立一個以各種會計原則為基礎的政府。

在成為憲法國家以前，美國這片土地上早已充斥會計帳冊，正如很多人認為的，這個崇高的冒險事業起始於一個商業風險投資計畫。一六二〇年，清教徒為了航向新世界而定的五月花號公約（Mayflower Compact），就是以商業合約的形式擬定，各個參與投資的合夥人在上面簽名，宣示將遵守約定，彼此共享整個計畫的費用與利潤，之後他們便從簽訂合約的階段，進入記錄會計帳冊的階段。雖然這些新教徒一開始是受宗教啟發，但我們永遠都不該忘記，他們規劃這個早期美國殖民地風險投資案的最初目的，就是為了賺取利潤。一如荷蘭、法國和英格蘭的東印度公司，早期的美國殖民地風險投資計畫，都是以特許企業的形式進行，它們獲得大英王國特許授與的貿易壟斷權，主要目標就是要開拓英國位於北美的殖民地。

麻薩諸塞灣公司（Massachusetts Bay Company）是一家民營的股份企業，它是由幾名「承辦人」（undertaker）創辦，並握有查理一世和幾名官員，包括一名州長、一名副州長和一名財政官員頒發的特許證。波士頓新教徒移民領袖約翰・懷特（John White）的麻薩諸塞灣殖民地建立計畫雖是一項殖民地商業風險投資，但他也希望藉此為新教徒中的喀爾文教派尋找一個能讓他們實現宗教自由的避險天堂，因為在查理一世掌權下，喀爾文教派向來難逃英國國教的迫害。一六二九年，這些股東在英格蘭的劍橋集會，簽訂劍橋協定（Cambridge Agreement）。某些股東暫時留守，但某些則在約翰・溫索洛普（John Winthrop）及湯瑪斯・達德利（Thomas Dudley）的領導下，展開歷時兩個月且極為險峻的橫越大西洋之旅。他們駕著一艘由木材和瀝青建造而成的九十英尺小艇，航向那一片未知（雖然此時已經有人移民到當地）的土地，希望找到波士頓和新市鎮（New Towne），也就是後來的新劍橋。新市鎮是最容易通往波士頓的渡口，和波士頓中間隔著一條被敬稱為查理河（Charles River）的河流，只要橫越這條河流的「大牡蠣堤岸」就能抵達波士頓等城市。

一如很多人所想，也正如義大利人的偉大傳統，帳冊的品質攸關所有多重合夥航海企業的成敗。這些帳冊包括總公司辦公室、船隻和貿易站等的帳冊，而以這個例子來說，貿易站帳冊即殖民地帳冊。殖民地的成敗甚至比工廠更取決於會計帳冊，因為一個商人若無法親自進行調查作業，要如何評估一項遠在天邊的投資案的效益？在五月花號公約簽訂初期，第一批清教徒前輩就因其財務人員未能切實記錄帳目而遭遇到許多會計問題：「馬汀先生說他無法也不會交出任何帳目；他高分貝地抱怨沒有人感謝他的痛苦和細心，還怨恨我們懷疑他，並因此憤而離去，什麼帳目也沒有留下。」一六二九年時，為了計算麻薩諸塞灣公司欠每個合夥人多少錢，相關人士進行了一次查帳作業：「但因為這家合資股份公司積欠了龐大的債務，所以應該趁政權尚未移轉前，先採取一些釐清的措施；而為達這個目的，試著查核帳目，看看它究竟共有多少負債，應該是適當的。」事實上，帳目顯示北美各地的殖民地雖有能力創造巨額的財富，卻也經常呈負債狀態。某種程度來說，美國早期的歷史——包括宗教、殖民主義、貿易、奴隸制度、教育和哲學——就是和管理那些債務有關的會計史。從一六三六年起，麻薩諸塞灣公司便著手針對財務人員的帳目展開「查核作業」。無獨有偶地，同樣的情況也在荷蘭殖民地發生；一六五一年時，荷蘭在北美的多家貿易公司的董事，在今日的紐約聘請約翰尼斯・迪克曼（Johannes Dyckman）擔任「新荷蘭的簿記員」（Bookkeeper in New Netherland），負責查帳事宜。[1]所以說，美國的開國元勳不僅是宗教理想主義者、商人、走私者、哲學家和奴隸販子，也是會計師，他們基於利潤、上帝乃至美國人民的考量而關注會計事務，直到那時，世界上還沒有一個國家是在一個簿記人員的監督下建立。

然而，此時的美國和英國終究不同，它還不是一片以商業為主軸的土地，而是屬於農業的土地，那裡只有農田和林地。這裡的人不常用複式分錄會計法，事實上，真正的貨幣也很少見（而且混雜使用非常多元的貨幣，如幾尼（guinea）、小銀幣和西班牙元（Spanish dollar，美元一詞就是衍生至此）），尤其是殖民初期。多數城鎮都很小，而且只有少數居民繳稅，因為有些人是透過走私賺錢，且絕大多數的交易是透過以物易物的方式進行。[2]

但無論如何，美國的菁英人士和都會階級終究來自英國，那是一個歷經財務革命的世界，所以不管是地主或商人，英格蘭人或蘇格蘭人、法國人、德國人、荷蘭人、瑞典人、瑞士人或甚至某些猶太殖民，都帶著他們的商業會計傳統來到這一片土地。早期的清教徒商人本就精通簿記，舉個例子，一六五三年擔任麻薩諸塞議會常設法院議長，也是個軍人的裁縫師羅伯・凱因（Robert Keayne）寫過一段文字來描述他自己的會計帳冊：「第三是用白色的上等羊皮紙裝訂起來，我隨時都會在上面節錄多數帳目的總額，那些是我自己和其他人之間的帳目，雙方的帳目必須平衡；另外，我也記錄自己透過船運從事冒險活動的帳目及相關利潤；還有我在上面記錄一個負債帳目，記錄我積欠哪些債務，還有這些負債的清償狀況等。」在當時的美國各大城市，會計文化蓬勃發展的盛況一點也不亞於英格蘭。一七〇〇年代初期，美國多數大型城鎮陸續成立英國式的「書法學校」，這些學校的廣告也宣稱它們教導學生學習「商人的帳目」。到十八世紀下半葉時，殖民人口已暴增到二百萬人，居住了兩萬個移民的費城也成為英國領土內的第二大城市。到了這時，不管是波士頓的書籍銷售商、費城的貿易商，乃至南方的農場主人，幾乎全都懂得英國式的十八世紀簿記作業。[3]

早期在美國流通的英國會計教本非常多，其中很多殖民地圖書館都能找到約翰・梅爾的《條理分明的簿記方法》，當時會計教學通常是在家庭裡進行，而且常採用諸如梅爾所著的那種教本。費城圖書館公司（Library Company of Philadelphia）館藏一本第八版的《條理分明的簿記方法》，上面還有藏書者的簽名，包括書本主人「山姆・麥可（Sam Mickle），一七七六年」和他幾個繼承人「喬治・麥可（George Mickle），一八三〇年」，以及「約瑟夫・麥可・福克斯（Joseph Mickle Fox），一九〇六年」。到了一七九〇年代，美國人撰寫的會計教本才開始在貿易首都費城出現。湯瑪斯・塞爾詹特（Thomas Serjeant）所著的《帳務室簡介》（*An Introduction to the Counting House*）是一七八九年在美國出版。不過，梅爾的書在市場上依然佔有支配力量，因為這本書將複式分錄會計法宣傳為一種記錄「商人帳目」且可供農場主人使用的工具。梅爾警告，如果不使用複式分錄會計法，就很難利用會計來管理財產、農田甚至政府。梅爾向社會上的所有階級宣傳，複式簿記是「認真經營事業」、建立殖民國家、從事貿易、經營農業和管理家庭生活的好用工具，而且提出非常多例子，甚至舉了「煙草殖民地的建立與商務」等極為具體的範例。[4]

羅德島普羅維登斯（Providence, Rhode Island）的歐巴迪亞・布朗（Obadiah Brown）曾擔任船長，他家裡的長輩就是用一本英國會計教本來教導他學習會計。他早期的會計作業是採用單式分錄，雖然相當雜亂，但已經算很有效率，布朗把他的帳目和個人的日記融合在一起，加入家族企業後，他透過可可亞、甘蔗酒、糖漿和奴隸等業務賺到一筆財富。之後，布朗家族的幾名後代成員陸續成為十八世紀中葉的學術界人士，並在一八三三年時利用他們從貿易活動賺來的錢，協助將羅德島英格蘭殖民浸禮教學院（Baptist College of the English Colony of Rhode Island）改制為布朗大學（Brown University）。[5]

在美利堅共和國建國初期，會計在開國元勳的生活中扮演著舉足輕重的角色。諸如約翰・漢寇克（John Hancock）等商人被送到倫敦，以學徒的身分學習會計。漢寇克的帳冊裡犯了很多錯誤，不過這些帳目的涵蓋範圍卻非常廣泛，而且從中可看出他從事英國海外貿易的背景。另外，在戰爭期間，他還利用這些技巧賺取不當利益，最後累積了一筆財富。不過會計不僅是一種致富管道，以班傑明・富蘭克林的案例來說，會計形塑了他的世界觀，也是建國的核心工具。[6]

社會學家馬克斯・韋伯在《新教徒倫理與資本主義精神》（*The Protestant Ethic and the Spirit of Capitalism*，一九〇五年）一書中，以班傑明・富蘭克林為本，闡述新教徒資本主義者的特質，只不過活在現代的我們應該都會覺得韋伯以富蘭克林為藍本的作法，多少有那麼一點諷刺。韋伯主張的工作倫理理論就是以複式簿記法為核心，因為他認為這種簿記法是「理性的」。韋伯引用富蘭克林的名言：「時間就是金錢」和「信用就是金錢」，另外他還引用富蘭克林有關會計與節約的財務格言來作為最主要的範例。韋伯的結論是：「努力賺錢」和「摒棄自我滿足」的習性，不單單是對資本家非常有幫助的工具，也是一種神聖的喀爾文教派倫理。另外他還引用聖經：「你看見一個勤奮經營事業的人嗎？他必站在國王面前。」（箴言22：29）[7]

就某個層次來說，富蘭克林確實是世上最勤奮且最有創業精神的人之一，當然他也絕對是個多才多藝的天才。從他的會計帳冊便可看出他如何以會計為中心，妥善安排生活中的大小事務。身為一個學識淵博之人、發明家、印刷商、商人、科學家、音樂家、政治人物、作家、愛書人、學者、記者、哲學家、外交官和一家之主，富蘭克林對會計的看法顯然和十七世紀生活在法國的柯爾貝爾相去不遠：他們都把會計當作組織化安排眾多不同事業的原則。他一開始是以印刷商學徒的身分學習會計，從此會計便在他的生命中佔有重要的一席之地。他為他的家族企業和家庭記錄帳冊，擔任英國殖民地郵政總長（Postmaster General）時也記錄帳目，另外，他代表羽翼未豐的美國執行外交任務時，也會記錄帳目。

年輕的富蘭克林在費城經營印刷業務時，就養成了記錄分類帳的習慣。富蘭克林很羨慕懂得複式分錄會計法的人，他在他的《自傳》（*Autobiography*，一七七一年至一七九〇年）中提到，複式分錄會計法是一種偉大的美德。他描述他的友人、未來的詩人與作家詹姆斯・拉爾夫（James Ralph）是如何精於複式分錄：「他認為自己絕對有資格稱為複式分錄的專家，因為他寫得一手好字，而且精通算術與帳目。」[8]

富蘭克林在他一七三五年至一七三九年間的商店帳簿帳目中，巨細靡遺地記錄了所有銷售與交易，當中的分錄包括「一份日曆」、「為漁夫克里斯多福提供的一盎司墨水」，以及「借給波士頓來的陌生人」的六便士借項等。富蘭克林對他雇用的一名短工（這名工人本身不記帳）的荷蘭籍妻子留下深刻的印象──「在荷蘭出生與成長」，會計技巧很熟練，有能力經營一家印刷店。因此富蘭克林建議所有女性都應該接受會計訓練，這不僅是為了讓她們具備協助經營事業的能力，也為了將會計知識傳授給下一代，因為會計「帶來持久性的利益，並讓家庭變得更富裕」。[9]

這就是新教徒工作倫理的理想之一：透過會計的紀律來學習，並將會計視為一種家庭工作倫理，傳授給女性和子女。事實上，在富蘭克林眼中，會計是維持生活秩序的關鍵要素。一如在他之前的耶穌會會士，會計不僅協助富蘭克林維持財務秩序，也讓他的思想、寫作和道德生活變得更有序，因為他記錄道德帳冊，並用帳冊裡的欄位來清點自己的美德和缺點：「帳冊有十三條紅線，畫上和這些紅線交叉的欄位，在每一行的起點標記其中一項美德的第一個英文字母。」富蘭克林也相信，在等待上帝的審判前，應透過會計作業來維持謹慎的態度。

不僅如此，富蘭克林相信應該將會計納為機構管理的一般性工具，當然，工具本身應視特定企業的特殊需求量身打造。具體來說，富蘭克林在一七五三年接任殖民地皇家郵政的郵政總局長（這是個肥缺）後，便著手設計一套系統，協助各地方的郵政局長記錄複雜的郵件會計作業。富蘭克林在《來自班傑明・富蘭克林與陛下的整個北美大陸疆域的郵政副總局長威廉・杭特先生的指示》（*Instructions Given By Benjamin Franklin, and William Hunter, Esquires, His Majesty's Deputy Post-Masters General of all his Dominions on the Continent of North America*，一七五三年）中，概述要如何管理一間郵局。對地方郵政局長來說，郵件的管理重於一切，他們必須維持「良好的郵件秩序」，確保信件的密封，以免不相干的其他民間人士看到這些信件。不僅如此，每一封信都必須蓋上戳章並課徵稅金，因為很多信件是官方信件，有些還內含應稅商品。再者，包裹裡經常裝著類似珠寶等物品，所以必須將郵遞物的價值列入考慮。郵政局長安排與管理其郵政辦公室的唯一方法，就是善加記錄所有信件與包裹的帳目。富蘭克林指出，他印了一些有助於各地郵政局長更容易完成會計作業的表格，並將這些表格廣寄給各個局長，好讓整個管理流程變得更輕鬆。[10]

富蘭克林在一份管理與組織理論的基礎教材中，解釋要如何記錄這些複雜的帳目：將郵局裡收到的信、送出的信和在局內逗留的信，根據不同郵票面額、稅金價值與類型加以區隔並記錄帳目，相關費用付訖與否也必須記帳。就這樣，富蘭克林不只創造了一份記錄郵件帳目的教本，印有一些實例來說明如何記載；也解釋了郵局的複式簿記方法，它既是一種管理方法，也是一種數學。無論怎麼說，這是史上最創新的會計教本之一，因為它是專為複雜的公署系統而設計，包含詳細的具體支出清單，而且尚未付款的信件需「記錄在借方」，其他雜項與無法投遞的信件外加收入則「記錄在貸方」；他還在這些指示上署名「B. Franklin」。[11]

他知道這些指示非常複雜，地方郵政局長可能不容易切實遵守所有指示，所以他還製作了一份預定要貼在各郵局牆壁上的大字報（直徑兩英尺、高十八・八英寸的摺頁海報），以摘要的方式在大字報上解釋他的所有指示，上面還附上實例和縮小版的複式簿記說明。就這樣，早期美國所有郵局的牆壁上都貼著複式分錄的說明書，上面詳列複式分錄的使用指示。總之，富蘭克林不僅讓殖民地的郵局得以順暢運作，也將他指揮與管理世界的觀點散播到各地。[12]

不過，儘管富蘭克林擁護工作倫理（早睡早起等），但他籌劃的某些會計專案或許還隱藏著不可告人的動機，具體而言，他教導女性學習會計的熱誠產生了一個和延後滿足的倫理不怎麼一致的結果。他的妻子黛博拉・瑞德・富蘭克林（Deborah Read Franklin）早年負責在費城店面的櫃台裡記錄他們的帳冊，她先將所有銷售交易全數記錄在帳冊裡；接下來，富蘭克林會將黛博拉的商店帳冊和他自己的交易日記帳上的分錄，以正規的形式轉登到他的主要分類帳。他記錄借方欄位和貸方欄位、編頁次，而且一如他事後提到的，一七五七年為了一項政治任務前往英格蘭前，「我已經在這本帳冊的所有已結清或不可能回收的帳目畫上一條紅線」。由於當時的美國還是一個非常不成熟的國家，所以一七七四年妻子過世後，富蘭克林便離開美國，到法國擔任大使，自一七七六年至一七八五年這十年間，他在那裡過著非常豪奢的生活，而且和某些最美麗且最幹練的巴黎女性交往。[13]

富蘭克林到歐洲執行過許多外交任務，而他也針對其中多數任務記錄扼要的帳冊。在巴黎安頓好後，富蘭克林就在相當今日第十六區，位在巴黎西邊塞納河畔的小村莊帕西（Passy）建造了一座鑄造與印刷廠。一七七九年時，富蘭克林為了美國的利益而印製許多宣傳小冊、漫畫作品以及史上第一批美國護照。他也製作了史上第一批美國鉛字字體（typeface），稱為「富蘭克林鉛字（le Franklin）」，他運送了兩次才突破英國的封鎖，將這套鉛字送回美國。當富蘭克林終於完成他的鉛字字體時，他非常開心，從富蘭克林的「現金帳冊」記錄便可見到，他以慶祝美國獨立日為由，在帕西舉辦了一場豪華晚宴，晚宴裡有「超過一百瓶葡萄酒」，以及相當豐盛的法國夏季鄉村好菜。這場盛宴的會場上非常應景地懸掛著美食家兼戰爭英雄喬治・華盛頓（George Washington）的畫像，富蘭克林甚至印了邀請函給自己。由此可見，富蘭克林一點也不覺得有必要延後滿足；所以問題不是出在巴黎玷污了這個偉人，而是即使一個人能維護優良的分類帳，也不見得代表他絕對會時時嚴守新教徒的道德生活標準。[14]

雖然會計是富蘭克林生活中的重要支柱之一，但他後來卻漸漸厭倦會計，有時甚至未能把某些政治敏感局勢的帳目記錄下來。身為美國駐法大使，富蘭克林犯了非常多會計上的錯誤（他曾不小心把一筆四百萬元的法國貸款提報為三百萬元），而且在執行重大查帳作業時，如果過程中發現相關作業過於繁重，他就會索性放棄。在雅克・內克爾發表《上呈國王的帳目報告》那段期間，富蘭克林也和他有過書信往來，不過同時他也必須和偏執的皮耶—奧古斯坦・德・博馬舍（Pierre-Augustin de Beaumarchais，一七三二年至一七九九年）協商幾筆對美國的貸款。博馬舍是《賽維亞的理髮師》（*The Barber of Seville*）以及《費加洛婚禮》（*The Marriage of Figaro*）等知名作品的創作者，也是個諷刺詩作者、製錶人、發明家、軍火商、間諜和路易十五（Louis XV）的法國密探，負責為美國革命提供資金。富蘭克林常抱怨這個天才對手不是個優秀的會計師，他在一七八二年八月十二日寫給羅伯・莫里斯（Robert Morris）這位大權在握的美國財政監督人

（Superintendent of Finances）的一封信裡，描述他和博馬舍交涉過程中所遇到的困難，並且表明希望當局指派一名特派員來結算歐洲的政府帳目，因為他認為這個特派員「和博馬舍交涉的結果應該會比我去交涉更好。他總是鄭重承諾要在兩三天內提出帳目，但常常過了很多年也沒有兌現承諾，事實上，我懷疑他根本就沒有好好記帳，才會拿不出帳目」。富蘭克林體認到，在政壇上，會計不見得達到期望中的成效；不過，以他自己來說，他還是對帳目有信心，他向莫里斯打包票，經過查帳後，國會一定會通過他的帳冊。無論如何，美國很幸運，因為負責打理美國國際財務與貸款的人是富蘭克林，而他算是非常熟練且有原則的會計師。[15]

只不過，並非所有美國開國元勳都是專業的商人、金融家或工業家，事實上也並非每個新教徒都是。雖然諸如湯瑪斯・哲斐遜（Thomas Jefferson）等農場所有人利用繁雜的帳目來經營農場並管理自家貿易，但他們並不是韋伯事後所描述的那種完美新教徒；換言之，他們不見得節約，也不見得有多麼勤奮工作。舉個例子，哲斐遜是個勢利的地主，他非常羨慕十八世紀的法國貴族，所以一向喜歡模仿那些貴族的高調生活方式；不過無論如何，會計依舊是美國初期移民和奴隸主人生活及倫理中的核心要素。在當時，奴隸制度和會計作業可說是完美搭檔，一如約書亞・瑋緻活的例子所示，帳目讓人得以輕鬆將一個童工或奴隸的勞力轉化為欄位中的數字。奴隸們被鎖鍊綁在一起，用船送到美國，而主人則像買賣商品一樣買賣奴隸，也像記錄商品帳目一樣，將奴隸的買賣記錄在帳冊的欄位裡。其中，專事奴隸貿易的皇家非洲公司（Royal African Company）就是採用複式分錄分類帳來記帳，而跨國海運貿易的特有本質，讓複式分錄成為奴隸貿易，這項經由大西洋貿易路線訂購與運送的人類資產，得以獲取利潤的必要元素。16

富有、學識淵博且熱愛奢侈品、科學、建築、書籍和美食的哲斐遜，一直都保有記錄會計帳冊的習慣，他記錄的內容巨細靡遺，且時間長達六十年，他將生活中的所有瑣事和價值觀，透過這些帳冊全部記錄下來。其中，他將某一本會計帳冊標記為「不可或缺」，那是專門記錄書籍和葡萄酒的帳冊。他的會計帳冊除了作為記錄數字之用，也扮演日記的功能，他在當中寫下很多細節，像是為過世的姊妹建造墓穴的價格和相關的建造計畫，還有一筆是為某個奴隸建造墓穴的費用：「位於蒙第賽洛（Monticello）的一半墓地可能會適合……我自己的家人使用……另一半給陌生人、僕人等使用……我特別鍾愛的那個忠誠僕人墓上，應該安置一顆錐狀的粗糙岩石……底座磨平，好刻上碑文」，他還附上自己作的詩，一首以一七七一年的時代背景而言，相當詭異的抒情詩《為一名非洲奴隸寫下的碑文》（*Inscription for an African Slave*）。哲斐遜拉得一手好小提琴，所以他的帳冊裡也註記了「琴弦」的成本，還記錄他和妻子在牌局和十五子棋（backgammon）棋局中輸了多少錢。透過哲斐遜的日記，我們可以清楚見到這位不盡然對使用奴隸感到後悔，卻稱得上是美國最偉大且最具影響力的現代人類自由與民主思想家，如何冷酷地計算人類生命的價值。誠如他在一八一七年所寫的：「買了一匹馬……淺棗紅色……前額有一個星狀，鼻子被削掉一點點，右後腳是白色的……一百二十美元；買了一名黑人女性露克瑞塔，附帶她的兩個兒子約翰與藍多爾，連同她肚裡懷的那個孩子，總計一百八十美元。」在哲斐遜的會計帳冊上，最後幾個分錄記載了「馬術秀」、「向艾梅特醫師買一本書」「向李買小牛肉」「向艾薩克買起司」等付款。[17]

喬治・華盛頓和哲斐遜一樣，都是非常紳士的早期移民，也是奴隸主人，不過華盛頓對他的會計帳冊又更加用心。他受過日常會計作業與粗略複式分錄的訓練（從他的圖書館裡嚴重磨損的約翰・梅爾會計教本便可略窺一二），而且他的帳目別有意義，因為他負責管理獨立戰爭的費用，這不管從軍事或財務管理的角度來說，都是一件吃力且艱難的工作。後來在亞歷山大・漢米爾頓（Alexander Hamilton，一七五五年至一八〇四年）的協助下，他成了美國第一任總統，負責管理軍隊與政府的大額資金，也負責管理他妻子瑪莎（Martha）的巨額財產和他的許多奴隸，這樣的例子在早期的美國很罕見。美國國會圖書館的館藏裡收藏了華盛頓自一七五〇年至一七九四年間的會計帳冊，包括專業生涯與個人的帳冊。和哲斐遜的帳冊類似的是，透過華盛頓的帳冊，我們就能約略揣摩到他的公職與軍旅生活的輪廓，以及他身為地主與使用奴隸等的生活狀況，和生活上的奢侈享受。[18]

儘管華盛頓是個優秀的會計師，還是經常為了帳目而頭痛。從一七七五年八月至一七八三年九月，他的總收入是八萬零一百六十七英鎊，但他卻因為無法算出這筆收入當中有多少來自企業的經營利潤而沮喪不已。不過，華盛頓的會計技能還是熟練到足以算出「遺失、遺竊或正常支付出去的現金」，而且他會在能力可及的範圍內平衡他的帳冊。他的民兵與革命戰爭帳目也是採用相同的作業模式，事實上華盛頓自己的幕僚和士兵都很崇拜他的管理技巧，因為他就是憑藉著這些技巧打敗英國。[19]

不過，華盛頓的帳目也透露了其他資訊：華盛頓記下了他過於不節制的個人費用，以及戰爭期間多筆幾乎是衝動購買的奢侈品支出。一七七五年，華盛頓的律師艾德蒙・潘德爾頓（Edmund Pendleton）為他撰寫了一篇拒絕接受以五百美元的月薪擔任大陸軍總司令的聲明：

> 閣下，關於薪資，我懇請允許我鄭重向國會宣告，任何經濟考量都無法誘惑我接下這個艱難的職務（想想我將因此犧牲掉原本輕鬆愉快的居家生活）。我並不想透過這個職務賺取任何利潤，我定當精準記錄我的費用帳目，而我想他們應該不會不允許我報銷那些費用，這就是我的所有期待。[20]

一七八三年，華盛頓的對手指控他透過戰爭牟利，於是他採取一個非常手段，將他的《一七七五年至一七八三年革命戰爭費用帳目》（*Revolutionary War Expense Account 1775-1783*）交給國家查帳人員，他推想，這樣就能透過查帳人員的手，將帳目公開給大眾。華盛頓在當中計算了他個人在戰爭期間的費用，並要求國家支付十六萬零七百零四美元的現金給他，這筆錢約當目前的幾百萬美金，不過相關的帳目多半都非常詳細。華盛頓在帳目的結尾處寫了一段個人的註記，他解釋，他原本覺得沒有必要公開自己在戰爭期間的個人支出，不過基於「我國公共事務層面當前的尷尬局勢」，他目前感覺自己「有義務」這麼做。他提到「政府付給我的金額」，「遠比我附上的收據金額少」，他的意思是指他動用自己的錢墊了非常多費用。後來政府的查帳人員也同意他的說法，只不過他們發現美國政府短付給華盛頓將軍的款項還不到一美元。[21]

華盛頓對大眾公開個人會計帳冊是非常大膽的作法，只不過這或許也是必要的政治行動。事實上華盛頓在革命戰爭期間的數萬美元支出，很多是花費在奢侈品上，當時軍隊的將軍一個月的薪資也才一百六十六美元，而華盛頓基於榮譽感，放棄了戰爭期間的四萬美元薪資，問題是，戰爭是一種高風險的冒險行動；華盛頓應該沒料想到自己會打贏這場戰爭，而如果他戰敗，英國有可能會吊死他。基於他承擔了非常高的風險，所以他花起錢來也毫不手軟：他花了幾千甚至上萬美元購買馬德拉（Madeira）葡萄酒、高貴的桌布、最優質的英格蘭製馬車、豪華衣物和棉紗，並享用豪華的晚餐。一七七六年七月二十四日至八月六日間（當時他待在紐約市），也就是在長島之役（Battle of Long Island）爆發前，他的帳目顯示，他連續舉辦了一系列狂歡宴會，而且還特別為了這些宴會聘請一名法國主廚。他在宴會中享用鴿子、小牛肉、果汁汽水、蛋、數打極為昂貴的酸橙、鴨肉、越橘和無限量暢飲的馬德拉葡萄酒，每一場宴會的支出都大約是他麾下一名將軍的五倍月薪。另外，光是瑪莎・華盛頓到他的冬季駐防地參訪的費用，就高達二萬七千六百六十五・三美元，這筆錢佔他的戰爭預算極高的比重。所以不意外地，華盛頓在戰爭期間整整胖了二十磅。[22]

雖然華盛頓非常縱容自己，但他也勇於採取內克爾和沃波爾所不敢嘗試的行動，他對外揭露自己的實際帳目，神奇的是，他的權力竟完全未因那些奢侈的開銷記錄而被削弱。另外，他也完成了其他人鮮少有能力完成的事——他打贏了戰爭，並建立一個國家。這個非凡的成就當然讓他一擲千金的帳目顯得比較不那麼刺眼，一七八九年四月三十日，也就是法國革命爆發前一個多月，他被選舉人團（Electoral College）推選為美國第一任總統，他理當終生擔任這個職務，但儘管他熱愛豪奢的生活，卻不戀棧權位，只擔任這個共和國兩屆的總統。

對美國來說，開國元勳擁有會計學養絕對是好事一樁，因為這個年輕的國家是在戰火和債務之中誕生。一七七六年時，流通金幣和銀幣還非常稀少，國會在一七八一年發行了二億四千一百五十萬美元的紙幣，但後來這些紙幣貶值到只剩面額的百分之二，於是國會開始透過國內貸款和借據，借錢來購買食物和軍需品。由於個別州的債務超過二億美元，故諷刺的是，國會只好向已破產的法國貸款。在那裡富蘭克林運用他強大的影響力，借到了接近八百萬美元，但這些貸款比國內貸款嚴肅得多，因為美國必須以面額還款給法國，而不是用毫無價值的紙製大陸幣（Continental dollar）還款。[23]

到一七八〇年時，公共債務已嚴重到幾乎吞噬這個年輕的國家，很多人擔憂如果美國無力還款給法國，法國將會要求美國拿一大片美國國土來償債。這樣的擔憂並非空穴來風，此時的公共債務已威脅到國家的存亡，這是史上首見的狀況，於是國會向美國最頂尖的國際貿易家求助，他就是費城商人羅伯・莫里斯。

莫里斯生於一七三四年的利物浦（Liverpool），他可說是十八世紀典型國際商人的縮影。十三歲時，他父親搬到馬里蘭州從事煙草經銷業務，莫里斯則被送到費城的一家商業公司當學徒，這代表他會在那個商店賣場學習會計和財務的基本知識。他的財富來自運輸、土地、工廠、走私、證券、奴隸和糖等業務；另外他也投資密西西比的幾座奴隸農場。即使戰爭期間美國經濟停滯不前，通貨也大幅貶值，莫里斯的財富卻不減反增，據說他的財產高達數十萬英鎊，和約書亞・瑋緻活不相上下。莫里斯精通複雜的國際財務交易，而當時幾近破產的美國政府正迫切需要那樣的專業人才。

就在大陸軍耗盡所有軍需品，甚至窮到連制服都無法汰換時，莫里斯適時伸出援手，為革命戰爭提供資金。不過，莫里斯在為國家提供他深厚的財務知識時，多半秉持一個堅定的理念：若美國想要清償債務，並為軍隊取得迫切需要的貸款，就必須設法證明它有善加管理帳冊的能力。這樣的想法聽起來似曾相識，身為費城最具領導地位的商人，莫里斯不僅是個遵守英國傳統的商人，也是個創新的金融家，所以他也是雅克・內克爾的忠實讀者和崇拜者。

一七七六年時，國會成立財政部，並指派一個審計長和一個由稱職的助理和職員組成的審計團隊。所有公共支出的帳目都得經過兩個不同辦公室的兩次查核，收據副本也必須交給負責管理財政部日常作業的審計員保管。一七七九年時，財政部理事會成立，由兩名國會議員和兩名外部成員組成，審計長則負責記錄理事會決議和該會的帳目。[24]

不過，馬上就有人抱怨這個流程起不了作用，誠如審計長本人所言：「這個機關遭遇到很多阻礙，我們雖很想快速結算公共帳目，但經常無法達成目的。」一七八〇年時，一篇國會委員會報告提到，「整個部門充斥不合作的惡棍。」那篇報告的結論是，財政部理事會應該解散，改由一個人負責即可。一七八〇年時，維吉尼亞州代表約瑟夫・瓊斯（Joseph Jones）宣布：「我們的財政需要一個內克爾來管理與改革，我相信莫里斯是我國最有資格且最有能力應付此等艱難任務的人選。」於是一七八一年二月七日，國會指派莫里斯擔任美國的第一任財政監督人，華盛頓堅信，他這個有錢的朋友能夠「藉由任何神奇的技巧……帶領我們走出財務崩潰的迷宮，逐漸復原」。[25]

雖然美國的局勢相當糟糕，但莫里斯知道，世界上還有一個地方的財務狀況遠比美國更錯綜複雜且嚴峻。莫里斯研究雅克・內克爾在法國推動的會計改革，同時研究內克爾的幾項提議：藉由將稅收制度中央集權化，以及教導稅款包收人與財務官員學習複式分錄等方法，達到提高政府收入的目標。內克爾是在一七八一年發表《上呈國王的帳目報告》，而莫里斯則是在法國的內克爾（與柯爾貝爾）之後，被冠上了國家財務監督人的頭銜。後來莫里斯寫信給內克爾，向他尋求建議，並表達自己「追隨一個大公無私且成功如內克爾先生的財務人員的腳步……的熱切期許」。但一如內克爾，莫里斯被諸如湯瑪斯・潘恩（Thomas Paine）等人物指控為貪腐的「財務人員」；不過政府很需要莫里斯，所以它也賦予這個監督人「絕對的權力」來管理他的會計師團隊。[26]

莫里斯仿效內克爾，在一七八二年發表了《公共財產之收入與支出概觀，經由財務監督人授權，自他進入財務行政管理機構至一七八一年十二月三十一日為止》（*A general View of Receipts and Expenditures of Public Monies, by Authority from the Superintendent of Finance, from the Time of his entering on the Administration of the Finances, to the 31st December, 1781*，費城：戶籍登記處，一七八二年）。自此，美國開始向法國借錢，用以償還對英之戰的負債，相關收入（多半來自向法國的貸款）和支出的分錄幾乎全數和軍需品有關。莫里斯的結論是：「十二月三十一日公共財政部的餘額」是八十五萬二千六百五十・五九美元。

莫里斯的《帳目報告》和內克爾的不同，因為相較於法國，美國的預算數字非常低。除此之外，一七八一年時，莫里斯還不知道內克爾的數字已剔除了超過二千五百萬里弗爾未予說明的債務，且內克爾一直都沒機會落實他在《論法國財務行政管理》（*Treatise on the Administration of French Finances*，一七八四年）中所詳述的財務改革；不過他提出的改革概念最終激起了莫里斯以及諸如席拉斯・迪恩（Silas Deane）與亞歷山大・漢米爾頓等政治人物的鬥志。

莫里斯的目標是要重建公共信用，以取得戰爭用的貸款，在他的領導下，美國基於舉借債務的目的建立了財務行政管理組織，為了能順利舉債，莫里斯必須重建財政部的查核制度。莫里斯的改革呼應了內克爾的期許，並和法國革命政府後來實現的成就互相輝映，他訓練手下的職員，「每一筆帳目都必須先以一個特定形式表達，這麼一來，一旦一個職員熟悉這個形式，就能以相同的流暢度檢核公共帳目。」另外，所有職員和審計員都必須接受「查驗」，而要查驗他們，就必須要有一套清晰的中央分類帳。就這樣，複式分錄的邏輯漸漸成為美國行政管理組織的一環。[27]

莫里斯依循內克爾的改革腳步，甚至採用法國行政管理術語，聘請大陸稅賦徵收員（Continental receiver）來收稅。莫里斯依照內克爾的建議，要求每個徵收員每個月公開「在國內的新聞報紙之一」，發表每個納稅人的姓名及其繳納金額，這麼一來，所有人都能核驗帳目的真偽。他在一七八二年寫道，公布稅收資訊將勾起一般人的好奇心，讓他們想去了解哪些郡已經繳稅，哪些又尚未繳稅。除了帳目系統，莫里斯也試圖建立一種政治與財務當責與透明度的文化，這可不是一件簡單的事。莫里斯感覺「在一個自由的國度，人民理所當然要能夠取得所有和人民事務的管理有關的全部資訊，這是適當且必要的」。[28]

莫里斯本人也在隔年進一步公開發表《帳目報告》，也就是營運報表。這一次，他將四十二萬二千一百六十一・六三美元的國家稅收，詳細加以分類並予以條列，並計畫將這些報表寄給財政部、國會、華盛頓總統和在法國履職的富蘭克林。莫里斯確實履行了他的承諾，讓國家的收入增加，並因此得以舉借更多債務；不過一如內克爾，他也必須對批判他的人保持緘默，所以他公開發表的帳目，也成了他的政治工具。他後來又重新發表國家財務報表，這次的發表對象是立法機關成員，目的是要提醒他們別忘了自己的高額負債，也提醒他們別忘了償還債務。[29]

國會在一七八三年查核莫里斯的帳目時，發現他確實會定期維護優良的帳目；然而此時莫里斯只不過剛建構好財政部的行政管理制度和政府的稅收機關，接下來他還得建立一個以這些改革為中心的政治制度，因為一七八二年時，無論是稅賦或國家財政都尚未全面中央集權化。後來的聯邦黨（Federalist）運動實現了這個目標。這場運動的基礎之一是個簡單但又極端無從揣摩的概念：高階官員或人民代表需要一套經善加維護的中央會計分類帳，才有能力治理好一個國家。

羅伯・莫里斯是個優秀的會計師與財務管理人，但不是個哲學家，美國政府在起草憲法前所面臨的挑戰之一，就是要釐清如何建立一個能將莫里斯的改革奉為神主牌的哲學與政治基礎架構。唯有如此，才有辦法繼續保有國家規格的大額公共信用；而唯有如此大額的公共信用，美國才能夠在國際貿易盛行與各王國虎視眈眈的大環境中，適時保護本國的利益。因此，我們可以說，莫里斯和其他抱持相同想法的人真的很幸運，因為他收到亞歷山大・漢米爾頓寄來的求職信，漢米爾頓不但是個才華洋溢的年輕官員，也是華盛頓麾下的一名戰爭英雄。

亞歷山大・漢米爾頓是在加勒比海的尼維斯島（Nevis）出生，而且是在一個動盪的家庭教養環境下長大，他是非婚生子，母親在一七六八年過世，那一年他才十三歲。除了漢米爾頓，美國其他所有開國元勳都未曾因迫於無奈而提早就業，連富蘭克林都沒有。漢米爾頓最初是在聖克洛伊島（St. Croix）擔任會計學徒，不過他自認才華洋溢且擁有充沛的活力，所以總是感到有志難伸。他十二歲時寫信給一個友人：「我的野心很大，小職員之類的工作無法讓我擺脫卑躬屈節的條件和狀態，我輕視那樣的職務。有朝一日，我將樂意冒生命危險來提升自己的身分地位，唯一的條件是不能犧牲我的人格。」他希望「能爆發一場戰爭」。[30]

十五歲時，漢米爾頓身上只帶著幾封介紹信便啟程前往紐約，不過，其中一封信讓他順利進入位於紐澤西州伊莉莎白小鎮（Elizabethtown）的威廉・李文斯頓（William Livingston）家，他在那裡的紐澤西州學院（College of New Jersey）即目前的普林斯頓大學（Princeton）就讀，後來又在一七七三年到國王學院（King's College），即目前位於紐約市的哥倫比亞大學（Columbia University）求學。漢米爾頓是個敏銳的讀者，對古典文學與啟蒙時代哲學家如霍布斯、洛克、孟德斯鳩（Montesquieu）、布雷克史東（Blackstone）

和休謨的著作都頗有心得。漢米爾頓的會計與國際貿易專長及他對哲學的興趣，讓他得以在革命戰爭後掌管財政部，並制定一套將美國從一系列殖民地轉化為完整國家的聯邦財務計畫，內容包括一家國家銀行、鑄幣廠和有健全財源做擔保的公共債務。31

漢米爾頓身材矮小但非常英俊，他在普林斯頓之役（Battle of Princeton，當時他對著目前的普林斯頓大學拿索樓（Nassau Hall）發射一枚大砲，原本是打算轟掉喬治二世的雕像）的英雄事蹟，讓華盛頓對他產生濃厚的興趣，並進而將這頭「小獅子」收編到他的幕僚群。漢米爾頓接下這個相對高階的職務後，寫信給羅伯・莫里斯談論他協助建立美國財務制度的野心。漢米爾頓和莫里斯一樣，都非常讚賞法國那種中央集權化的財政管理制度，他寫道，法國因「偉大的柯爾貝爾過人的能力和不屈不撓的努力」而得以繁榮興盛。漢米爾頓對自由放任的概念很不耐煩，因為他認為美國的存亡取決於帳冊的平衡；他堅持美國必須向外國貸款，但要取得外國的貸款，絕對不可能採用「放任」的經濟政策，因為當時整個國家正因貿易赤字和昂貴的戰爭而苦不堪言。他主張，在這種情況下，美國政府必須從中央集中掌控財務體系的權力，否則就有滅國的風險。32

在一封現在非常著名、漢米爾頓於一七八〇年寫給紐約律師暨政治人物詹姆斯・杜恩（James Duane）的信件中，詳細描繪了他對聯邦主義政府的願景，認為這個政府應以一個中央集權化的財務與審計制度為基礎，而這就是莫里斯一直以來努力但又遲遲無法如願建立的制度。國會需要擁有凌駕在各州之上的力量，才能籌募發動戰爭所需的資金，他堅持國會「應該擁有完整的主權」，不僅是和戰爭、國防和外交相關的主權，要達到他的理想，國會就需要擁有能支應相關成本的收入。

漢米爾頓或許是想到柯爾貝爾和內克爾，所以他堅持國家應該由一系列掌握大權的大臣治理，誠如他後來在《聯邦黨人文集》（*Federalist Papers*）第三十五頁中堅持的，「就像法國的那些大臣」必須是各自所屬領域，如財務領域的專家，而且必須讓他們的權力範圍，擴及整個國家的「收入及支出總帳」。漢米爾頓了解，一本中央分類帳足以表彰國家的權力，他表示，應由國會管轄「完全掌握支出如何分配」的力量，並主張中央集權化的財務控管將「讓它掌握實權」。[33]

一七八二年，國會成立了北美銀行（Bank of North America）。一七八九年時，華盛頓希望指派莫里斯擔任第一任財政部長，但莫里斯婉拒，並建議起用漢米爾頓來取代他。漢米爾頓就是在財政部長辦公室，完成了博大精深的《與支持公共信用之條款有關的報告》（*Report Relative to a Provision for the Support of Public Credit*，一七九〇年），他在當中堅稱，公共債務是「自由的代價」，有些人將他視為美國政治圈最偉大的天才，不過麥迪遜（Madison）和哲斐遜卻激烈反對漢米爾頓那種利用舉債來支持戰爭與建設國家的想法。此時來到美國已十七年的漢米爾頓，不再是當年身無分文的會計職員，他已擁有強大的影響力。他協助設計並落實美國的財政制度，這個制度不僅以私有財產概念為基礎，也以效率稅務制度與中央國家會計分類帳等概念為基礎，憲法第一條第九項便明訂：「除法律所規定之經費外，不得從國庫提領任何款項。一切公款之收入及支出帳目與正規報告書皆應定期公布。」[34]

事後來看，很多人可能會歸納出一個結論：優質的國家會計、政治當責和有效率的稅收，全是一些虛無飄渺的目標，即使美國擁有像漢米爾頓那種具高度憂患意識的偉大規劃家和他的崇高設計，這些目標依舊難以實現。不過，即使憲法第一條第九項看起來只是複製十四世紀北義大利或荷蘭的古老基礎行政管理作業，但在十八世紀末的美國，還是發生了一些真正創新的情況。聯邦政府和不同的政治人物紛紛發表眾多版本的州政府帳目，尤其是在賓州，一七九一年時，州議會公開發表一份詳細的州財務帳目。這是一份真正革命性的報表，當中有非常多表格、計算，還列出了各項盈餘聲索權。這份報表的幾名作者提到：「我們也認為，如果負責記錄帳目的註冊總署（Register-General's Office）能切實記錄一組帳冊」，並讓所有人民都有機會翻閱這些帳冊，「將對大眾和個人有利。」所有帳目都將由同一個辦公室記錄，以美元記帳，而且必須遵守嚴謹的時間表、審計作業，另外還必須公開相關的計算內容，讓所有人民都能親自核驗。賓州審計官約翰・尼可爾遜（John Nicholson）在一七九五年的《賓州帳目》（*Accounts of Pennsylvania*）中聲稱，若能「詳實記錄與計算」稅務帳目，人民就比較可能繳稅，甚至會樂於繳稅。詳實記錄稅務帳目有助於建立信用，而且能保護財產、企業和美國的民主，這在當時是一個崇高的夢想。[35]

CHAPTER 11

# 鐵道的興起與相關的會計發展

這個專業的會計師就像是個調查員，一個尋找漏洞的人、一個解剖學家，也是一名偵探（以這個名詞最崇高的意義解釋）……他與詐騙為敵，是誠實的鬥士。

——《簿記人》（THE BOOKKEEPER）雜誌，一八九六年

到了十九世紀初，英格蘭、法國、美國、普魯士、諸如托斯卡尼大公國等義大利城邦、奧地利和其他國家，都已建構了清晰且訴求當責的國家財務制度。在先前改革階段扮演領頭羊的英國，此時還是繼續推動財政管理作業的中央集權化，包括在一八四八年賦予英格蘭銀行自主管理的責任，直到一八六二年以前，它還陸續推動其他中央集權化改革。各國開始擬定預算，針對未來設定計畫，不過那些預算與計畫多半都和巨額的軍事支出有關。經過五百年時而停滯、時而前進的歷程，在專業會計方法興起，及伴隨著

會計標準化與改革而來的政府參與度提升等情況下，現代當責國家的輪廓似乎呼之欲出。

十九世紀與二十世紀初是鐵、鋼、帝國和資本的時代，但也是行會強盜大亨、狄更斯式貧窮、財務困境、殖民地大規模屠殺，以及動輒造成慘重死傷的戰爭的年代。工業革命最終帶來了前所未見的高生活水準和大眾民主，也帶來了槍枝、火車，還有許多過分精心算計的政府，冷酷地策劃了剛果以及從馬恩（Marne）到奧斯威辛（Auschwitz）間的大規模死亡與毀滅事件。此時的會計已無所不在，但卻像變色龍般，不管是在勝利的場景或犯罪場合，都能見到它的身影。事後回顧，顯然隨著會計變得越來越複雜，詐欺的可能性也增加，詐欺手段更是出神入化；就這樣，會計在現代人的認知裡，漸漸產生兩種不同的面貌。某些思想家開始不信任會計，把會計視為一種剝削和詐欺的工具；另一派人則將會計推崇為現代理性的模型，而在領土遍布世界各地的英國，和崛起中的強權美國境內，這樣的情況最為明顯。

儘管英國在十八世紀推動相當多改革，但到一八二〇年代至一八三〇年代間，大眾抗議議會貪污的事件仍時有所聞。一八一九年時，有超過六萬人在曼徹斯特（Manchester）集結，抗議食物價格高漲、選區劃分不公及操縱選舉等問題。當局派遣一支武裝騎兵隊攻擊示威民眾，造成十五人死亡和數百人受傷，輝格黨的改革派人士抱怨，議會完全被大地主操控。一八二一年，改革派的英國國教牧師席德尼・史密斯

（Sydney Smith）更宣布：「這個國家屬於拉特蘭公爵（Duke of Rutland）、朗斯戴爾勳爵（Lord Lonsdale）、紐卡斯特公爵（Duke of Newcastle）以及大約二十個其他自治城市所有人。他們是我們的主人！」此時無論男女，各勞工階級紛紛要求選舉權，革命的幽靈正一步步逼近此時的英國，政府勢必得展開一番作為。[1]

輝格黨首相格雷伯爵（Earl Grey，現代人只記得以他的名字取名的茶葉）尋求改革英國的選舉制度，也意圖改革國家的會計方法。他認為，除非國家帳目清明，否則無法杜絕政治貪污行為。儘管歷經了十八世紀的種種改革，英國議會裡的某個委員會卻在一八二二年提到，不僅「不可能在收入與支出之間取得平衡點」，也不可能管理債務和重大政府專案，更無從了解「失誤」何在。他說一個改革後的國家，需要一套「簡單明瞭」的中央帳目。[2]

看過這份報告的人應該都會感到迷惑：為何經過數百年的會計改革和進展，工業革命的發源地英國卻依舊無法平衡它的帳冊？因為如此，改革的巨輪再度開始轉動。格雷伯爵聘請當時英國最非凡的人物之一來釐清要怎麼改革，他就是約翰・寶寧博士（John Bowring，一七九二年至一八七二年）。寶寧是功利主義哲學家傑瑞米・邊沁的信徒，也是他的朋友，邊沁過世時還指名寶寧擔任他的遺稿保管人。格雷伯爵力邀他扮演這個角色，對身為功利主義者的寶寧來說再適合不過，因為他不僅被視為英國最熟練的語言學家（據說他能講至少一百種語言），也是擁有深厚會計專業能力的政治經濟學家。一八三一年時，公共帳目委員會指派寶寧前往法國和荷蘭取經，希望他能好好檢視這兩個國家如何維護政府帳冊。

寶寧發現，此時荷蘭的財務行政管理非常不透明，且相關制度因拿破崙發起的幾場戰爭而遭受損害。其實，他最想要了解的是脫離拿破崙帝國專制統治，且歷經君主復辟後幾十年的法國。雖曾是英國的宿敵，但法國慷慨讓寶寧翻閱非常多帳目，其中最吸引寶寧的是法國的財務中央集權化制度，這個制度讓法國文官擁有一個「統一」的國家財務帳目。寶寧向下議院回報時指出，法國中央銀行（Banque de France）前總裁、此時是剛即位不久的路易・菲利普國王（Louis Philippe）的首相雅克・拉菲特（Jacques Laffitte）向他保證，法國的帳目非常優良；因此他相信法國現有的制度接近完美。而由於這個組織運作成效良好，故法國政府不僅隨時得以掌握國家的精準財務狀態，也有能力防範所有欺詐情事。這個首相還親自「用手」描繪了公共財政餘額，同時說明法國政府在前財務大臣夏布羅爾伯爵（Count Chabrol）領導下，日常運作逐漸趨於「和諧且有秩序」，一年為法國節省了八十萬英鎊的人事成本，和一千四百八十萬英鎊的國債支出。夏布羅爾利用複式分錄，製作每個月的資產負債表與年度報酬報告，供立法委員會（Commission des Comptes）與大眾檢視，寶寧證實他本人見證過這個制度的運作，從中見識到「從最高層級權責機構向下到最低層級權責機構，連續不斷地展開一系列作業與審查，再由最低層級權責機構，逐層向上統一回報到最高層級」的連鎖運作模式。總之，所有行政機關的整體「財務帳冊」全數中央集權化，且其成效令人讚賞，他也在事後的一份報告中提到，這個制度甚至有可能「完美查核」軍事帳目。寶寧後來成為香港總督，隨著各王國和工業持續擴張，所有類似寶寧這種精通行政會計帳冊的人才，益發有理由相信自己擁有支配整個世界的能力。[3]

在工業革命的所有進展中，鐵道是最革命性的一項進展，因為它不僅改造了這個世界（原本一生離不開村莊教堂塔尖視野範圍內的農奴，現在可以在短短幾個小時內抵達資本化的城市旅遊），也改造了財務會計作業與政府法規。如果寶寧認為政府已解決了政府事務管理的問題，那他就錯了，因為鐵道的發明不僅帶來偉大的工業創新，也讓財務複雜度快速上升，全新的貪腐方式也隨即跟著出現。

一八〇三年時，英國的發明家與工業家理查・特李維西克（Richard Trevithick）建造了世界上第一部高壓蒸汽動力車，他和其他競爭者將他的「吹氣魔王」（Puffing Devil），進一步發展為蒸汽動力火車引擎。從梅塞蒂爾菲爾（Merthyr Tydfil）、威爾斯到巴黎、科隆（Cologne）和費城，各地的發明家爭相建立鐵道蒸汽引擎的專利。費城的高壓蒸汽引擎設計師奧立佛・伊文斯（Oliver Evans）以文字見證了鐵路大幅改造人類空間與時間體驗的實況：「人們搭乘由蒸汽引擎拉動的驛車到各城市旅遊的時刻一定會來到，屆時的移動速度將和鳥兒飛翔一樣快，時速十五至二十英里……車廂清晨在華盛頓啟程，旅客可在巴爾的摩（Baltimore）享用早餐，在費城進午餐，並在同一天內到紐約享用晚餐。」[4]

鐵路改造了文化以及人類對時間與空間的知覺，因為鐵路將各個海岸、各地的工廠、港口、倉庫和軍營等全部連結在一起，偏遠的鄉鎮也因此得以和龐大的全國鐵路系統接軌，整個複雜的鐵道系統經由時刻表（這個名詞是專為鐵路而發明）、無線通訊和連鎖式會計帳冊等管理制度，而得以彼此連結。時速的概念也隨鐵路的發明而產生，到了一八四〇年，大英王國已經有六千英里的鐵軌，歐洲大陸及美國也各擁有七千英里。到一八七〇年代，美國鐵軌總長度已達五萬一千英里，等於英國、歐洲和世界其他所有地方的鐵軌長度總和，自此，美國也成為世界工業中心。[5]

問題是，要達成這前所未見的成長，就需要投資人提供資金，而美國境內的資本根本不足以支持美國鐵道投資所需的資金。一八五〇年代起，英國的投資人開始在紐約證交所（New York Stock Exchange）購買鐵道證券。到一八六九年時，紐約證交所有三十八家鐵道企業共價值三億五千萬美元的資本股票掛牌。有了如此龐大的資本挹注並耗用到人類史上最複雜的工業計畫，鐵道公司當然需要一套會計方法，協助統籌大規模即時運輸與貿易量。舉凡鐵軌、橫貫整個大陸的土地所有權、煤炭供給、車站、票券銷售和各式各樣的人事，包括火車餐廳到廣大運輸網所需的人力等事項，全都必須記帳與管理。鐵道各事業部的會計師團隊會將他們的查帳結果，統一寄到中央會計辦公室，他們不是採用裝訂好的分類帳帳冊，而是採用活頁式筆記本記帳，另外還採用大量製造的特殊會計帳冊、日記帳和收據，以減少重複的作業和手稿謄寫的次數。[6]

鐵道工程師和會計師必須根據特定里程使用整體鐵道系統的比例，計算該里程的票價。一八四四年時，法國鐵道工程師阿道夫・朱利恩（Adolph Jullien）以各種平均值和比率，來界定一班火車的實際經營成本。他為了計算火車票的公平價格，將經營某一班火車所有車廂的營運費用，以及每個乘客每一公里的成本等全數納入考量；而除了上述成本，他還列入行政與債務利息成本。[7]

到了一八六〇年，各鐵道公司的股東報告書，多半都已開始將各個事業部的查帳報告納入。例如，波士頓與伍爾斯特鐵路公司（Boston & Worcester Railroad）一八五七年的年報裡，就包含一份長達四頁的查帳報告，這份查帳報告就各項帳目及其記錄方式做了一番解釋：「每一個部門都負責一個有效的專案，而我們也會針對每個部門各自的辦公室，查明各個鐵道帳目代辦人中，哪個人必須為鐵道的票價或貨物運費負責。」另外，這些公司也在年報中納入一份解釋信函，這份信函根據帳目分析的結果，針對應改善的領域，如車票銷售額核驗，與因路線成本相同，利潤可能會較低的短程路線風險管理等提出建議。[8]

由於和鐵道管理有關的新需求浮現，各種創新也應運而生。班傑明・富蘭克林曾說過一句名言：「時間就是金錢。」對於必須隨時維持火車準時到站，而且必須針對永遠處於移動狀態，且恆久需要維修的資產，從蒸汽引擎乃至鐵軌等進行成本計算的鐵道產業來說，「時間就是金錢」絕對不只是一個抽象概念。鐵道管理作業包括查核、記錄和計算每天成千上萬筆的財務交易，以及將時間標準化為區段，以衡量火車的移動狀況等。最大型的紡織廠通常都有四套帳目，而一八五七年時，賓州鐵路就維護了高達一百四十四套會計記錄，而且該公司每個月還會將所有帳目匯集在一起，通常也會將帳目印出來，接著再基於年報的用途，將這些帳目編製為表格。[9]

一如國家，這些鐵道公司也設置了內部審計長辦公室，這個單位的任務是要計算利潤和虧損，以及新概念裡的「營運比率」（operating ratio）。即使有統計數字，根本問題仍在於要怎麼釐清一條鐵路需要取得多少營收，才能在支應營運成本之餘獲取經營利潤，而這也就牽涉到折舊的問題。一條鐵路要如何記錄其蒸汽引擎折舊以及廢棄鐵軌等帳目？雷丁鐵路（Reading Railroad）在一八三九年的一份報告中，計算了一部引擎的維修、折舊及燃料成本，共佔總成本八千美元的二五％。由於鐵道公司必須設法取得資金，來應付持續不斷發生的機器維修、更換需求和物料需求，所以經理人遂開始將這些成本列入營運預算的減項，但這個程序並未考慮到上述成本並非一次性的必要營運支出，而是固定發生的經常性費用。如果折舊成本被隱藏在營運預算的單一成本項目，那麼查帳人員或股東就無法了解折舊的實際成本。這代表若沒有另外編製折舊帳目報表，投資人就無法了解維護一條鐵路的實際長期成本是多少。[10]

隨著外界持續挹注資本到鐵道公司，摩根（Morgan）、范德比爾特（Vanderbilt）、古德（Gould）、洛克斐勒（Rockefeller）、朱魯（Drew）及費斯科（Fisk）等強盜大亨從中獲得了極高的利潤；不過糟糕的是，這些日益坐大的大亨漸漸對公開報導財務狀況的文化，以及政府的財務管理產生有害的影響，當國家無法取得特定實體的財務報告，或是無法解讀其財務報告，就難以對這些實體課稅。當時的大工業家們透過曖昧的公開報告來操縱自家股票，不僅如此，一般投資人也不完全了解鐵道公司的實際財務運作機制。連蒸汽船與鐵道創業家丹尼爾・朱魯（Daniel Drew）都曾坦言：「如果你不是內部人，在華爾街從事投機活動，就好像買牛時只用蠟燭檢視牛隻的狀況。」當時不僅沒有任何監督機制可要求鐵道公司為股東與大眾製作並提供精確的報告，古德、朱魯和費斯科更收買紐約和加州的立法機構，讓他們得以透過公家土地獲取利潤、從事內線交易並建立壟斷勢力。一八六七年時，馬克・吐溫（Mark Twain）寫信給一家舊金山報社，他提到：「鐵道就像一個謊言，必須不斷建造更多的鐵道，才能避免謊言被戳破。」總之，監督機制永遠都跟不上產業的進展，也無法因應產業界越來越複雜的會計方法。漸漸地，鐵道的統計數字不再合理，而是充斥一堆過度虛飾的騙局。11

那個時代的很多財務醜聞都肇因於有問題的資產負債表，而且，不僅是過度錯綜複雜的鐵道公司有這樣的問題。資產負債表所代表的權威性，讓它可用來作為客觀的證據，但也因此可以被拿來當成偽證。一八五五年，愛爾蘭金融家暨下議院議員約翰・賽德勒爾（John Sadleir）出售一萬九千股偽造的皇家瑞典鐵道公司（Royal Swedish Railroad

Company）股票；接著，他和弟弟詹姆斯（James）共同編製了一份假造的帝波拉瑞銀行（Tipperary Bank）資產負債表，表上的數字顯示，該銀行有機會發放約當投資額的六%的股利。賽德勒爾兄弟是該銀行的董事，他們利用偽造的帳目來隱瞞兩人積欠這家銀行、且無力償還的二十四萬七千三百二十英鎊債務。一八五六年時，帝波拉瑞銀行已無力償債，這時有人把詹姆斯・賽德勒爾與哥哥共同造假的那份資產負債表拿到他的面前，並強迫他在上面簽字，要他坦承他和哥哥舞弊且破產的事實。不久後，約翰・賽德勒爾在位於漢普斯特德荒野（Hempstead Heath）的傑克・史特羅城堡酒店（Jack Straw's Castle Hotel）後方自殺，被發現時，他的身旁有一瓶毒藥和一罐「苦杏仁油」。後來賽德勒爾那張瘦削又蠟黃的臉龐，被用來當作維多利亞時代金融騙子的象徵。查爾斯・狄更斯在《小杜麗》（*Little Dorrit*）一書中描寫的那個失敗的騙子「莫鐸先生」（Mr. Merdle），也是以他所謂的「高貴的無賴——約翰・賽德勒爾」為藍本。[12]

隨著資本主義逐漸蔓延到各個大陸與王國，各國政府也緩慢但計畫性地實行資本主義。大規模的鐵道管理作業製造了大量金融資訊，但也創造了可能阻礙未來發展的潛在金融醜聞和危機，正因如此，政府勢必需要擴編，才有能力管理這些巨無霸企業。鐵道凸顯了自由放任經濟體制的風險，甚至顯現出這種體系的不可行，因為如果鐵道崩潰或導致投資人血本無歸，資本主義——事實上包括政府和國家——就無法正常運作，因此監督是必要的，而此時會計師遂搖身一變，成為現代資本主義的官方監理者。政府監理單位和民間會計公司隨著鐵道產業所創造的大量會計資訊而變得越來越成熟，鐵道公司為了回應政府監理機關，或向這些機關隱瞞資訊，又進而必須修改他們的帳目。

政府不盡然擁有可查核巨大工業股份有限公司的手段，於是民間會計師遂漸漸發展成為民間企業和國家之間的中間代辦人。一八五四年時，蘇格蘭著手組織一個用來認可合格會計師資格的官方基礎架構，所謂合格會計師就是必須負責在帳冊上蓋上戳印的人，他們不僅得通過適當訓練，還要擁有足以查核帳冊的道德聲望。英格蘭後來也追隨蘇格蘭的腳步，到了一八四九年，紐約啟用了多項財務查核規定，而美國公眾會計師協會（American Association of Public Accountants）也在一八八七年成立。同一年，美國政府也成立州際商務委員會（Interstate Commerce Commission）來監理鐵道公司。[13]

這時的美國已成為世界上最龐大且最複雜的經濟體系，配合觀察大英王國的情況，或許就不難理解為何那麼多會計創新是發生在盎格魯—薩克遜（Anglo- Saxon）世界了。然而無論是當時或現代，只要是有工業和複雜貿易活動的地方，就一定需要現代會計，從那時開始，合格會計師必須在資產負債表上用印，並聲明該報表真實無誤。到了一八九九年，法國、德國、義大利、荷蘭、瑞典和比利時也陸續設立了專業的會計協會。不意外地，佛羅倫斯是義大利方面的領頭羊，它在一八七六年帶頭成立了國家會計師協會（National Congress of Accountants）；荷蘭則是在一八九五年成立荷蘭會計師協會

（Nederlands Institut van Accountants）。這些受政府監理的合格團體催生了全國性的會計學校、教科書、專業雜誌，以及民間與國家會計準則相關的監理法規。[14]

不過這並非某些人所期許的那種實證科學，直到這時，會計師和政府監理人員還是沒有權力可要求企業報導財務狀況，而且缺乏有效的法規可強制執行查帳作業。更甚的是，很多接受正統訓練的菁英，抗拒接受各種以量化標準為基礎的規定，企業、國家和專業會計協會之間的關係也沒有明確的定義。先前在財務騙局和破產案件不斷增加的刺激下，英國議會通過一八三一年的「破產法案」（Bankruptcy Act），該法案賦予會計師在破產、拍賣、清算及債務審判等情境中，扮演「官方受託人」（Official Assignees）的主導角色。到了一八四四年，英國議會還通過「合股公司法」（Joint Stock Companies Act），這項法案的目標是要監理成百上千家企業的財務，於是受過專業訓練的會計師開始試著查核企業的帳冊，但若沒有龐大的文官記帳員來配合，這件工作明顯過於繁重。英格蘭大亨、政治人物暨股票仲介商威廉・奎爾特爵士（William Quilter）在一八四九年對一個議會委員會作證時表示，查帳作業完全取決於個人判斷，而非「不帶偏見的算術任務」。此外，當時試圖以或然率來預測盈餘的技巧還非常不成熟，且一如今日預測出來的結果，純屬猜測的成分相當高，若企業不循規蹈矩，法規也不可能有效運作。[15]

個別會計師需要建立威信，大型查帳團隊亦然。一八四〇年代時，英國陸續出現幾家大型會計公司。勤業（Deloitte）、資誠、安永和托奇（Touche）等會計公司，先後在愛丁堡、英國中部地區及倫敦成立。資誠公司——今日的資誠聯合是世界上最大的查帳企業——是布里斯托爾陶工之子山謬爾・洛威・普萊斯（Samuel Lowell Price，一八二一年至一八八七年）和威廉・霍普金斯・荷利蘭（William Hopkins Holyland）及艾德溫・華特豪斯（Edwin Waterhouse）共同創辦的合夥企業，其中華特豪斯曾在倫敦大學學院（University College）求學，雙親是「有點嚴苛」的貴格會教徒，也是有錢的工廠老闆。荷利蘭和華特豪斯各持有二五％的股份，而普萊斯持有五〇％，後來這種模式成為一種慣例，在成立會計公司時，合夥人必須投資個人資本到公司。

美國是根據會計原則創國，但當時的它還缺乏足夠成熟的會計專業能力，來因應國內快速擴張的工業。一八七〇年代時，從查爾斯頓（Charleston）到羅徹斯特（Rochester），美國還是處處可見英格蘭與蘇格蘭籍會計師在查核企業的帳目記錄，其中資誠公司就是因為早期在美國市場的優異成就而顯得特別出色。一八九〇年九月十一日當天，該公司派遣路易斯・戴維斯・瓊斯（Lewis Davies Jones）在百老匯四十五號成立資誠的紐約辦公室，處理美國北部、中部和南部的業務。一八九〇年代時，J・P・摩根（J. P. Morgan）展開一系列的大規模企業合併，收購了大約三十家企業，並將這些企業合併成為美國鋼鐵暨電纜公司（American Steel and Wire）；另外他還收購五家農業機械公司，成為後來的國際收割機公司（International Harvester）。在這個過程中，摩根需要針對他收購的大量企業進行帳務查核作業，而資誠公司爭取到這件工作，也因如此，該公司一八九七年那一年的利潤，就比此前五年的利潤總和高，有了這個堅實的基礎，資誠公司也順利成為美國會計產業的領導者。[16]

不過，早期的專業會計師在不夠開化，且幾乎無監理制度的美國市場吃了不少苦頭，政府沒有能力監理鐵道公司，而這個現象促使早期的財務分析師約翰・穆迪（John Moody）興起一些念頭。穆迪就是當今的穆迪分析公司（Moody's Analytics）與穆迪投資人服務公司（Moody's Investor Services）的創辦人，他原本是公共財務資訊改革運動的參與者之一，後來他以追求財務當責來象徵這場運動。此外，他還看見一個因帳目不精確而生的市場，他認為可以透過帳目分析業務來獲取商業利益。他發表了《如何分析鐵道公司報告》（*How to Analyze Railroad Reports*，一九一二年），凸顯長久以來鐵道公司逃避當責的問題，這本書後來成為《穆迪投資分析》（*Moody's Investment Analysis*）期刊的基礎。穆迪在《如何分析鐵路公司報告》裡提到，股東就像合夥人，如果希望自己的投資能成功，就必須了解企業的真實盈餘潛力。因此，股東需要一個能夠分析「……徹底打敗時間與空間的移動財產」的統一方法，而這個方法將是以統計數據為基礎。「在耗損數十年如一日持續不斷發生、沒有起點也沒有終點的情況下，要搞懂整體運轉裝置耗損所代表的財務重要性，並不是那麼容易。」他的主要結論之一，是長期下來，折舊是衡量費用與公平價值的必要概念。[17]

其中，最重要的改革應該是他堅持折舊的計算要獨立列示，不能將之混雜在營運成本中；換言之，他主張應該將折舊視為一組固定的必要費用，而非一次性的支出。一直以來，會計師努力想要釐清「利潤是什麼？」而由於有折舊（長期維護成本）的緣故，這個問題變得更難以回答。就算一項資產能創造營收，它也可能隱藏著某些長期成本，所以它最後不僅無法生財，還可能侵蝕掉你的利潤。一八八〇年時，查爾斯・斯普拉格（Charles E. Sprague）根據會計是「價值的歷史」（history of values）的概念，創造了一種「帳目代數學」。他的方程式是：資產＝負債＋所有權（Assets = Liabilities + Proprietorship，簡化為A = L + P），這個方程式將折舊與風險也列為評估資本價值時的考量。換言之，資本、權益或所有權（也就是一個人實際擁有的東西），就等於一個人的資產減去各種負債如：債務、必要開銷和折舊。透過斯普拉格的方程式，就有可能計算各項交易並研判出財富淨額（net wealth），也就是一個人的所有財產減去所有負債，這麼一來，會計師就能算出隱藏在複雜數據組中的利潤和公平價值，特別是像鐵道公司的帳目這類複雜數據組，未受過訓練的人，根本就無法從不斷移動的資產中，區分出哪些屬於權益，哪些又是負債。到了一八〇〇年代末期，折舊成為會計理論的中心，諸如弗里德里克・齊爾德（Frederick W. Child）等會計師堅持，一定要另外設置幾個特殊帳目，目的不僅是要衡量折舊，也要用來沖銷折舊費用。他認為必須保留現金準備來抵銷（即沖銷）折舊成本，所以必須列示現金準備。[18]

但儘管上述進展和改革陸續推動，政府監理人員卻還是無法取得企業的精確財務報告，會計似乎再度變成財務與會計當責迷宮裡的「亞莉雅德妮的線球」（Ariadne's thread），在改革人士試圖抓住它的那一刻，瞬間消失無蹤。大致上來說，當時的大型企業還是拒絕公開自家帳目，一八六七年的《商務與財務編年史》（*Commercial and Financial Chronicle*）提到：「鐵道公司的財務資訊遭到隱匿，帳目也被竄改。」一如梅迪奇家族，現代的股份有限公司也會記錄只有少數受信任的合夥人有機會一窺的「密帳」。對此備受外界推崇的銀行家亨利・克魯斯（Henry Clews）建議，由官方主導訓練與認證的會計師，將有助於鞭策企業編製不具爭議性的公開帳目。不過，鐵道公司和諸如西屋電氣與製造（Westinghouse Electric and Manufacturing）等企業，既不公布年度財務報表，甚至不舉辦股東大會，一九〇〇年一份政府報告便指出，「大型企業的主要弊病在於董事對股東缺乏（公布資產負債表的）責任感」。而J・P・摩根〔鐵達尼號（Titanic）屬於他的控股公司所有〕則反過來抱怨，羅斯福總統（Theodore Roosevelt）的反托拉斯（trust-busting）改革，將會導致「每個從商者的口袋變透明」。而雖然摩根曾有功於聯邦準備理事會（Federal Reserve）的創建，並因此對防堵金融危機有所貢獻，但他也是個狡猾的商人，他透過這個透明口袋揭露的唯一財產，就是他傳奇的藏書，兩相對照，摩根簡直堪稱梅迪奇第二。[19]

也因如此，外界對金融家、工業家和政治人物經手的會計作業總抱持懷疑的態度。事實上，原本被培訓為會計師與稽核人員的世界首富約翰・洛克斐勒（John D. Rockefel ler），就曾毀譽參半地被形容為「那個沒血沒淚的浸禮教簿記員」。偉大的畫作不再將會計師描繪為榮耀的贊助者、快速沈淪的罪人或臉上帶著微笑的金融與工業首領；反之，一般人對今日會計師的印象就是穿著黑色西裝、臉部表情冷酷的專家。換言之，人們將會計師定義為嚴肅甚至呆板的財務數字仲裁者。他們的角色模稜兩可：可能有助於資本主義和政府的發展，但也可能透過竄改帳冊，妨礙資本主義和政府的發展。[20]

不過會計師當然積極捍衛自身的專業，他們聲稱這是一個正直的行業，也宣稱會計師是打擊鍍金時代（Gilded Age）貪腐文化的重要助力。一八九六年時，《簿記人》刊出一篇社論，熱情歌頌會計的偉大改革力量：「這個專業會計師是個調查員，一個尋找漏洞的人、一個解剖學家，也是一名偵探（以這個名詞最崇高的意義解釋）……他能解讀各種晦澀難解的符號，他懂得每一個塗改、爭論、附註、句號、刪節號或數字可能代表什麼意義，不管這些符號是怎麼寫出來的……他與詐騙為敵，是誠實的鬥士。」[21]

就這樣，教育改革人士和新會計專業領域中較具影響力的先驅，漸漸將簿記人員形塑為財務界的夏洛克・福爾摩斯（Sherlock Holmes）；換言之，他們將簿記人員塑造為足以讓各種財務謎團真相大白的偵探。查爾斯・沃爾多・霍金斯（Charles Waldo Haskins）是史上第一批合格公眾會計師之一，他來自一個聲望卓著的家族，是拉爾夫・沃爾多・愛默生（Ralph Waldo Emerson，譯註：美國文化精神代表性人物，林肯總統甚至稱之為「美國的孔夫子」）的外甥。霍金斯是個博學多聞的會計哲學家，他寫過很多有關財務會計與家庭會計的著作，在《商業教育與會計工作》（*Business Education and Accountancy*，一九〇四年）一書中，他對嘲笑「教育人」（men of education）的「商人」（men of business）感到惋惜。他相信，商人必須透過會計作業，和「科學人」（men of science）聯合起來，創造一個商業管理方法。霍金斯認為，從古代到他那個時代，會計一向能為受過教育的「創業家」提供一種商業上的理性主義專業傳統。22

或許是受家族文化傳統重視女性教育的影響，女性在霍金斯以會計來管理整個社會的願景裡，扮演非常重要的角色。他認為女性不會只是操持家務，也將經營企業，而且為了經營企業，女性也將開始使用會計科學。他在《如何記錄家庭帳目：家庭帳目教本》（*How to Keep Household Accounts: A Manual of Family Accounts*，一九〇三年）這部精闢著作中，描述了一段漫長的會計史，以證明會計在「家庭」生活中的應用成果，絲毫不亞於在「財務與行政管理」上的應用成果。他引用法國文藝復興時期哲學家蒙田的說法，來為男人與女人都應學習家庭管理「科學」的概念辯護。一旦家庭能科學化管理帳目，就能從根本開始，形成一個將聯邦與地方政府、商業界乃至家庭全部連接在一起的大型理性行政管理鏈。透過商學院（尤其是霍金斯自己的所屬機構紐約大學）和家庭經濟課程，經濟功利主義將可被系統化。如此看來，受過會計訓練的美國人似乎已有能力抵擋詐騙和無知的威脅。23

CHAPTER

# 12

# 狄更斯看待會計的兩難

不管被要求做什麼事，「拖拉衙門」總是比所有公共部門更早領悟出——怎樣才能逃避做這件事。

——查爾斯．狄更斯，《小杜麗》，一八五五年至一八五七年

然而，並非每個人都信服會計的理性，基於經濟騙局仍時有所聞，加上伴隨工業化而來的種種不幸，就不難理解為何十九世紀的金融圈觀察家會懷疑，會計根本不具為善的力量，也不可能實現個人與政治當責。會計師或許值得尊敬，但舞弊情事確實也相當普遍，甚至產生極大的負面影響，這些都是不爭的事實，所以說，自古以來的兩難依舊沒有改變：會計既不是足以引導人類通往健全與秩序的確定途徑，也不是約書亞・瑋緻活等工業家，和傑瑞米・邊沁等哲學家期望中，那種令人信服的道德或幸福模型。也因

如此，會計讓十九世紀的偉大作家感到左右為難，因為他們難以判斷會計究竟是一個良善的工具，還是墮落的工具。

法國作家荷諾爾・德・巴爾札克（Honoré de Balzac）在他一八二八年的小說《禁治產》（*L'Interdiction*）中，將會計描繪為最適合用來衡量「人心苦痛」的工具。巴爾札克在書中描述，巴黎行政暨司法長官帕皮諾（Popinot）不僅調查財務舞弊事件，也開發了一套會計系統，來管理巴黎第十二區的生活。這個區正好位於巴士底廣場（Place de la Bastille）上方，「鄰里居民的所有苦痛都被化為數字，並填寫進一本帳冊；他根據商人針對不同債務人設置不同帳目的作法，為每一種不幸設立一個帳目。」但他建立這個制度的目的，並不是要衡量財務、道德權利、錯誤，甚至不是要衡量幸福，而是用它來作為一種管理與監督工具，這樣的作法和柯爾貝爾相當類似。[1]

帕皮諾是福爾摩斯的前輩，他揭發很多舞弊與離奇的犯罪事件，只不過帕皮諾那麼認真管理選民生活細節的主要用意，是為了平息轄區內眾多悲慘選民的怨氣，以免他們將高漲的怨氣發洩到高貴社會人士身上。巴爾札克所指稱的「人間喜劇」微妙陰影的內心種種，對一個必須負責監理與處理巴黎街頭諸多事件，且通常是黑暗事件的法官而言，可能非常有用。帕皮諾並未嘗試去抵銷罪惡，他的會計也沒有帶來幸福，他只是將社會上的邪惡與弊病視為日常生活中的一環，在他眼中，那些邪惡與弊病就像是商業上的成本，只要設法加以管理即可。

在十九世紀的所有作家當中，狄更斯對會計師與當責的見解最貼近現實人生。在狄更斯的世界裡，會計師有幾種面貌：他們被貶抑為好心腸但不幸的職員、存心不良的騙子，或是噩夢般的官僚。他筆下的會計師包括《小氣財神》（*A Christmas Carol*，一八四三年）中，小奇姆（Tiny Tim）的父親包伯・克萊奇特（Bob Cratchit）那樣的好人，他忠誠地記錄著小氣鬼艾班尼哲・斯克魯奇（Ebenezer Scrooge）的銀行記帳室的帳冊；而斯克魯奇和他的幽靈合夥人雅各・馬爾利（Jacob Marley）也都是受過訓練的會計師。雖然薪資微薄，克萊奇特總是正確無誤地完成他的帳冊，而且以莊重的態度與基督徒的寬大胸懷，認命地接受自己的苦難。雅各・馬爾利因他過往的財務買賣而受到詛咒，他現身對斯克魯奇提出警告，向他訴說成為會計帳冊與貪婪的俘虜是多麼危險。被鎖鍊綁住的馬爾利魂魄出現在斯克魯奇面前：「它很長，像一根尾巴那樣纏繞著他；而且，它是現金箱、鑰匙、掛鎖、分類帳、契約和以鐵精鍊的沈重錢包製成（他讓斯克魯奇仔細觀察它）。」換言之，這個足智多謀的銀行家不只是被金錢困住，還被會計的分類帳和契約困住，且連他的靈魂都被這些東西禁錮。他警告斯克魯奇，若不設法贖罪，就有可能落得和他一樣的下場，而所謂的贖罪，以帕喬利的邏輯來說，就是在聖誕節當天發錢給窮人，用重視道德的基督教上帝來平衡他的道德帳目。[2]

狄更斯看見了會計的兩條路，其中一條是屬於斯克魯奇之輩的世界，另一個世界則屬於包伯・克萊奇特那種善良又誠實的職員，或在《塊肉餘生記》（*David Copperfield*）中揭發雇主尤利亞・希普（Uriah Heep）耍詐的米考伯先生（Mr. Micawber）。米考伯先生曾說過一句如今非常著名的財務老調，他的說法雖揚棄了邊沁的哲學優雅，卻明確扼要地表達了他的訊息：「年度收入二十英鎊，年度支出十九點九六英鎊，就會帶來幸福；年度收入二十英鎊，年度支出二十點零六英鎊，就會帶來悲慘。」狄更斯就是藉由米考伯先生的口，道出他的個人經驗，他的父親約翰・狄更斯（John Dickens）正好就是個會計師，在海軍發薪官辦公室擔任辦事員，狄更斯的家庭很清楚什麼叫悲慘。一八二一年時，約翰・狄更斯丟了差事，在債台高築的情況下，他遭到逮捕，被遣送到位於紹斯沃克（Southwark）的瑪夏爾西債務人監獄（Marshalsea Debtor's Prison），當時查爾斯・狄更斯年僅十二歲。一直到他爺爺過世，留下一大筆遺產讓他們償債後，父親才終於得以出獄，狄更斯就在那個監獄裡長大，因此他常到倫敦街頭尋找一些低下的雜工，賺取微薄的酬勞。

狄更斯的《小杜麗》就是以瑪夏爾西監獄為場景，他透過這本小說來描繪由財務、負債和他父親的悲慘境遇等構成的荒謬情境。書裡的威廉・杜麗（William Dorrit）和狄更斯的父親一樣，也被關進債務監獄，所以無力工作償債。在這本書裡，杜麗家族的一名友人亞瑟・克蘭漢（Arthur Clenham）懷疑自己的母親和杜麗家的不幸有關，所以他到拖拉衙門（Circumlocution Office）去打聽這些債務。這個衙門正是以英國的國庫為藍本，但這個衙門和約翰・寶寧一向引以為傲的那種自重且理性的行政機關簡直相差十萬八千里。狄更斯筆下這個虛構的原始歐威爾部（proto-Orwellian ministry）是一個充斥檔案的迷宮，所有東西進去後，「沒有一樣出得來」；不僅如此，衙門的首長泰特・巴納克（Tite Barnacle）永遠都缺席。總之，政治人物將「如何不做事的欺騙風氣」帶進拖拉衙門，並因此而臭名遠播；另一方面，掌管國家帳目的那些人則負責確保將所有帳目轉化為一堆令人無法理解的大包袱。[3]

對狄更斯來說，維多利亞女王的國庫存心維持不透明的會計作業和管理風氣，這樣的文化無端毀掉諸如杜麗先生等老實人，同時為諸如賽德勒爾那樣的騙子開了方便的大門。狄更斯以賽德勒爾為藍本，塑造了毀掉亞瑟・克蘭漢的莫鐸先生這位不朽人物，他事後也像現實生活中的賽德勒爾一樣自殺。說穿了，只有運氣能拯救狄更斯的會計師爸爸和杜麗一家，而由於完全缺乏政府或財務當責的風氣，故唯有破產能讓諸如賽德勒爾那樣的人得到某種形式的審判。

當時不僅文學作品充滿著會計的邏輯和隱喻，哲學領域亦然。舉個例子，在美國工業與財務評論家亨利・大衛・梭羅的科研項目中，會計也扮演著核心的角色。梭羅和其他超驗主義者（Transcendentalists）都是在哈佛大學求學的一神論理想主義者，他們反對工業發展，抗拒納稅，認同公民不服從（civil disobedience）概念，且反對蓄奴。梭羅沈迷於自然研究，是環保主義的先驅，他因他的著作《湖濱散記》（*Walden*，即 *Life in the*

*Woods*，一八五四年）而聞名，他在這本書中大力呼籲回歸自然，他警告，「人類之所以勞動，全是出於一個誤解」，「而且一出生就自掘墳墓」。梭羅融合了現代理性主義的清教徒式批判和浪漫主義式的啟發，呼籲世人透過冥想來追求心靈的純潔，並透過與大自然交融，來達到自給自足，他說，「開墾泥土」比建造一條環繞整個世界的鐵路更好。[4]

為了做一個「家庭經濟學」實驗，他花了兩年的時間住在麻薩諸塞州康科特（Concord）的奧爾登湖（Walden Pond）上。梭羅追尋通往純潔之路的過程之一，就是說明並記錄「生活的絕對必需品」和非必需品。梭羅是以單式分錄來概述他的帳目，他詳細描述他田裡的「產品」和所有生活費用，以及出售農田產物所收到的盈餘。他最後算出自己賺了十三點三四美元，「食物費用……雖然我住在那裡超過兩年——不算我自己種的馬鈴薯、一點點綠色玉米和一些豌豆。」雖然《湖濱散記》裡的帳目非常簡單，但梭羅的個人文件檔案中卻有一大疊和帳目計算有關的文件，這顯示他寫進這本書的所有帳目，都是經由認真計算而來。最終來說，梭羅的會計作業是走回頭路，因為他脫離了諸如瑋緻活等工業家那種「利用會計來賺取更多利潤」的邏輯，只計算在大自然中過著禁欲與崇尚精神的生活所需要的最低需求。[5]

露意莎・梅・奧爾科特（Louisa May Alcott，一八三二年至一八八八年）的雙親也是超驗主義者，和愛默生與梭羅關係密切，她也察覺到會計的兩難。奧爾科特在她的《小婦人》（*Little Women*，一八六八年）一書，闡述了記帳是一種必要的持家工具，但卻也可能為貧窮夫妻的婚姻帶來壓力：「到現在為止，她做得很好，她審慎且精確地記錄她的小會計帳本，內容相當工整；她每個月都會坦然地將帳本交給他過目。不過，那年秋天，毒蛇溜進梅格的樂園，對她展開誘惑，但不是用蘋果誘惑，而是用衣裳。」等到梅格的丈夫約翰拿出那些詳細記載各項支出的帳本，她才開始感受到真實的恐懼，他們採用聯合記帳，這意味約翰遲早會看到那些噩夢帳單，真相也終將大白。[6]

數字和數學在工業化生活所有層面的影響力越來越舉足輕重，其中或然率是保險公司營運的基礎，而統計學也成為現代社會的一環，更是判斷科學與社會狀況的基礎。法國哲學家奧古斯特・孔德（Auguste Comte）有關社會統計學的著作，用意不僅要以人類的意志來影響甚至支配大自然，也企圖以數字規則來影響與支配社會生活和工業。當時很多人都希望達到這些目的，孔德只是其中之一，數字被廣泛應用到地圖、生物學、人類行為和鐵路，到生與死的或然率，以及時間管理等。科學普及到生活所有層面後，確實為工業、科技和用藥帶來非常大的利益，但它也被用在比較不見得符合道德的目的。[7]

邊沁曾試圖利用複式分錄模型來計算幸福，而湯瑪斯・馬爾薩斯（Thomas Malthus）則在他的《論人口原理》（*Essay on the Principle of Population*，一七九八年）中，使用了數字天平的比喻。馬爾薩斯和邊沁一樣悲觀，他也相信天平的兩端會自然地彼此平衡，他利用一個生物學報應的例子來說明：在一個自然的制衡系統下，由於人類生存必需品的供給有限，加上不時會發生罪惡的災難死亡事故，因此人類的人口數將一直被維持在平衡狀態；透過這個制衡系統，「人口的優勢成長力量將遭到抑制，實際的人口數將永遠被苦難與罪惡壓抑在和生存手段相等的狀態。」馬爾薩斯就像是計算死亡率的會計師，他將「平衡」與「報應」等刻板的中世紀用語，套用到大自然法則和人口統計的新語言裡，他比巴爾札克和狄更斯更早開始努力探究以「苦難和罪惡」來平衡人類生存的概念，這樣的現代觀點雖呼應了但丁的概念，卻相對顯得無情。[8]

馬爾薩斯並非唯一經由平衡帳冊的比喻看透生死本質的人，一八五九年時，拜讀過馬爾薩斯著作的達爾文完成了《物種起源》（*The Origin of the Species*）一書。物種（species）一詞起源於亞里斯多德的希臘用語，這是用來為動物分類的詞語，不過「specie」也是中世紀用來形容金錢的用語之一。達爾文在書中闡述演化路線，與極為精密卻也極端殘暴的大自然平衡系統物種類別和清單，對他來說，他的巨著和會計的世界是彼此連結的。達爾文在加拉巴哥群島（Galápagos Islands）上記錄了史上著名的觀察筆記，另外值得一提的是，達爾文是約書亞・瑋緻活的外孫。[9]

一八七三年，達爾文的表弟、博學多聞的探險家暨科學家法蘭西斯・高爾頓（Francis Galton，一八二二年至一九一一年）發送一份問卷給皇家學會（Royal Society）的許多成員，問卷內容詢問了受訪對象平日的嗜好。高爾頓自己的興趣包括地理學、統計學，以及遺傳特質概念（這個嗜好和達爾文相同）。高爾頓不是瑋緻活的孫子，而是瑋緻活最要好的朋友伊拉斯摩斯・達爾文的外孫，他的貴格會教徒後代是透過槍枝製造而致富。以這個問卷來說，高爾頓是希望釐清能否透過日常活動或遺傳的嗜好，看出社會上這些才智過人的成員和他們的父親之間的關聯性。達爾文當然也填寫了表弟的問卷，他在左邊的欄位條列了他自己的特質，在右側的欄位寫出他父親的特質。問卷的問題包括諸如「性情」之類的，其中，針對「性情」這一題，達爾文的回答是率直到令人驚嘆的「有點兒神經質」，而回答父親的部分時，他恭敬地列出：「自信」。他條列自己的身高、髮色和眼珠的顏色、政治傾向與宗教信仰，對於「好學與否」的問題，他宣稱自己「非常好學」；不過，在父親那一欄，他又很坦白地回答：「不是很好學，思想的包容度也不是很強，除非是交談中提到的事實，是奇聞軼事的大收藏家。」這是演化史上非常值得注意的時刻：身為兒子的達爾文將自己的才華和父親的才華互抵。[10]

從這份問卷就不難理解，為何高爾頓堪稱優生學與更邪惡的人類乃宇宙中心等研究的先驅，那些研究的目的，都是為了改良一般認知裡的優良素質，正確來說，是要透過基因和社會選擇（social selection），產出一群「出身高貴」的人類。科學種族隔離在二十世紀造成許多災難性的影響，這類種族隔離矛盾的噩夢就是源自於這些研究。高爾頓最尖銳的問題之一透露了達爾文自身的做事條理源自何處，在「特殊天分」的那一行，達爾文回答：「除了以記帳、回覆信件以及極善於投資金錢等所代表的商業，沒有其他特殊天分。我的嗜好非常有條理。」事後來看，他的陳述似乎過於輕描淡寫。至於他父親，達爾文回答：「實務商業——創造很多財富，沒有發生過任何虧損。」

會計是約書亞・瑋緻活的生活中心，而他也教導兒女學習會計。當然，在瑋緻活與達爾文家族聯姻的那個家庭裡，會計還是非常受重視，所以達爾文和表弟法蘭西斯・高爾頓在思考生活跟平衡生活上的種種時，依舊是採用屬於會計領域的比較式清單與平衡處置等方法。達爾文承認自己的「嗜好非常有條理」，他把自己的所有活動都詳細記錄在會計帳冊，包括商業與家庭事務管理的帳冊，而且每一種帳冊都設定了各自的標題：「科學、園藝、個人、家庭（這包括僕人的薪水）」。一如維多利亞時代尋常男性與女性所扮演的角色，達爾文的妻子艾瑪（Emma）負責管理家庭帳冊的所有細節，記錄食物、服飾、僕人、娛樂和家具、車資、鋼琴調音和活頁樂譜、音樂會門票以及子女教育等帳冊。這個生物演化發現者的最大家庭支出是肉品：一八六七年時，達爾文家花了二百五十英鎊在肉品上，花費在服飾的費用僅二百一十三英鎊。[11]

查爾斯的兒子法蘭西斯・達爾文（Francis Darwin）曾寫道：「在金錢和商業事務上，他（查爾斯・達爾文）非常謹慎且精確。他記帳時總是非常小心，他會詳細將各項帳目分門別類，而且每年一到年底，還會像個商人似的，平衡每一本帳冊。我記得他每交付一張付款支票，就會迅速把它記到會計帳冊，好像要趕在自己忘記以前將這些帳目登入帳冊。」就這樣，老約書亞・瑋緻活的嗜好傳給了一個和他同等嚴肅看待筆記本和帳目的新世代；不僅如此，達爾文也和瑋緻活一樣，創造了非常偉大的商業成就，這些成就多半來自於投資他外祖父最愛的運河及鐵道股票等高風險項目。雖然他經歷過幾次痛苦的崩盤走勢，但這個足智多謀的投資人卻非常精於分析自己的投資處境，最終都能化險為夷。例如，一八六〇年代中期，他賣掉自己手上的鐵道股票，轉而投資政府債券，帳冊顯示，達爾文剛結婚時，握有價值一萬英鎊的婚姻債券（marriage bond），當時他還有五百七十三英鎊的銀行存款和三十六英鎊的零用金。而到他在過世前一年一八八一年，他哥哥起草了一份遺囑，上面顯示他持有二十八萬二千英鎊的資本，查爾斯的兒子威廉（William）還因此取笑他，「你有想過自己的身價會超過二十五萬嗎？」[12]

一如其他商人及習慣寫日記的英國前輩，達爾文也會在日記帳上記錄自己的個人生活；帳冊上的一邊記錄生病的日子，一邊記錄健康的日子和花費在工作上的時數。他也曾試圖衡量社會制度的效用，誠如他早年時曾寫過的：「結婚、不結婚。這就是問題。」達爾文甚至比他那性格較激昂的外祖父更為慎重，更會打算，他甚至計算自己和妻子花費了多少時數在玩遊戲上，身為一個自然科學家，他總改不了透過個人的觀察發現來歸納各種結論的習慣。他在《人類的由來》（*Descent of Man*，一八七一年）一書中，呼應馬爾薩斯甚至瑋緻活的論調，他表示：「所有無法讓子女免於悲慘貧窮命運的人，都應該避開婚姻。」一如表弟高爾頓，達爾文也相信財富會帶來科學、工業和藝術進展，他認為「受過精心指導的人」有能力實現必要的「智力工作」。高爾頓更認為，他家族成員長久以來的成就，證明他們屬於優越的勤奮種族。就這樣，生物科學、會計和功利價值觀逐漸形成一個用來評估人生價值的新方法，然而這個方法不盡然符合基督徒思想或甚至狄更斯思想。[13]

一個世代之後，波蘭作家約瑟夫・康拉德（Joseph Conrad）提出另一個觀點，在他眼中，會計是隱匿人類罪惡與苦難的工具，他在《黑暗之心》（*Heart of Darkness*，一八九九年）這部嚴厲批判殖民暴行的小說中，描述一家墮落的「公司」在它位於非洲的殖民地從事謀殺行為，並涉及多起死亡案件，但「公司」的會計師卻總是穿著整潔的服裝、博學多聞且厭惡犯錯。唯有訓練精良的會計師，才有能力掩蓋存在於那個叢林殺戮之地的文明假象，「所以這個人肯定有所成就，而且他專注投入自己的帳冊，這些帳冊有條有理、井然有序。」書裡的主角馬洛（Marlow）打從內心的黑暗面，敬畏著會計師那種代表著秩序的典範，經由會計師的手，衰老和死亡被轉化為一些可輕鬆傳回總辦公室的簡潔數字。康拉德筆下的典型帝國主義人物克爾茲（Kurtz）雖從事奴役勞工的殘酷活動，但透過會計師的數字，他看起來卻是乾淨又有效率。[14]

到了工業革命後期，世人益發重視以數字表彰的財務成就，相較之下，人權根本算不了什麼，而這樣的態度也為那個時期帶來禍害。弗瑞德烈・溫斯洛・泰勒（Frederick Winslow Taylor，一八五六年至一九一五年）出身費城一個財力雄厚、擁有五月花號的股票的富有家族，他先後選擇到費城液壓工程公司（Philadelphia Hydraulic Works）與米德威鋼鐵公司（Midvale Steel Compan，那時是一八七一年）當製模學徒和機器技工。泰勒目前以所謂的泰勒主義（Taylorism）聞名，所謂泰勒主義，是指他用來管理工業與勞工效率的「科學管理」方法。從很多方面來說，我們可將泰勒視為鋼鐵時代的約書亞・瑋緻活，他花很多時間縝密管理機械及勞動成本和時間之間的關係；換言之，泰勒的模型是以詳細的成本會計為核心，而這個會計方法是以每個月的帳冊結餘，與詳細的資產負債表及損益表為基礎。泰勒宣稱這些就是「我的會計系統不同於一般商業與製造業會計的特色，而且就我所知，目前還沒有其他系統曾試圖貫徹上述程序。」[15]

泰勒不僅建立了一個全新的企業內部成本報告及資訊流通制度，也將會計辦公室搬遷到計畫室，讓企業得以直接透過會計分析來制定工業與管理決策。製造流程的每一個環節都會製作許多條列各項成本的卡片，接著成本部門會收集這些卡片，並加以分析，除了為成本分類，也逐類予以加總，目的是要分析生產鏈上每個環節的成本；而為了確保成本評估金額的精確性，他還成立了一個專職的成本辦公室，這個辦公室隸屬於會計辦公室。他的結論是：利潤取決於精確的成本判斷，而成本的精確判斷取決於勞工、原料和勞工生產時數等成本的精確評估。他認為效率將能轉化為利潤，因為效率能彌補勞工的懶惰和無知。後來，約翰・杜威（John Dewey）根據泰勒的邏輯，認定傑瑞米・邊沁的演算顯示勞工將工作和痛苦畫上等號，這意味著勞工本質上是懶惰的，而泰勒主義補貼了這個演算中的損失。就很多層面來說，泰勒的方法的確很成功，他不僅藉由提高產量，順利在伯利恆鋼鐵公司（Bethlehem Steel）創造非常龐大的利潤，更成為史上第一個管理顧問，而他的助手後來還發展出多項管理鐵道與工人心理的理論。哈佛商學院（Harvard Business School）的成立，部分就是受到泰勒啟發，由芝加哥大學（University of Chicago）會計師詹姆斯・麥肯錫（James O. McKinsey）所創辦傳的奇顧問公司麥肯錫公司（McKinsey & Co.）亦然。

就這樣，美國人開始盲目迷信效率與速度，連赫伯特・胡佛總統（Herbert Hoover）也倡議「應盡可能快速」完成工作的概念。亨利・福特（Henry Ford）從泰勒身上和他的方法（以及他意欲廢除工會的想法——泰勒認為他的方法是以產量來決定薪資，所以工會沒必要存在）找到靈感，世界各地的工業家也群起效尤。這些工業家因採用這些方法而得以大量生產，不過大量生產雖帶來了水漲船高的財富，卻也引發社會衝突，最後更造成混亂。泰勒化的勞工經常罷工、抱怨工作條件不近人情，其中一個例子就發生在一九一二年麻州渥特敦（Watertown）的兵工廠。勞工們也強調，在追求產量持續增長的過程中，泰勒其實刻意隱瞞了種種凸顯勞工苦痛的數據和證據，而這些數字和證據會讓他的理論站不住腳。[16]

列寧（Lenin）對泰勒的研究很感興趣，史達林（Stalin）亦然；希特勒（Hitler）更頒了一個徽章給福特，同時也相當崇拜泰勒。亞伯特・史佩爾（Albert Speer）公開表示，「希特勒雇用我擔任他的武裝裝備部部長時，我略過軍事領袖，訴諸專業人士、工業家和工程師。接著，我引用瓦特爾・拉特瑙（Walter Rathenau）這位上一次戰爭中領導德國經濟的偉大猶太領袖的概念：零件標準化、勞工分工，以及生產線使用的最大化。」這真的是一大黑色諷刺：拉特瑙是德國猶太人中的泰勒主義先鋒。[17]

希特勒或許喜歡能合理化大量生產，和將勞工貶抑為運轉順暢的機器齒輪等作為的概念，不過他並不願接受財務當責的概念，到最後，隨著意識型態凌駕利潤，德意志鐵道公司（Deutsche Reichsban）高階主管竟廢除了細部的成本會計作業。雖然經理人苦苦哀求，但德意志鐵道公司的領導人瓦特爾・史佩斯（Walter Speiß）以「鐵道是不以獲利為目的的公用事業」為由，拒絕維護成本會計作業，他寧可上級根據鐵道公司的政治目的來衡量他的績效。一九三六年一月一日當天，負責成本會計的經理人，被重新指派去負責其他任務，會計數據的收集也開始走回頭路。一如腓力二世、內克爾和英國的皇家海軍，希特勒主張戰爭支出是一種非常支出（此時的戰爭規模和過往比較起來，更是不可同日而語），不能根據投資報酬率或清晰的會計方法等理論來加以評斷。於是軍事主宰一切的可怕力量持續前進，直到戰爭帶來可怕的報應，情況才終於改觀。[18]

二十世紀初期，會計師再度贏回了先前因狄更斯的著作而流失的尊重。諸如會計教育與會計標準的開拓者查爾斯・沃爾多・霍金斯等人為了追求合理性而努力，並為長期以來想要了解與管理神秘的商業及財務帳目的公眾檢察官效力。有趣的是，雖然反猶太人士將猶太人醜化為不擇手段的國際金融家與商賈，會計師依舊被視為國家公共服務與公眾利益的象徵。他們身為現代經濟體系沈默仲裁者的角色，更因新會計公司的成立而變得更加鮮明。到了一九二〇年代的美國（此時的它已是世界上最大的工業化民主國家），熱心公益的會計師和致力於民主的政治人物，共同努力將工業與政府變得更透明且合理化。隨著工業、會計和政府漸漸進化，人們似乎也開始相信過去的兩難已經解決，霍金斯和追隨他的人為了這一項看似屬於現代的做事技術，研發了各種方程式、方法、教本、學校和專業機構，甚至制定法律，並催生了政府查核機關。

CHAPTER

# 13

# 大審判日

上帝將要求我們償還過去的債務
別老是想著懲罰的形式：
想想懲罰以後將發生什麼事；即使最糟的懲罰
也不會拖到最終審判日以後。

——但丁，《神曲．煉獄篇》，十

一九〇〇年十月，亞瑟．勞斯．迪金森（Arthur Lowes Dickinson）從倫敦抵達紐約，擔任資誠公司美國辦公室的首長，迪金森出身一個顯赫的畫家與哲學家家庭，擁有劍橋大學數學學位，他一向致力於英國的會計傳統，包括倫理獨立與公共服務等，做事也非常講求方法。在迪金森的監督下，資誠公司編製了美國鋼鐵公司（U.S. Steel）一九〇二年的財務報表，《科學美國人》（*Scientific American*）盛讚那是「所有美國大型企業發布的報告中……最完整的一份」。迪金森主導資誠公司在芝加哥與聖路易設立辦公室，而這一切努力，最終讓他成為伊利諾會計師協會（Illinois Association of Accountants）的領導人物之一。他還為聯邦貿易委員會（Federal Trade Commission）建立標準化查核程序，儘管過程並不輕鬆，但從無怨言。另外，他也撰寫了諸如《會計作業與程序》（*Accounting Practice and Procedure*，一九一三年）等極具影響力的會計宣傳小冊。[1]

迪金森是個模範紳士會計師，而由於他在第一次世界大戰期間為英國政府做事，故國王喬治五世（George V）在一九一九年將他封為爵士，那是他回到資誠公司倫敦辦公室任職之後的事。迪金森認為致力於數字與秩序的會計師，代表著商業界與政府之間的公正審查人，不過這樣的立場並不容易維護，尤其是在雜亂無章、百廢待舉的新世界。迪金森發現，美國企業經常不按牌理出牌、難以預測、步調快速而且毫無紀律可言。他抱怨，「在英格蘭，年度查帳向來是企業的年度大事，但在美國，很少企業這麼做，而且美國最大的企業過於仰賴少數反覆無常的人，所以很不可靠。」[2]

迪金森到美國後不久就發現，美國客戶根本不懂「怎樣叫優質查帳，什麼又是劣質查帳」。這代表資誠公司美國辦公室在查核美國企業不完整的帳冊時，經常不得不擅自「推測」，問題是這在英國是公認的不道德投機行為。一如現代的廣告活動，迪金森為了爭取客戶，不得不採用不符合正統的方法，以因應同業的激烈競爭。更糟的是，美國人根本不要「合乎事實的樸質報表」，而是希望會計師提供企業經營建議，但他認為這並非會計師——凡事以經驗為基礎的計算人員——該做的事。不過儘管大環境如此，迪金森還是致力於提供最優質的查帳服務，到一九二〇年代末期，資誠公司已成為美國最大的查帳企業，事實上，誠如《財星》（*Fortune*）雜誌提到的，它在紐約證交所七百家企業中排名第一百四十六，是「世界一流的企業」。隨著查爾斯・沃爾多・霍金斯一手創立的美國本土會計公司霍金斯與塞爾斯（Haskins and Sells），以及勤業等其他備受推崇的英國會計同業也陸續在美國的土地上耕耘，加上商學院蓬勃發展，迪金森開始感覺到，猶如大西部的美國商業界即將變得更健全、更有秩序。[3]

不過迪金森夢想中那個有秩序、受理性民間查帳人員善加管理的商業世界並沒有成真，在整個二十世紀，甚至進入二十一世紀以後，現代會計公司至多只是扮演公正審查人，以及熟練的財務分析師等角色，而且每當有惡棍企業與不負責任的政治人物遭到揭發，這些會計公司也難免倒楣地遭受牽連。更糟的是，某些會計公司甚至憑著自身的技巧，扮演促成財務騙局的推手。隨著現代財務變得越來越複雜，危機一個接一個不斷發生，改革與財務當責的理想越來越難以實現，會計師的招牌也變得越來越脆弱，甚至具爭議性。

如果一九二〇年代初期，亞瑟・勞斯・迪金森對自己在美國建立的專業英國式會計方法而感到自豪，那就代表他沒有預見到不久後引發經濟大蕭條（Great Depression）的當責大危機，這場大蕭條堪稱會計專業的殘酷審判日。一九二六年時，哈佛大學經濟學教授威廉・李普利（William Z. Ripley）在《大西洋月刊》（*Atlantic Monthly*）上，發表一篇非常著名的文章〈停、看、聽！股東有權取得適足資訊〉（Stop, Look, Listen! The Shareholder's Right to Adequate Information）。李普利表示，諸如霍金斯和迪金森等人物宣揚的那個處處可見優良會計帳冊的世界根本就不存在，他警告，企業界「完成的帳冊多半還是不透明」。他懷疑在企業的價值觀中，廣告的重要性勝過清晰的財務報表。「我桌子上堆了一大疊企業端最近發行的宣傳小冊，其中最讓人憂慮的是皇家烘焙用粉末公司（Royal Baking Powder Company），該公司從未申報財務報表，超過四分之一個世紀以來，它從未公布過資產負債表或其他任何形式的財務報表。」而以勝家製造公司（Singer Manufacturing Compan）、國家鬆餅公司（National Biscuit Company）和吉列安全剃刀公司（Gillette Safety Razor Company）之類的股份有限公司來說，「諸如損益帳目或折舊等那類新奇的小玩意兒根本就不存在」，應計項目（或負債）也徹底遭到忽略。[4]

李普利預測，美國經濟的根基將因企業的不透明而受到傷害。一般大眾若想提高投資品質，就需要更多資訊，因為「外界一直到企業倒閉，都還摸不透它的實際財務狀況」。除非股份有限公司能主動揭露它們的真正價值，否則股票市場無法正常運作。他指控美國沒有任何管理企業報導與資產負債表的規定，儘管有諸如資誠等會計公司存在，很多家族企業的帳目還是編得一塌糊塗，大型企業則是壓根兒不公布盈餘，李普利痛批美國商業界依舊像原始叢林。

但此時已成為資誠美國公司資深合夥人的喬治・梅伊（George O. May）回應李普利的說法，他堅稱不能凡事指望查帳，因為它並不是萬靈丹。他表示，任何企業提出的帳冊都有可能造假，外人根本很難釐清這些帳冊的真偽。他宣稱，「不管監理法規有多嚴密，都無法把一家不誠實經營的企業變成一個令人滿意的投資標的。」儘管梅伊試著捍衛會計公司的作業成果，他還是坦承自己對缺乏財務監理法規與查帳不精確（因為企業提報的報表本身就有問題）等問題感到憂心。他建議投資人對企業抱持警戒態度，並堅持查帳人員都應出具一份聲明企業的報告確實「根據一般公認會計原則公平表達」的證書。[5]

一九二〇年代期間，紐約證交所躍居世界最主要的金融實體，它的交易量大幅成長，道瓊工業指數（Dow Jones Industrials Index）也從一九二二年的九十五點五一點上漲到一九二九年一月過後的三百四十點。不過，歷經咆哮二〇年代（Roaring Twenties）的高度成長，李普利當年警告的問題也陸續浮出檯面——美國大型股份有限公司以大量光鮮亮麗的廣告，來宣傳造假的資產負債表。幾個月後，股價指數在十月二十四日至二十九日間下跌了超過三〇％。在最谷底階段，美國的國內生產毛額遽降了三〇％，躉售物價指數下跌三二％，九千家銀行倒閉，失業率也竄升到二五％。到一九三三年時，紐約證交所的股票總市值共蒸發了八九%，這不僅是經濟表現低迷所造成，在此之前，世界上從未有過一個如此富裕且如此複雜的經濟體系，那麼依賴一些公開交易但官方放任的不透明股票。李普利的見解一點也沒錯，美國企業的會計帳冊非常不可靠。當然，不良會計方法不是引發大蕭條的導因，而是讓大蕭條惡化的推手。在股市崩盤後幾個月，華爾街交易員才終於知道，原來自己大力向投資人推銷的股票根本一文不值。「如果非發生狂熱不可，」經濟學家約翰・肯尼斯・高伯瑞（John Kenneth Galbraith）哀嘆：「那麼寧可來一場多少能帶來一點好處的超大型狂熱。」然而，排隊等著領救濟品的那些人應該都不會這麼想。[6]

為防止大崩盤重演，國會在一九三三年頒布格拉斯—史帝格爾法案（Glass-Steagall Act），這項法案明確地將投資活動和商業銀行業務加以區隔，主要目的是要防止投資銀行業者拿存款人的錢，冒險從事高風險且多半難以監理的交易；另外，這項法案也促成了銀行資產與負債必須接受查核的規定。紐約地區檢察官斐迪南・皮柯拉（Ferdinand Pecora，一八八二年至一九七一年）曾揭發一份J・P・摩根先生將優先股份分享給某些特權投資人的名單，名單中包括美國前總統凱文・柯立芝（Calvin Coolidge），受到皮柯拉改革熱誠的刺激，羅斯福政府將這些改革奉為神主牌，並在一九三四年成立證券暨交易委員會（SEC），由約瑟夫・甘迺迪（Joseph P. Kennedy）這位甘迺迪政治朝代的創始人，以及眾所周知的內線交易高手擔任主席。證交會主要目標，是設定公開掛牌交易企業的會計與公告標準。當然羅斯福不敢期待能夠就此阻斷企業的欺詐，及不實報導行為，但他相信證交會應該足以防止企業提供「存心不良的誤導資訊」給股東，同時有助於限制內線交易，並阻止企業再採用先前導致市場動盪加劇的優先股份名單。[7]

一九三三年的證券法案是促成一個新監督委員會的法源，它賦予該委員會職權，要求企業提供更完整資產負債表及盈餘報表、「鑑價報告」或「資產與負債的評價」、「折舊」與「折耗」的計算，還有企業所有分支機構之詳細合併查帳報告。一九三五年設置會計長（Chief Accountant）後，證交會訂定了治理交易所掛牌企業財務報告的規定與規章。不過即使如此，查帳公司的領導級人物反而擔心上述種種改革可能本末倒置，讓查帳人員背負過多的責任，企業則承擔相對少的責任；一旦如此，企業依舊能將動過手腳的帳冊交給會計師，而會計師還是難免有背黑鍋之虞。為求自保，查帳公司要求每一份查帳報告，都要附上一份聲明的證書：「我們已基於針對上述報表表示意見的目的，詳細檢視由貴公司經手編列的帳目」。[8]

美國查帳公司圈子裡的主要合夥人也擔心，政府在金融市場監理事務上介入過深，會導致金融獨立與創新活動遭到壓抑。另外，從十九世紀中期開始，扮演為美國政府提供查帳服務和標準的查帳企業本身也擔心，官方強制執行的查帳作業，將導致公共會計師遭到可能對金融企業懷有敵意的政府查帳人員取代。然而，在一九二九年混亂的餘波中，這些爭議變得無關緊要，因為當時外界對形同癱瘓的金融產業已幾乎完全失去信心。由於體認到政府監理勢在必行，資誠公司的主要合夥人之一喬治・梅伊希望藉由協助政府改革與管理市場，來確保查帳人員值得信賴的特質和超然的立場。由於此時民間會計師還是頗受敬重，所以他們出面領導推動政府的監理作業，幾名自願的會計師為證交會設計了財務報表申報表格，同時草擬了正式的查帳準則。梅伊本人則協助草擬一般公認會計原則（generally accepted accounting principle，簡稱GAAP，目前依舊廣為人知）的基本規定。[9]

在大蕭條過後那幾年，會計準則改革的漣漪擴散到世界各地，一九四九年，美洲會計會議（Conferencia Interamericana de Contabilidad）集會，建立了南美洲與中美洲的會計準則。一九五一年時，奧地利、比利時、法國、德國、義大利、盧森堡、荷蘭、葡萄牙、西班牙和瑞士，則共同創立了歐洲財政經濟會計專家聯盟（Union Européenne des Experts Comptables）；一九六三年，丹麥、愛爾蘭、挪威、瑞典和大英國協也加入該聯盟。一九五七年，歐洲經濟共同體（European Economic Community，簡稱EEC）根據羅馬條約（Treaty of Rome）成立，並進而透過這個共同體建立國際會計準則委員會（International Accounting Standards Committee，簡稱IASC），同一年，遠東會計師會議（Far East Conference of Accountants）召開。第二次世界大戰後，各國共同建立了一個全球性的會計基礎架構來管理全新的全球經濟體系，到了一九六〇年代，資誠公司更呼籲建立可用來評估美國與英國企業海外子公司之「實際公平價值」的共同準則，因為全球貿易的盛行，使得會計師所謂的「調和」（harmony）變得必要。IASC〔在二〇〇一年改名為國際會計準則理事會（International Accounting Standards Board，簡稱IASB）〕的領導人物之一、英國戰爭軍需品專家、英格蘭特許會計師協會（Institute of Chartered Accountants of England）主席亨利・班森爵士（後改為勳爵）（Henry Benson，一九〇九年至一九九五年）則繼續推動GAAP，後來這套準則也逐漸被國際會計實體接受。[10]

一九四六年至一九六一年期間被稱為會計師的黃金年代，因為在那段時間，外界普遍非常信賴這個產業，清晰的查帳準則及監理法規，正好和西方國家與日本經濟的持續擴張彼此相輔相成，不過十九世紀以來，會計文化的某些元素已然改變。大型政府機構、文官體系、法律和稅法等的興起，或許不可避免地導致會計變得更錯綜複雜，前幾個段落的縮寫名稱足以表彰二十世紀會計的那種去人格化的特質。此時會計已變成專屬於具備專業學養、高深莫測且甚至只有受過最高等教育的人才懂得的學科；會計師不僅變成了專業成就的同義詞，也成為大型電腦時代那種去人性化的大規模數字計算作業的同義詞。

但一如戰後的經濟成長，會計的黃金年代並沒有維持多久，雖然會計師好不容易躋身社會領導人物或紳士之流，並扮演商業界與監理機關間的中立仲裁者，但這樣的光環很快就開始褪色。一九五〇年代中期，查帳公司之間的競爭日益趨於激烈，畢馬威（Peat

Marwick）的營收超越資誠公司，而挪威移民之子、曾在資誠公司接受訓練的亞瑟・安達信（Arthur Andersen）在一九一三年時成立的安達信公司（Andersen & Co.），更創造了全新且獨特的美國會計文化。在禁酒令實施期間，芝加哥商業犯罪事件橫行，有鑑於此，亞瑟・安達信試圖導正這個受傑克・「行賄點鈔手」・古茲克（Jake "Greasy Thumb" Guzik）支配的貪腐城市。古茲克是艾爾・卡彭（Al Capone）的記帳人員，向來惡名昭彰，他提供的會計帳冊所代表的逃稅證據，是促使卡彭最終垮台的關鍵。安達信對倫理道德的追求近乎吹毛求疵，他堅持查帳人員的最首要任務是對投資人負責。「為維護查核報告的正直與誠實，」安達信堅稱：「會計師必須堅持絕對獨立的判斷及行動。」他說，「芝加哥市的錢沒有多到足以」促使他在不精確或假造的帳冊上簽字，即使因此失去一個重大的客戶，他也在所不惜。[11]

安達信相信，紀律和崇高的標準來自完善的訓練，而他希望能根據他的挪威籍媽媽「思考正直、談吐坦率」的簡單原則，來建立一個會計烏托邦。於是，安達信的道德正直理想、紀律和激烈的競爭，成了一個全新商業模型的基礎。安達信捨棄錄用常春藤聯盟及其他具競爭力的大學畢業生，取而代之的，他找尋能接受他親自訓練、且願意奮發向上的中西部學生。他在芝加哥郊外的聖查爾斯（St. Charles），找到一片面積約五萬五千英畝的土地，在那裡建造了前聖多明尼克學院（St. Dominic College）校園。在顛峰時期，該學院共錄用了五百名永久性職員，有一千八百名全日住宿學生，還有六萬八千個兼讀制學生，其中，兼讀制學生每年也必須通過學校的考試。在這個完美的會計世界裡，剛招募進來的「新血」就住在校園裡接受訓練，近距離接觸公司的合夥人。這些合夥人除了對學生灌輸一種近乎崇拜的遵從文化，還採用一套嚴格的管理辦法，例如，襯衫、領帶和帽子（從勞工節到陣亡將士紀念日戴呢帽，之後戴草帽）等，都必須披掛在指定的掛鉤上。安達信希望將所有員工，不管是來自芝加哥、倫敦或吉隆坡，都訓練到能符合簡潔標準、具競爭力且忠於階級制度的一貫模型，也因如此，他們有時也被稱為「機器人」（Android）。即使到了一九七〇年代過後，這個訓練模型依舊沒有改變，一九九〇年代時，某個新生就曾如此描述安達信的訓練過程：「今年是進入紅色高棉的零年，把自己當成一個新生兒。」[12]

打從一開始，亞瑟・安達信就偏離資誠公司那種帶有英國色彩的傳統，安達信相信，只要是根據嚴謹的正直態度做事，會計師也應該扮演顧問的角色，為「新企業或舊企業增設部門的投資案提供可行性建議」，成本會計模型可用來重新設計整個企業，如工業發展的方向。而由於此時八大查帳公司——資誠、勤業、霍金斯與塞爾斯、畢馬威、安達信、托奇羅斯（Touche Ross）、永道（Coopers & Lybrand）、安威（Ernst and Whinney）和容永道（Arthur Young & Co.）——之間的競爭極為激烈，所以每一家公司都不得不將觸角伸向顧問業務；但原本獨立超然的立場卻也因此開始動搖，因為這些查帳公司既然獲得其查帳對象的大量顧問合約，在查帳時當然就難以嚴守超然的立場。[13]

最後，這些利益衝突終於對八大查帳公司的成員造成不良的影響，說穿了，這只是遲早的問題罷了。一九七〇年代，一連串會計醜聞重創了這個產業，諸如賓州中央鐵路（Penn Central）等公司利用憑空想像的簿記作業，在破產前夕列記了四百萬美元的利潤。而在因越戰挑起的社會動盪氛圍中，被視為古板象徵的會計師和機器人，更不容易成為討喜的文化人物。一九七一年的尼克森政府時代，通貨膨脹上升到五%，在一九七一年至一九七六年間，物價共飆漲了三八・二%。很多評論家因此將矛頭指向會計師，指責那都是因為會計師未能就「通貨膨脹會計法」達成一致意見所致。無論當時社會上的指責是否公允，企業透過高估利潤、低估折舊或採用不正確的貨幣價值（當時貨幣價值的起伏非常劇烈）衡量方法等來假造帳冊，畢竟是不爭的事實，會計師當然也就難辭其咎。總之，因通貨膨脹而心煩意亂的大眾，將問題的矛頭指向會計師沒有能力，或不願意進行客觀且超然的查帳作業。[14]

通貨膨脹導致價值衡量方法的選擇變得莫衷一是，並使得自古以來會計所代表的確定性產生動搖。當通貨膨脹侵蝕了通貨的價值，那麼，折舊或歷史價值（以原始購買價格為基礎，接著隨著時間消逝而逐步演變的狀況計算而來）也就不盡然能反映資產的實際價值，以會計用語來描述，是指重置成本和原始購買價值之間的差額。在這種情況下，企業得以隱藏收益，並藉由謊報貶值或增值金額來竄改資產價值。

會計師為了設法管理企業的上述會計花招而發明了「減損認列」（impairment

recognition）的概念，他們尋求透過這個概念來改善捏造財務報告等問題，進而釐清真實的企業資產價值。會計師是採用「市值計價」（market-to-market）法來評估企業資產的「公平價值」（fair value）。這代表一個企業的價值是根據它在當期市場上的價格來評斷，而不是藉由計算根據歷史或原始購買價值的折舊來判斷一家企業的價值。「公平價值」會計法也是以今天的一塊錢所代表的價值，不一定永遠等於昨天或明天的一塊錢的概念為基礎。在評估企業價值時，必須先計算今天的一塊錢價值多少，作法上是根據整體物價指數，先計算這一塊錢以前的價值。經過這個計算，過去的金額會變成符合它目前「實際」購買力的金額。不過並非所有會計師都認為公平價值是最好的工具，因為公平價值也是可以操縱的。而由於價值如何衡量的概念變得莫衷一是，會計牽涉到的推測成分也就越來越明顯，在這種情況下，當然也就越來越難精確查核會計帳冊了。

更糟糕的是，一般大眾不僅被這些爭論弄得團團轉，最後甚至完全漠視相關論述，因為隨著會計醜聞持續爆發，辯論內容又晦澀難解，一般人對查帳作業與資產負債表的信心持續降低。當時領導資誠公司的赫曼・貝維斯（Herman Bevis）就曾抱怨，一般大眾對查帳公司的要求和查帳公司的實際能力之間存在著「期望落差」。但讓會計師頭痛的，不僅是大眾對他們失去信心，一九六六年開始，根據聯邦訴訟程序規則（Federal Rules Procedure），與一九三一年阿爾特拉梅爾斯判例（Ultramares，這個案例認定查帳人員必須對單一股東負責）標準的適用，如果查帳公司所查核的企業造假，它也必須對該企業的犯行負起法律責任。換言之，如果一家企業假造帳冊或謊報帳目，而會計公司又未能適時察覺問題，或未能揭發騙局弊端，那麼企業本身和查帳人員都得面對法律制裁。[15]

影響所及，到一九七四年，八大查帳公司就背負了高達兩百件的法律訴訟案件。一九七六年，國會讓勢力強大的蒙大拿州資深民主黨籍參議員李・梅特卡爾夫（Lee Metcalf）為首的委員會介入，梅特卡爾夫的報告造成了毀滅效果。他在報告中提到，查帳公司被它們理當盡職查核的企業「賦予過高」的職權，這證明查帳公司「不夠獨立超然的程度令人驚慌」。梅特卡爾夫委員會也譴責證交會，「未能善盡保護大眾利益的責任，未能履行它的公共法定任務，情節重大。」該委員會堅稱，證交會必須善盡監理會計公司的責任，確保會計公司在為企業提供查帳與顧問服務時堅守獨立超然的標準。該委員會也要求，從此以後不能再委任查帳公司自行制定查核規則。至此，不良會計作業的問題已被視為國家大事，兩百年來一向將會計標準與規則交給企業決定的美國政府決定接手，由國會執行會計作業與準則的監督。[16]

不過當責是一把雙面刃，如果此時政府成了審計長，那又該由誰來查核政府的帳冊？在一九六〇年代至一九七〇年代期間，美國政府逐步將它的帳冊開放給外界審視，國會和詹森總統之間曾就越戰的預算，以及一九七〇年代通貨膨脹所引發的經濟浩劫，而展開激烈的唇槍舌劍，在這段過程中，各方漸漸產生一個共識：美國需要一個超黨派的國家會計辦公室，以解決政治上有關公共財務的爭議。當尼克森總統在一九七二年要求國會提高債務上限至二千五百億美元，國會為回應和支出優先順序有關的爭端，決定成立一個預算控制聯合研究委員會（Joint Study Committee on Budget Control），希望能藉此提高國會在預算與債務決策上的影響力，和總統的管理暨預算辦公室（Office of Management and Budget）互相抗衡。後來尼克森總統將超黨派國會預算辦公室（Congressional Budget Office，簡稱CBO）的成立簽署為正式法律，並責成該辦公室為國會提供財政分析數據（包括稅收到支出等數據），並負責預測國家財務與預算案。接下來，原本設計來分析鐵道股票的老牌信用評等公司——穆迪、標準普爾（Standard and Poor's）和惠譽（Fitch）——也在證交會授權下，成為國家認可的統計評等機構（Nationally Recognized Statistical Ratings Organizations，簡稱NRSROs），為民間企業與國家的債券型投資證券提供正式的評級。[17]

一九八〇年代末期，評等機關為了評估各國貨幣及其政府債券（一個國家如期償債的能力）的價值，積極分析各國的信用度，它們評估的國家從三個大幅增加到五十個。在一九八五年以前，多數國家都獲得AAA的債信評等；不過，一九九〇年代初期過後，情況大幅改觀，因為此時政府債券與通貨的價值變得越來越複雜且難以評估。這些評等機關和他們的鑑定人員承認，透過主權債券（政府發行且以出售給外國投資人為目的的政府債券）的評估來判斷一國的信用評等，牽涉到太多推測的元素。儘管如此，這些評等公司依舊享有神聖不可侵犯的地位。[18]

無論如何，由於外界認為查帳公司積極參與企業諮詢業務的作法造成利益衝突，故它們的聲望早已一落千丈。梅特卡爾夫報告對查帳公司提供諮詢服務的作法加以批評，並表示這些服務「與獨立查帳人員的責任尤其抵觸，故應藉由聯邦行為準則予以禁止」。不過即使在這篇報告發表後，查帳公司並未停止提供這項服務，並堅稱它們為查帳對象提供諮詢服務和身為獨立查帳者的角色並無抵觸，而諮詢服務的手續費常高達數千萬美元。一九八一年，記者馬克・史蒂芬斯（Mark Stevens）針對他所謂的八大查帳公司「百葉窗後的真相」發表一篇憤怒的評論，他指控這些公司「壟斷」了大型的查核帳目，他還說，儘管梅特卡爾夫都已提出那麼嚴厲的批判報告，這個產業卻還是繼續我行我素，嚴重「怠忽職守」，這番嚴厲的攻擊徹底砸爛了會計的招牌。問題是，市面上只有那幾家大型會計公司有能力提供那麼大規模的查帳服務，故儘管八大查帳公司失去大眾的信任，大型企業依舊相當倚重它們，而這幾家公司也得以繼續支配著整個查帳產業。[19]

一九八九年時，安威和容永道合併為安永公司，而勤業、霍金斯與塞爾斯及托奇羅斯也併為德勤（大英國協境內也有不同的合併活動），八大查帳公司自此成為六大查帳公司。到一九九一年時，史蒂芬斯又發表了另一篇攻擊這個專業產業的評論《六大查帳公司：美國頂尖會計公司清倉大拍賣》（*The Big Six: The Selling Out of America's Top Accounting Firms*）。他主張，由於沒有任何力量能抑制這六大「巨獸」，故它們也得以肆無忌憚地繼續藉由擔任查核對象的顧問來獲取高額利潤，如果一家企業的查帳結果優良，代表它擁有較高的價值，而較高的企業價值便可能意味著會計公司的顧問諮詢部門可以分得更高的酬勞。根據史蒂芬斯的說法，這些會計師以令人誤解的查帳報告，來誤導並掠奪銀行業者。他又進一步指控，華爾街仰賴查帳公司來保障所有人利益，但這樣的心態過於天真，因為查帳公司只會照顧自身的利益。[20]

除此之外，還有一些不那麼刺耳的評論也陸續質疑大型查帳公司的廉正度。舉個例子，《商業週刊》（*Business Week*）的財務分析師之一兼總編輯理查・梅爾契（Richard Melcher）就在一九九八年的某一期週刊裡問道：「會計師都去哪了？」梅爾契指控，查帳人員非但沒有確實履行他們身為公正仲裁人的任務，反而為自己的客戶留下太多可從事雖合法但高風險的會計戰術空間。[21]

梅爾契針對當時查帳公司有超過五〇％的收入來自顧問諮詢業務，且此時該項業務的收入隨時可能超過會計業務收入的現象提出批判。由於企業界有太多高階經理人來自諸如安達信等查帳公司，加上查帳公司和企業之間簽訂了以護航為目的的高額諮詢暨查帳雙重合約，「環保或其他法律負債金額突然降到最低，要不就是存貨折舊期間被延長，或者季末銷售金額突然激增。」他期許證交會能注意這些現象。事實上，安達信的資深合夥人還在某一場會議中討論了梅爾契的文章，甚至也對公司過於仰賴顧問諮詢業務的情況表達疑慮。不過他們終究還是沒有採取足以確保其獨立超然立場的行動，遑論嚴格審查企業倫理與風險承擔等問題。[22]

當然，多數會計師擔心查帳品質不良會為自己帶來永遠應付不完的訴訟案件，故寧可堅守規定；不過一般大眾已經不再信賴會計師，因為任何人都很容易看出當中的蹊蹺何在。顧問諮詢業務較可能為企業客戶創造更多利潤，所以它們當然較不重視查帳作業，無論如何，查帳公司的顧問諮詢業務繼續大幅成長，但最糟的情況還沒發生。[23]

一九九九年時，由於鮮少大眾或投資人出面抗議，美國政府打著經濟自由的旗號，以葛雷姆—李奇—比利雷法案（Gramm-Leach-Bliley Act）取代格拉斯—史帝格爾法案，從此允許商業銀行、投資銀行、證券公司和保險公司合併。這項法案讓銀行得以收受存款、承作放款，並承銷與銷售證券（如房貸組合證券）。柯林頓總統在那一年的十一月十二日將這項法案簽署為正式法律，並嘉許地表示，這項法律締造了「一九三〇年代以來有關美國金融體系結構的最重要立法變革」。他聲稱廢除格拉斯—史帝格爾法案，允許銀行和證券公司「緊密結合」的作法，將點燃市場競爭，「強化我國金融服務體系的穩定度」，並幫助這整個體系「在全球金融市場上競爭」。柯林頓還打包票，這項法案含括「重要的安全性與健全性保護機制」。由於當時世人懷抱「非理性繁榮」的信心，認定在監理法規鬆綁、複雜金融產品日新月異等有利條件下，景氣將永遠維持繁榮，故大蕭條後採行的會計與企業當責防護措施，遂漸漸遭到忽視。[24]

在此同時，六大查帳公司在世界各地雇用了約數十萬名會計師，問題是查帳市場已經飽和，幾乎不太可能繼續成長，可經由查帳業務而獲得的利潤當然也開始下降。此時企業界比較需要的是亞瑟・安達信最初建議提供的那種服務，也就是查帳人員利用其獨特的量化分析見解，為企業提供顧問諮詢服務。舉個例子，安達信為企業解決疑難雜症的能力向來有口皆碑，故安達信顧問諮詢公司（Andersen Consulting）的光環很快就蓋過安達信查帳公司（Andersen Auditing），但正因如此，安達信也成為一九九〇年代眾多造成悲慘後果的企業詐騙案件中的主角之一。到安達信位於芝加哥的總部參拜過的訪客，應該都會被安達信查帳公司和安達信顧問諮詢公司辦公室的反差嚇到，因為查帳單位的辦公室非常寒酸，而顧問諮詢單位不僅擁有豪華的辦公室，連辦公室設備都極端氣派。

儘管其他查帳公司也透過顧問諮詢業務賺取巨額的手續費，但安達信本末倒置的情況最為嚴重，它放任顧問諮詢成為主導整個公司的業務，忽略了最基礎的查帳本業。若純就利潤考量，這樣的作法倒也合情合理，舉例來說，一九九二年至二〇〇一年間，該公司的利潤成長了兩倍以上，其中有七〇％來自顧問諮詢業務。安達信為很多高調的「新經濟」（new economy）企業，如廢棄物管理公司（Waste Management）、世界通訊（WorldCom）和最惡名昭彰的德州能源公司恩隆（Enron）等提供顧問諮詢服務；但同時也為這些企業提供查帳服務，而這些企業全都藉由造假的會計報表來膨脹自家公司股票的價值。最後u,3，這幾家企業全都走上破產一途，無一例外，一度聲譽卓著的安達信也因此未能逃過這個悲慘的命運。二〇〇二年，安達信公司因涉嫌為恩隆公司假造財務報表而在德州遭到起訴，後來，證交會也發現安達信為諸如廢棄物管理公司及世界通訊等企業所做的查帳報告造假。[25]

安達信因恩隆的巨大騙局及與該公司聯手膨脹其股票價格的明顯共犯行為而被拖下水——恩隆公司的股價重挫後，導致股東損失一百一十億美元。查帳報告造假讓安達信臭名遠播，連小布希總統（George W. Bush）都曾在二〇〇二年苜蓿草俱樂部（Alfalfa Club）於華盛頓特區舉辦的年度晚宴上，拿安達信開玩笑。在那場晚宴中，小布希總統宣稱薩達姆・海珊（Saddam Hussein）告訴他一個好消息和一個壞消息，「好消息是，他願意讓我們檢查他的生物及化學軍事設施；但壞消息是，他堅持指定安達信來執行檢查任務。」[26]

恩隆一案的幕後，其實還隱含了一個悲劇般的諷刺。原本安達信公司所執行的部分基本查帳作業的確發揮了應有的功效，二〇〇一年時，一批訓練有素的中階查帳人員透過幾份證據確鑿的報告，指出恩隆的某些交易啟人疑竇，帳目也有造假情事。然而安達信的最高經營階層卻對這些查帳報告視而不見，因為他們擔心因此流失一年高達一億美元的顧問諮詢費收入，在高層人士眼中，這個客戶大到不容流失。後來，由於有越來越多證據顯示安達信明知故犯，刻意隱瞞恩隆的不法行為，該公司負責恩隆帳戶的合夥人大衛・當肯（David Duncan）開始擔心自己會因違反證券相關法令而被起訴，所以他命令辦公室幕僚秘密銷毀大量文件。但這麼做無濟於事，因為這個騙局實在大到難以掩蓋，安達信和恩隆共謀犯罪的事證極端明顯，故恩隆的倒閉很快也拖垮了安達信。當肯後來轉為污點證人，協助政府查察安達信，故到今日為止，不管是他或其他任何安達信員工，都沒有因作假帳而坐牢；換言之，儘管這些人員參與了美國史上最惡性重大且代價最高的財務騙局之一，卻都得以擺脫牢獄之災。如今，安達信僅留下兩百名雇員來收拾未了結的訴訟，和當年全球各地共八萬五千名員工的盛況相比，實在令人唏噓。[27]

小布希總統在二〇〇二年簽署沙賓—奧克斯雷法案（Sarbanes-Oxley Act），作為政府當局對恩隆及其他一連串企業會計醜聞與破產事件〔包括泰科國際（TycoInternational）、阿戴菲亞（Adelphia）和漫遊系統（Peregrine Systems）等巨擘〕的回應。透過這項法案，公開發行公司會計監督委員會（Public Company Accounting Oversight Board）應運而生，它的宗旨是要確保查帳人員的獨立超然立場，與良善的公司治理，同時闡明企業查帳與財務揭露相關規定；換言之，這是一套真真正正的企業當責法律。「低劣準則與利潤造假的時代已經遠去，」小布希總統表示：「所有美國企業的董事會都不能藐視這項法律。」最後審判日已然來臨，至少對會計師而言，他以吟誦的口吻說：「自由市場不是一座只有不擇手段之人才能生存的原始叢林，也不是放任貪婪者在財務上為所欲為的場所……為了我們的自由經濟體系著想，所有違法者——違反公平規定、不誠實的人，不管他們多麼有錢、多麼有成就——都必須付出代價。」[28]

在兩大政黨領袖的支持下，相關立法被視為必要的行動，且因成效良好，故澳洲、法國、德國、義大利、以色列、印度、日本、南非和土耳其也紛紛跟進，先後通過相似的法律。在恩隆與世界通訊等崩潰事件發生後，紐約當局期許這項法律能重建投資人對美國股票市場的信心。然而，嚴謹的會計監理法規卻導致會計公司變得更加弱勢，而這些弱勢會計公司面對的，卻是勢力越來越強大的銀行與企業。由於大型銀行與企業有能力以高薪聘請許多有創意的內部記帳團隊和遊說專家，弱勢的會計公司自然也就更加難以與之抗衡。

這就是造成二〇〇八年金融危機的問題之一，在這場危機當中，結構不健全且價值過度高估的房貸組合證券（CDO，擔保債權憑證）引爆了世界金融市場的崩盤走勢。紐約聯邦準備銀行（New York Federal Reserve）、證交會的紐約辦公室和四大查帳公司（資誠、德勤、安永和安侯建業，這四大公司共有七十萬名員工）距離破產的貝爾斯登（Bear Stearns）及雷曼兄弟不過幾個街區之遙，卻沒有預先察覺到任何徵兆。這兩家公司的破產，迫使聯邦政府透過問題資產紓困計畫（Troubled Asset Relief Program，簡稱TARP），對多數倖存的投資銀行實施聯邦緊急紓困。儘管各查帳公司先前就曾對銀行業者與監理機關提出警告，指出CDO屬於第三類資產（Class 3 assets，第一類為現金），這類資產的價值很投機，有極高的風險，但他們卻沒有力量，也或許沒有意願斷言CDO有可能引爆金融危機。總之，儘管監理機關、查帳公司鄰近這些銀行業者，卻鮮少人預見到這場即將降臨的崩潰。

崩盤事件一爆發，投資銀行業者馬上將矛頭指向四大查帳公司，表示這四家公司是引發崩盤的元兇，由這一點更可見查帳公司有多麼弱勢。投資銀行業者所持的理由是，查帳公司基於風險趨避的立場，給予CDO過低的評價，才會導致市場對這些產品的價值失去信心，進而點燃危機的火苗，而四大查帳公司被夾在懷疑會計公司未能提供正確的查帳報告的一般大眾，和指控這些會計公司低估了資產價值引發危機的企業與金融界領袖之間，也只能繼續步步為營，擔心在會計或法律上的稍一不慎，會重蹈安達信被起訴與會計產業內爆的覆轍。事實上，英國的監理人員此時已開始擔心，四大查帳公司在整個產業的壟斷力量本身就是一項風險。一如投資銀行業者，所有大型查帳公司的大型客戶都經由錯綜複雜的財務觸角而全部糾結在一起，在這種情況下，若四大查帳公司中的任何一家不支倒地，有可能同步拖垮另外三家業者。如此看來，四大查帳公司似乎也變得大到不能倒，但也弱勢到無法有效查核其企業客戶的帳目。[29]

狄更斯應該能理解這個難解的問題。先前為阻止查帳公司舞弊，美國與英國政府設法壓抑它們的特權，但到頭來，這兩國的政府卻發現，若缺乏有效率的查帳人員，也不可能監督金融業與工業，遑論政府。儘管在會計公司、證交會和司法部（遑論歐洲的監理機關）任職的會計人員高達幾十萬名，但到目前為止，沒有任何會計師因二〇〇八年金融危機而入獄。若要誘發改革並進而改善財務相關的作業，積極的回應方式應該是要勇於揪出從事金融犯罪者，或找出因監督不周而觸犯刑責的人，並將他們關進大牢，這是查帳人員與政府監理機關的工作之一；但令人費解的是，無論是美國或歐洲，都沒有選擇在二〇〇八年崩盤後那幾年朝這個方向努力。從美國司法部長艾瑞克・霍爾德（Eric Holder）的說法，或許可以了解箇中原因。他曾公開表示，大型投資銀行的規模與重要性，對調查不法金融行為「產生了極大的抑制性影響」。他公開表示，他擔心若持續針對金融機構採取法律行動——除了罰金以外的制裁——將會使金融體系變得更不穩定。[30]

儘管有法律、監理法規和積極的金融媒體等約束力量，還是有幾股強大的勢力聯合起來對抗財務透明的訴求。銀行、大型企業甚至政府實體，藉由錯綜複雜且規模龐大的運作，確保外界無法對它們展開有效查核。舉個例子，若真要切實查核高盛公司（Goldman Sachs）的帳冊，如果真的能查核成功的話，究竟需要多少個會計師？一萬個？還是四萬個？就算派那麼大量的會計師出馬，可能都無法完成這項任務，這是一個殘酷的事實。此時此刻，政府和查帳公司根本就跟不上金融工具日新月異的發展腳步，他們不了解不斷突變且大量增生的金融工具，也看不透銀行業者在耍什麼花招；在此同時，政府能不能有效查核自身的帳目，也都還有疑問。從世界金融體系正因不良的地方與中央政府會計作業災難而飽受威脅，便可見一斑，諸如希臘等國家和底特律等大型城市，都因規劃不良與差勁的記帳作業而走向破產窘境。根據政府會計師以往的計算結果，各國和各個城市看起來都有能力支付退休金，但事實並非如此。而由於一般大眾不了解地方政府與中央政府長期債務的風險，故也鮮少人站出來大力呼籲政府積極改善不良的會計作業。儘管近來司法部威脅要貫徹對大型銀行業者金融犯罪的懲處和罰金，但不管是華爾街或政府內部，都沒有人真正遭到報應。問題是，若沒有人遭到嚴懲，其他人就不會有太多改革的誘因。[31]

CONCLUSION

# 結論

從文藝復興時期一直到十九世紀，偉大的藝術家與哲學家不僅描繪會計師的形象，也經常討論他們對社會的複雜影響；不過，當今的偉大藝術家早已不再描繪會計師，這樣的現象不足為奇，畢竟在諸如恩隆等大型的出醜事件過後，一般人對會計師的觀感已不僅是無趣而已，更是腐敗與不專業。如今鮮少政治與金融評論家會討論會計師或會計，而由於會計師總給人嚴厲執拗的印象，加上會計專業知識晦澀艱深，故他們和日常生活文化也益發顯得格格不入。再者我們的金融圈也沒有諸如查爾斯・狄更斯那種層次的藝術家，能以才氣煥發的多面向社會及道德分析，讓複雜的財務會計世界變得更貼近我們的真實生活。不過在過去一整個世紀，即使會計專業人士已從文化的舞台上消失，但他們的人數卻增加到歷史新高，大規模數字運算的專業技巧也日益精進，足以應付各種財務作業，凡此種種，皆讓他們成為追求當責文化的過程中不可或缺的一環。

誠如我們已經見到的，這樣的發展符合一個型態：從文藝復興時期的義大利、西班牙與法國等大君主國，再到荷蘭、英國與美國等商業社會，會計的應用都曾對社會的進展產生非常大的影響；但這些社會最後卻也都因為會計運用不當，而倒退到危險的曖昧境地。誠如狄更斯動人的文筆所述，即使是在財務素養最高的文化裡，財務都是「壯觀、龐大、力量強大且難以應付的」。事實上，狄更斯早就深刻體認人類無法駕馭會計，所以他筆下的人物，都唯有憑藉運氣，才有機會走出數字和文件建構的迷宮。[1]

考量到人類已連續奮鬥了好幾個世紀，來落實財務當責，故一般人難免會感覺，人類迄今似乎仍無法有效貫徹查帳作業，並約束企業及政府確實當責的現象有點令人費解。不過稍加思考便可發現，如今的窘境其實符合一個歷史型態：通常就在會計改革完成之際，世人就能馬上找到方法來抗拒這個改革。事實上，科技的日新月異讓當責這件任務變得比以往更令人氣餒，因為監理機關甚至查帳人員必須應付的，是更錯綜複雜的大數字和財務對數（logarithm）、高頻交易，和諸如房貸組合證券等複雜的金融產品。

而正當各方政府忙著應付四大會計公司既強大又脆弱的矛盾，政府本身的會計帳冊也越來越混亂；何況到目前為止，高風險房貸組合證券的價值依舊難以評估，在這種情況下，銀行業與股票市場所面臨的威脅並未解除。另外，美國部分地方政府已宣告破產，部分歐洲國家也瀕臨無力償債的邊緣；根據國際會計準則理事會的描述，各地方自治政府與中央政府會計作業正處於一個「原始的無政府狀態」，因為所有國家無論貧富，都將實際的退休福利、醫療成本以及基礎建設成本隱匿在其資產負債表之外。信用評等機關（穆迪、惠譽及標準普爾）雖已調降主要工業國——美國、法國和更嚴重降低的義大利、西班牙與希臘——的信用評級，但這當中也不乏醜聞或錯誤。在缺乏信任的惡性循環下，很多評論家進而質疑這些評等機關與四大查帳公司的廉潔和能力。[2]

你或許會問，為什麼民主國家的政府不願為了穩定金融圈而付出更多努力？不論是從華爾街精密的槓桿操作，或是到一般商業界的日常抵押貸款？其中一個原因是，一般大眾和這些困難的問題脫節，甚至連最基本的會計或政治經濟學原理都不懂，在這種情況下，民眾不會關注這些問題，當然也就不足以敦促政府採取必要行動。另一個原因是，政府和查帳公司的腳步過慢，跟不上快速增生且不斷突變的財務工具與銀行花招。

如果連本國的查帳公司和公家機關都沒有能力取得精確的數字，人民和投資人更不可能對跨國企業或那些企業的政府有信心。為了促進嚴肅且具建設性的政策辯論，國際貨幣基金（International Monetary Fund）的帝莫西・艾爾文（Timothy Irwin）建議各國政府公布資產負債表及淨值，以揭露政府未來五十年的資產、負債和預算；另外也有些人呼籲大型企業公布更明確的資產負債表。以上種種處方看似簡單，但政府和企業可能配合嗎？這些建議案全都無法解決自古以來就存在的「透明會計帳冊」難題，也無法解決因中國的興起而產生的挑戰。中國是一個封閉的社會，而偏偏全球製造及財務活動有極高的百分比是在中國經濟體系內進行，《經濟學人》（Economist）雜誌甚至拒絕條列由中國官方統計出來的經濟數據，因為該雜誌表示，這個超級強權向來無法切實當責，所以它統計出來的數字不值得信賴，並認為這些數據是用「詭異的算盤」（aberrant abacus）計算出來的。其他國家和市場雖然明顯比較開放，但一樣有不夠透明的問題，於是除掉經濟循環的因素，不透明的世界金融體系似乎注定失敗，只是失敗並非意外，而是因為這個金融體系的多元設計所致。[3]

如果過去的歷史隱含任何教誨，那就是：有能力駕馭會計並將會計融入整體文化的社會，向來都能蓬勃發展。想想熱那亞和佛羅倫斯等義大利共和城邦、黃金時代的荷蘭以及十八和十九世紀的英國及美國（我只列舉本書討論到的地區），他們全都將會計融入教育課程、宗教及道德思想、藝術、哲學和政治理論。

以荷蘭的例子來說，當責不只是學問上的一個概念，也不僅是某個宗教或道德團體所強調的工作倫理，相對地，會計深藏在該國文化的所有層面，是這個國家的固有文化環節之一。當時的荷蘭人在學校學習會計後，會進而在商業、公共與家庭生活中使用會計，在此同時，他們會閱讀和當責有關的宗教書籍，並觀賞警告世人要留意會計與財務自大心態的大師藝術作品，這些警告意涵就潛藏在畫面的背景裡，而且在他們閱讀的聖經裡，也都透露了和這些問題有關的訊息。另外，他們的政治人物會討論會計與當責的重要性，政治宣傳小冊也利用宗教語言，呼籲世人重視查帳作業。部分受過教育的人民則期望掌權者，不論是從地方政府行政長官、教育家到君主，都要了解會計，並懂得財務當責對本國共和體系有多麼重要。

反觀如今，經濟學常被貶低為只和人類行為模式，或經濟循環有關的複雜數字運算及理論。然而，經濟學不僅是數學調查專業範疇裡的一環，也是一種文化歷史研究。法國經濟學家讓—巴普蒂斯特・賽伊（Jean-Baptiste Say）宣稱，經濟學是「日常財富事務的簡單博覽會」，馬克斯・韋伯也堅持「經濟和社會」都是必要的研究項目。事實上，歷史上所有能夠避免遭受災難式財務報應的社會，都是能夠從正確的文化背景角度來看待財務的社會。

或許要救贖我們眼前這些金融亢進的失足社會，光靠約書亞・瑋緻活個人那種紀律嚴謹的會計方法、諸如亞當・斯密等經濟思想家的歷史與道德方法，或現代算術專家的分析是不夠的，還要仰賴諸如江・普羅沃斯特（Jan Provost）的〈死神與守財奴〉（Death and the Miser）畫作中所隱含的古老教誨。這幅畫以強烈的手法，闡述以虔敬、倫理道德、公民政治和藝術為基礎的簿記和財務管理作業有多麼重要。身為現代人的我們，斬斷了自己和財務的關係，將它隔離到一個只屬於它自己的空間，而這導致我們在財務和政治抱負上故步自封。歷史上的先人們要求每個財務思想家和實踐者，都必須將會計數字視為社會和文化中不可或缺的一環，甚至將會計帳冊中的世俗數字，昇華為宗教與偉大文學作品的分析。如果不想未來遭受報應，我們就必須重新找回那樣的文化雄心。[4]

ACKNOW.

# 謝詞

我要向David A. Bell致上最大的謝意，在本書籌備期間的每個階段，他都密切配合我的節奏，如果沒有他的協助，我不可能完成這本書。

關於本書概念的成形，我要感謝Rob McQuilkin, Sophus Reinert, John Pollack, Ted Rabb, Peter Burke, Anthony Grafton, Will Deringer, Dan Edelstein, Keith Baker, Peter B. Miller, Jim Green, Matt Kadane, Sean Macaulay, Peter Stallybrass，與Alex Stirling。

另外，我特別要感謝令人深深感懷的Istvan Hont。我也非常謝謝Alessandro Arienzo, Enzo Baldini, Alastair Bellany, Ann Blair, Robert Bloomfield, Gianfranco Borelli, John Brewer, Janet Browne, Joyce Chaplin, Paul Cheney, Bill Connell, Bill Deverell, Jan de Vries, Kate Epstein, Lynn Farrington, Moti Feingold, Steve Ferguson, Boris Fishman, Rob Fredona, Wantje Fritschy,

Beth Garrett, Oscar Gelderblom, Peter Gordon, Orsola Gori, Amy Graves Monroe, Karen Halttunen, Colin Hamilton, Deb Harkness, Randolph Head, Carla Hesse, Steve Hindle, Blair Hoxby, Lynn Hunt, Matt Jones, Richard Kagan, Bruce Kahan, Béla Kapossy, Julius Kirshner, Christopher Krebs, Tom Lacqueur, Inger Leemans, Marie-Laure Legay, Alex Lippincott, James Livesey, Mark Lotto, Peter Mancall, Alex Marr, John McCormick, Siobhan McElduff , Michael McKeon, Darrin McMahon, Ken Merchant, Wijnand Mijnhardt, Peter N. Miller, Ken Mills, Tony Molho, Craig Muldrew, John Najemy, Christopher Napier, Diego Navarro Bonilla, Vanessa Ogle, Derek Parsons, Renato Pasta, Nathan Perl-Rosenthal, Steve Pincus, John Pocock, Maarten Prak, Paolo Quattrone, Daniel Raff, Jack Rakove, Diogo Ramada-Curto, Orest Ranum, Neil Safier, Maurie Samuels, Margaret Schotte, Vanessa Schwartz,Catherine Secretan, Richard Serjeantson, Andy Shankman, Christina Shideler, Michael Sonenscher, Nomi Stolzenberg, Naomi Taback, 密西根大學報（University of Michigan Press）、Charles van den Heuvel, Ellen Wayland- Smith, Caroline Weber, Carl Wennerlind和Isser Wolloch。

我尤其要感謝洞察力過人的編輯Lara Heimert，她厥功甚偉，如果不是她的堅定信念，就不會有這本書，另外，我也要感謝她在Basic Books的夢幻專業團隊：Katy O'Donnell, Michele Jacob, Cassie Nelson，還有，特別是Roger Labrie以及文字加工編輯Joy Matkowski和生產編輯Melody Negron。

我由衷感謝不屈不撓的代理商Rob McQuilkin和他優秀的文稿代理人Lippincott, Massie和McQuilkin。

另外，感恩約翰・賽門・古根漢紀念基金會（John Simon Guggenheim Memorial Foundation）與約翰及凱薩琳麥克阿瑟基金會（John D. and Katherine P. MacArthur Foundation）的資金贊助，以及南加州大學文理學院及歷史系（Dornsife College of Arts and Letters and the Department of History of the University of Southern California）的資金贊助及支持。

另外，我還要感謝費城的Bibou餐廳、巴黎的Choay-Lescar家族以及佛羅倫斯的Bartoli家族長久以來的支持和支援。

若沒有各大圖書館及圖書館人員的協助，這個專案不可能完成。感謝賓州大學罕見藏書部門與羅格斯大學（Rutgers University）圖書館、費城圖書館公司、法國國家圖書館（Bibliothéque Nationale de France）、普林斯頓大學燧石圖書館罕見藏書部、佛羅倫斯檔案館（Archivio di Stato di Firenze）、亨庭頓圖書館（Huntington Library）以及南加州大學圖書館。

參加哥倫比亞大學十八世紀研討會（Columbia University Eighteenth Century Seminar）、紐約州立大學水牛城分校近代早期研討會（University of Buffalo Early Modern Seminar）、耶魯大學法國研究研討會、TEDx New Wall Street、哥倫比亞大學Maison

Française、哈佛商學院政治經濟新觀點研討會（Harvard Business School Seminar on New Perspectives on Political Economy）、華頓商學院經濟史研討會（Wharton School Economic History Seminar）、史丹佛人文中心（Stanford Humanities Center）、南加州大學—劍橋大學CRASSH物質文化研討會（the USC-Cambridge University CRASSH seminar on material culture）、劍橋大學經濟史研討會（Cambridge University Economic History Seminar）、Borchard基金會、海牙的Huygens學會、烏得勒支的笛卡兒中心（Descartes Centre）、阿姆斯特丹的費利克斯美麗提斯基金會（Felix Meritis Foundation）、奧斯陸的Other Canon基金會、加州大學柏克萊分校的啟蒙時代二・〇研討會（University of California Berkeley Seminar on the Enlightenment 2.0）、羅格斯大學政治近代早期英國與歐洲政治論證法研討會（Seminar on Political Polemics in Early Modern Britain and Europe）、《*Journal of Interdisciplinary History*》期刊、Fondazione Luigi Firpo、拿坡里費德里科二世大學（University Federico II di Napoli）、南加州大學近代早期研究協會（Early Modern Studies Institute）與法律、歷史暨文化中心（Center for Law, History and Culture）以及加州理工學院亨庭頓圖書館的近代早期分類法辯論討論會等，讓我的概念（本書討論的概念）變得更扎實。另外，我還要感謝我在南加州大學的會計、政治暨道德研究室的學生，因為他們，我對本書的想法變得更加透徹。

Waste Management, see www.sec.gov/litigation/complaints/comp17753.htm and www.sec.gov/litigation/litreleases/lr17039.htm .
26. Toffler, *Final Accounting*, 217.
27. Ibid., 213.
28. Elizabeth Bumiller, "Bush Signs Bill Aimed at Fraud in Corporations," *New York Times*, July 31, 2002. Note also that in 2002, President Bush cut SEC funding by 27 percent, causing its chairman, Harvey Pitt, to publicly warn that "the administration' s level of financing will not allow it to undertake important initiatives" : Stephen Labaton, "Bush Tries to Shrink S.E.C. Raise Intended for Corporate Cleanup," *New York Times*, October 19, 2002.
29. Adam Jones, "Auditors Criticized for Role in Financial Crisis," *Financial Times*, March 30, 2011; Adam Jones, "Big Four Rivals Welcome Audit Shakeup," *Financial Times*, February 2, 2013.
30. Andrew Ross Sorkin, "Realities Behind Prosecuting Big Banks," *New York Times*, March 11, 2013.
31. Matt Taibbi, "The People vs. Goldman Sachs," *Rolling Stone*, May 11, 2011; "Government Accounting Book-Cooking Guide: The Public Sector Has Too Much Freedom to Dress Up the Accounts," *Economist*, April 7, 2012; Peter J. Henning, "Justice Department Again Signals Interest to Pursue Financial Crisis Cases," *New York Times*, August 26, 2013.

結論

1. Dickens, *Little Dorrit*, 107.
2. "Government Accounting Book-Cooking Guide: The Public Sector Has Too Much Freedom to Dress Up the Accounts," *Economist,* April 7, 2012.
3. "An Aberrant Abacus: Coming to Terms with China' s Untrustworthy Numbers," *Economist,* May 1, 2008; Timothy Irwin, "Accounting Devices and Fiscal Illusions," *IMF Staff Discussion Note*, March 28, 2012, www.imf.org/external/pubs/ft/sdn/2012/sdn1202.pdf; Alan J. Blinder, "Financial Collapse: A Ten-Step Recovery Plan," *New York Times,* January 19, 2013.
4. Jean-Baptiste Say, *Traité d'économie politique ou simple exposition de la manière dont se forment, se distribuent et se composent les richesses* (Paris: Crapalet, 1803).

the 1970s," *Accounting and Business Research* 37, suppl. 1 (2007): 1; Mike Brewster, *Unaccountable: How the Accounting Profession Forfeited a Public Trust* (Hoboken, NJ: John Wiley & Sons, 2003), 81.

9. Allen and McDermott, *Accounting for Success*, 71; Previts and Merino, *A History of Accountancy in the United States*, 70, 270.
10. Kees Camfferman and Stephen A. Zeff , *Financial Reporting and Global Capital Markets: A History of the International Accounting Standards Committee 1973–2000* (Oxford: Oxford University Press, 2006), 21–24; "The Norwalk Agreement," www.fasb.org/news/memorandum.pdf .
11. Barbara Ley Toffler, *Final Accounting: Ambition, Greed and the Fall of Arthur Andersen* (New York: Crown, 2003), 18; Robert A. G. Monks and Nell Minow, *Corporate Governance* (New York: John Wiley & Sons, 2008), 563.
12. Toffler, *Final Accounting*, 28, 41.
13. Ibid., 14.
14. Allen and McDermott, *Accounting for Success*, 171–172.
15. Ibid., 173.
16. Ibid., 175–181.
17. Philip G. Joyce, *Congressional Budget Office: Honest Numbers, Power, and Policymaking* (Washington, DC: Georgetown University Press, 2011), 16–17.
18. Richard Cantor and Frank Packer, "Sovereign Credit Ratings," *Current Issues in Economics and Finance of the Federal Reserve Board of New York* 1, no. 3 (1995): 41.
19. Allen and McDermott, *Accounting for Success*, 181.
20. Mark Stevens, *The Big Six: The Selling Out of America's Accounting Firms* (New York: Simon and Schuster, 1991), 28.
21. Richard Melcher, "Where Are the Accountants?" *BusinessWeek*, October 5, 1998.
22. Toffler, *Final Accounting*, 203.
23. Ibid., 138.
24. William Jefferson Clinton, "Statement on Signing the Gramm-Leach-Bliley, Act November 12, 1999," www.presidency.ucsb.edu/ws/?pid=56922 .
25. For the SEC' s charges against Andersen in relation to WorldCom and

Grandin, and Svante Lindqvist (Sagamore Beach, MA: Watson, 2008), 104.

10. The questionnaire is reproduced in Francis Darwin, ed., *The Life and Letters of Charles Darwin* (London, 1887), 3:178–179. All citations come from it.
11. Browne, "The Natural Economy of House holds," 88–99.
12. Ibid., 92–94.
13. Ibid., 97; Charles Darwin, *The Descent of Man, and Selection in Relation to Sex* (London: John Murray, 1871), 1:167–182.
14. Joseph Conrad, *Heart of Darkness*, ed. Ross C. Murfin (Boston: Bedford/St. Martin' s, 1989), 33.
15. Rosita S. Chen and Sheng-Der Pan, "Frederick Winslow Taylor' s Contributions to Cost Accounting," *Accounting Historians Journal* 7, no. 2 (1980): 2.
16. Daniel J. Boorstin, *Th e Americans: The Democratic Experience* (New York: Vintage Books, 1973).
17. Cited by John Huer, *Auschwitz USA* (Lanham, MD: Hamilton Books, 2010), 31.
18. Alfred C. Mierzejewski, *Most Valuable Asset of the Reich: A History of the German National Railway* (Chapel Hill: University of North Carolina Press, 2000), 2:20–21.

## 第十三章

1. Allen and McDermott, *Accounting for Success*, 32–37.
2. Ibid., 31.
3. Ibid., 45, 61.
4. William Z. Ripley, "Stop, Look, Listen! The Shareholder' s Right to Adequate Information," *Atlantic Monthly*, January 1, 1926.
5. Allen and McDermott, *Accounting for Success*, 67.
6. Ibid., 64; John Kenneth Galbraith, *The Great Crash of 1929* (New York: Houghton Mifflin Harcourt, 2000), 64.
7. Previts and Merino, *A History of Accountancy in the United States*, 275.
8. Securities Act of 1933, www.sec.gov/about/laws/sa33.pdf, section19; Stephen A. Zeff , "The SEC Rules Historical Cost Accounting: 1934 to

*Accountancy in the United States*, 99; Porter, *Trust in Numbers*, 91, 103.
16. Allen and McDermott, *Accounting for Success*, 14, 34.
17. John Moody, *How to Analyze Railroad Reports* (New York: Analyses, 1912),18–21; Previts and Merino, *A History of Accountancy in the United States*, 216.
18. Previts and Merino, *A History of Accountancy in the United States*, 157.
19. Ibid., 116–117.
20. Ibid., 98.
21. Ibid., 132; D. A. Keister, "The Public Accountant," *The Book-Keeper* 8, no. 6 (1896): 21–23.
22. Charles Waldo Haskins, *Business Education and Accountancy* (New York: Harper & Brothers, 1904), 32, 54.
23. Charles Waldo Haskins, *How to Keep House hold Accounts: A Manual of Family Accounts* (New York: Harper & Brothers, 1903), v, 13–14.

### 第十二章

1. Honore de Balzac, *L'Interdiction* (Paris: Editions Garnier Freres, 1964), 37.
2. Charles Dickens, *A Christmas Carol* (Clayton, DE: Prestwick House,2010), 21.
3. Charles Dickens, *Little Dorrit*, ed. by Peter Preston (Ware, UK: Wordsworth Editions, 1996), 102.
4. Henry David Thoreau, *Walden or Life in the Woods* (Mansfield Centre, CT: Martino, 2009), 26.
5. Ibid., 17, 28.
6. Amanda Vickerey, "His and Hers: Gender, Consumption and Household Accounting in Eighteenth-Century England," *Past and Present* 1, Supplement 1 (2006): 12–38.
7. Porter, *Trust in Numbers*, 17–30.
8. Thomas Malthus, *An Essay on the Principle of Population* (New York: Oxford University Press, 1999), 61.
9. Janet Browne, "The Natural Economy of House holds: Charles Darwin' s Account Books," in *Aurora Torealis: Studies in the History of Science and Ideas in the Honor Tore Frängsmyr*, ed. Marco Beretta, Karl

Sector Accounting System in France and Britain, 90. Quotations from John Bowring, *Report of the Public Accounts of France to the Right Honorable the Lords Commissioners of His Majesty's Treasury* (London: House of Commons, 1831), 3–7.

4. Oliver Evans, "Steamboats and Steam Wagons," *Hazard's Register of Pennsylvania* 16 (July–January 1836): 12.
5. Hobsbawm, *Industry and Empire*, 88, 93.
6. Previts and Merino, *A History of Accountancy in the United States*, 69, 110, 134; Alfred D. Chandler, *The Visible Hand: The Managerial Revolution in American Business* (Cambridge, MA: Harvard University Press, 1977), 122.
7. Theodore M. Porter, *Trust in Numbers: The Pursuit of Objectivity in Science and Public Life* (Princeton, NJ: Princeton University Press, 1995), 60.
8. Ibid., 87–88.
9. Chandler, *The Visible Hand*, 11, 110; Vanessa Ogle, *Contesting Time: The Global Struggle for Uniformity and Its Unintended Consequences, 1870s–1940s* (Cambridge, MA: Harvard University Press, forthcoming).
10. Chandler, *The Visible Hand*, 110–112; Previts and Merino, *A History of Accountancy in the United States*, 99.
11. Drew quotation from Previts and Merino, *A History of Accountancy in the United States*, 112; Mark Twain, Letter to *The San Francisco Alta California*, May 26, 1867.
12. "Reports of Cases Decided on All the Courts of Equity and Common Law in Ireland for the Year 1855," *The Irish Jurist* 1 (1856): 386–387; *Times of London*, February 18, 1856; Dickens quotation from *The Dictionary of National Biography*, ed. Sydney Lee (New York: Macmillan, 1897), 50:103.
13. Brown, *A History of Accounting and Accountants*, chaps. 3–4; Previts and Merino, *A History of Accountancy in the United States*, 69.
14. Brown, *A History of Accounting and Accountants*, 285.
15. David Grayson Allen and Kathleen McDermott, *Accounting for Success: A History of Price Water house in America 1890–1990* (Cambridge, MA: Harvard Business School Press, 1993), 4; Previts and Merino, *A History of*

26. Rappleye, *Robert Morris*, 234; Schoderbek, "Robert Morris and Reporting for the Treasury Under the U.S. Continental Congress," 10–11.
27. Schoderbek, "Robert Morris and Reporting for the Treasury Under the U.S. Continental Congress," 12.
28. Ibid., 16– 17.
29. Robert Morris, *A State of the Receipts and Expenditures of Public Monies upon Warrants from the Superintendent of Finance, from the 1st of January, 1782, to the 1st of January 1783*. Cited in Schoderbek, "Robert Morris and Reporting for the Treasury Under the U.S. Continental Congress," 18, 28.
30. Quotations from McCraw, *The Found ers and Finance*, 16.
31. Ibid., 17–18.
32. Ibid., 24, 54.
33. Jack Rackove, *Original Meanings: Politics and Ideas in the Making of the Constitution* (New York: Vintage Books, 1997), 236.
34. Ron Chernow, *Alexander Hamilton* (New York: Penguin Books, 2004), 249.
35. Albert Gallatin, the Genevan one-time French tutor at Harvard and longest serving secretary of the Treasury in U.S. history wrote his own detailed *Sketch of the Finances of the United States* in 1796; *Journal of the First Session of the Second House of Representatives of the Commonwealth of Pennsylvania* (Philadelphia: Francis Bailey and Thomas Lang, 1791), last two pages of "Appendix" ; John Nicholson, *Accounts of Pennsylvania* (Philadelphia: Comptroller-General' s Office, 1785), 1 of the "Advertisement."

第十一章

1. Lady Holland, *A Memoir of the Reverend Sydney Smith* (London: Longman, Brown, Green and Longmans, 1855) 2:215.
2. Hugh Coombs, John Edwards, and Hugh Greener, eds., *Double-Entry Bookkeeping in British Central Government, 1822–1856* (London: Routledge, 1997), 3–5.
3. John Bowring, *Report on the Public Accounts of the Netherlands* (London: House of Commons, 1832); Nikitin, "The Birth of a Modern Public

*Biography* 55, no. 2 (1931): 97–133; Ellen R. Cohn, "The Printer at Passy," in *Benjamin Franklin in Search of a Better World*, ed. Page Talbott (New Haven, CT: Yale University Press, 2005), 246–250.

15. Stacy Schiff , *A Great Improvisation: Franklin, France, and the Birth of America* (New York: Henry Holt, 2005), 87, 268; Franklin and Necker corresponded February 21, 1780, and April 10, 1781. Quotations from Benjamin Franklin, *The Writings of Benjamin Franklin*, ed. Albert Henry Smyth (New York: Macmillan, 1907), 8:581–583.
16. Stephanie E. Smallwood, *Saltwater Slavery: A Middle Passage from Africa to American Diaspora* (Cambridge, MA: Harvard University Press, 2008), 98.
17. William Peden, "Thomas Jefferson: The Man as Reflected in His Account Books" *Virginia Quarterly Review* 64, no. 4 (1988): 686–694; Thomas Jefferson, *The Works of Thomas Jefferson*, Federal Edition (New York: G. P. Putnam' s Sons, 1904–1905). II "inscription for an african slave" : 1.
18. All of Washington' s accounts are online: http://memory.loc.gov/ammem/gwhtml/gwseries5.html.
19. Previts and Merino, *A History of Accountancy in the United States*, 46; Jack Rakove, *Revolutionaries: A New History of the Invention of America* (New York: Houghton Mifflin Harcourt, 2010), 233.
20. Marvin Kitman, *George Washington's Expense Account* (New York: Grove Press, 1970), 15.
21. Facsimile of the *Accounts of G. Washington with the United States, Commencing June 1775, and Ending June 1783, Comprehending a Space of 8 Years* (Washington, DC: Treasury Department, 1833), 65–66.
22. Ibid., 5–6; Kitman, *George Washington's Expense Account*, 127–129, 276.
23. Thomas K. McCraw, *The Founders and Finance: How Hamilton, Gallatin, and Other Immigrants Forged a New Economy* (Cambridge, MA: Harvard University Press, 2012), 65–66.
24. Michael P. Schoderbek, "Robert Morris and Reporting for the Treasury Under the U.S. Continental Congress," *Accounting Historians Journal* 26, no. 2 (1999): 5–7.
25. Ibid., 7–8; Charles Rappleye, *Robert Morris: Financier of the American Revolution* (New York: Simon and Schuster, 2010), 231.

## 第十章

1. Quotations from Previts and Merino, *A History of Accountancy in the United States*, 15–17; Bernard Bailyn, *Th e New England Merchants in the Seventeenth Century* (New York: Harper Torchbook, 1964), 170.
2. W. T. Baxter, "Accounting in Colonial America," in *Studies in the History of Accounting*, ed. Littleton and Yamey, 278.
3. Quotations from Previts and Merino, *A History of Accountancy in the United States*, 17, 21.
4. John Mair, frontispiece and page 4 of preface to *Book-Keeping Methodiz'd; or A methodical treatise of MERCHANT-ACCOMPTS, according to the Italian Form* (Edinburgh: W. Sands, A. Murray, and J. Cochran, 1765). Library Company of Philadelphia: Am 1765 Mai Dj.8705.M228 1765.
5. Baxter, "Accounting in Colonial America," 279.
6. Ibid.
7. Max Weber, *The Protestant Ethic and the Spirit of Capitalism*, 50–67.
8. Benjamin Franklin, *The Autobiography and Other Writings on Politics, Economics and Virtue*, ed. Alan Houston (Cambridge: Cambridge University Press, 2004), 34–35.
9. Benjamin Franklin, *Papers of Franklin*, ed. by Leonard W. Lebaree and Whitfield Bell Jr. (New Haven, CT: Yale University Press, 1960), 1:128; Franklin, *Autobiography*, 81.
10. Franklin, *Papers of Benjamin Franklin*, 5:165–167.
11. Ibid., 5:174–175.
12. Benjamin Franklin, *DIRECTIONS to the DEPUTY POST- MASTERS, for keeping their ACCOUNTS* (Broadside, Philadelphia, 1753), Pennsylvania Historical Society, Ab [1775]–35, 61×48 cm; *The Ledger of Doctor Benjamin Franklin, Postmaster General, 1776. A Facsimile of the Original Manuscript Now on File on the Records of the Post Office Department of the United States* (Washington, DC, 1865).
13. *The Ledger of Doctor Benjamin Franklin*, 127, 172–173.
14. Benjamin Franklin and George Simpson Eddy, "Account Book of Benjamin Franklin Kept by Him During His First Mission to England as Provincial Agent 1757–1762," *Pennsylvania Magazine of History and*

26. Desrosieres, *The Politics of Large Numbers*, 31.
27. *Courrier d'Avignon*, April 22, 1788, 134–135.
28. Francois-Auguste-Marie-Alexis Mignet, *History of the French Revolution, from 1789–1814* (London: George Bell and Sons, 1891), 36.
29. Seaward, "Parliament and the Idea of Political Accountability in Early Modern Britain," 59; "Of Accountability," *Authentic Copy of the New Constitution of France, Adopted by the National Convention, June 23, 1793* (London: J. Debrett, 1793), 15, clauses 105–106. The OED traces the first English appearance of the word to 1794; *Constitution of 1791*: "Detailed accounts of the expenditure of ministerial departments, signed and certified by the ministers or general managers, shall be rendered public by being printed at the beginning of the sessions of every legislature. {260}

    The same shall apply to statements of receipts from divers taxes; and from all public revenues.

    The statements of such expenditures and receipts shall be differentiated according to their nature, and shall indicate the sums received and expended from year to year in each and every district.

    The special expenditures of each and every department relative to courts, administrative bodies, and other establishments likewise shall be rendered public (5, 3)."
30. *Convention Nationale: Projet d'organisation du Bureau de Comptabilité* (Paris: Par Ordre de la Convention Nationale, 1792), 25, 28, Maclure Collection, 1156:1, University of Pennsylvania, Special Collections Library; Antoine Burté, "Pour L' Assemblée Nationale. Observations rapides sur les conditions d' eligibilité des Commissaires de la Comptabilité" (Paris: Imprimérie Nationale, 1792), 5–13, Maclure Collection, 735:5, University of Pennsylvania, Special Collections Library.
31. Isser Woloch, *The New Régime: Transformations of the French Civic Order, 1789–1820s* (New York: W. W. Norton, 1994), 40; "Compte rendu par le Ministre de la Marine à l' Assemblée Nationale 31 Oct. 1791" (Paris: Imprimérie Nationale, 1791), Maclure 974:19, University of Pennsylvania, Special Collections Library.

20. Ibid., 10, 116; Egret, *Necker*, 200.
21. Burnand, *Les Pamphlets contre Necker*, 96; Jean-Claude Perrot, "Nouveautés: L' économie politique et ses livres," in *L'Histoire de l'édition francaise*, ed. Roger Chartier et Henri-Jean Martin (Paris: Fayard/ Promodis, 1984), 2:322; Stourm, *Les finances de l'Ancien Régime et de la Révolution*, 191; Charles-Joseph Mathon de la Cour, *Collection de Compte-Rendu, pièces authentiques, états et tableaux, concernant les finances de France depuis 1758 jusqu'en 1787* (Paris: Chez Cuchet, Chez Gatteu, 1788), iii–iv.
22. Bosher, *French Finances*, 126; Legay, "Beginnings of Public Management," 285. "In the introduction to the Declaration on Accounting of October 17, 1779, Necker had pointed out how the flaws in the Royal Treasury' s system of accounting made it impossible to manage government accounts. Necker noted that the Treasury had 'incomplete information' and that many expenditures left 'no traces.' In order to obtain accurate results, Necker warned, it would take 'an immense amount of work.' " Text cited in Stourm, *Les finances de l'Ancien Régime et de la Révolution*, 2:189; M. A. Bailly, *Histoire financière de la France depuis l'origine de la Monarchie jusqu'* à *la fin de 1786. Un tableau général des anciennes impositions et un état des recettes et des dépenses du trésor royal* à *la même époque* (Paris: Moutardier, 1830), 1:238; Egret, *Necker*, 177. Quotation from Vergennes to Louis XVI, May 3, 1781, in Jean-Louis Soulavie, *Mémoires historiques et politiques du règne de Louis XIV* (Paris: Treuttel et Wurtz, 1801), 4:149–159.
23. Renee-Caroline, marquise de Créquy, *Souvenirs de 1710* à *1803* (Paris: Garnier Frères, 1873), 7:33–36.
24. "Les pourquoi, ou la réponse verte," in *Collection complette*, 3:141.
25. Charles Alexandre, vicomte de Calonne, *Réponse de M. de Calonne* à *l'Écrit de M. Necker; contenant l'Examen des comptes de la situation des Finances Rendus en 1774, 1776, 1781, 1783 & 1787 avec des Observations sur les Résultats de l 'Assemblée des Notables* (London: T. Spilsbury, 1788), 6, 51. A copy in the Rare Books Collection at Princeton University is bound with the separate "Pièces justificative ou accessoires," which contains numerous tables prepared by Calonne.

(Utrecht, 1782), 3:63; Louis-Petit de Bachaumont et al., *Mémoires secrets pour servir à l'histoire de la République des lettres en France* (London: John Adamson, 1784), 15:56.

13. Egret, *Necker*, 61. Burnand, *Les Pamphlets contre Necker*, 95; Augéard was the author of a number of seditious pamphlets. Bachaumont, *Mémoires secrets pour servir à l'histoire de la République des lettres en France*, 15:152. Quotations from "Lettre de M. Turgot à M. Necker," in *Collection Complette*, 1:8.
14. "Lettre de M. Turgot à M. Necker," in *Collection Complette*, 1:8; Jacques-Mathieu Augéard, *Mémoires Sécrets* (Paris: Plon, 1866), 136. Also see Burnand, *Les Pamphlets contre Necker*, 96, 108–110.
15. Michel Antoine, *Le coeur de l'État*, 506–519; Burnand, *Les Pamphlets contre Necker*, 80–81; Jacques Necker, *Sur le Compte Rendu au Roi en 1781. Nouveaux éclaircissemens par M. Necker* (Paris: Hôtel de Thou, 1788), 7–8; Stourm, *Les finances de l'Ancien Régime et de la Révolution*, 2:194–197; Robert D. Harris, "Necker' s Compte Rendu of 1781: A Reconsideration," *Journal of Modern History* 42, no. 2 (1970): 161–183; Robert Darnton, "The Memoirs of Lenoir, Lieutenant of Police of Paris, 1774–1785," *English Historical Review* 85, no. 336 (1970): 536; Egret, *Necker*, 170; Jeremy Popkin, "Pamphlet Journalism at the End of the Old Regime," *Eighteenth-Century Studies* 22, no. 3 (1989): 359. For Necker' s surplus number see Jacques Necker, *Compte rendu au roi* (Paris: Imprimerie du Cabinet du Roi, 1781), 3. 1 livre = 0.29 grams of pure gold; 1 livre = 20 sols, or sous; 1 sou = 12 deniers.
16. On the rise of mathematics and the social sciences in political culture, see Keith Michael Baker, "Politics and Social Science in Eighteenth-Century France: The 'Société de 1789,' " in *French Government and Society 1500–1850: Essays in Memory of Alfred Cobban*, ed. J. F. Bosher (London: Athlone Press, 1973), 225.
17. Necker, *Compte rendu au roi*, 2–4; Munro Price, *Preserving the Monarchy: The Comte de Vergennes 1784–1787* (Cambridge: Cambridge University Press, 1995), 55–56.
18. Necker, *Compte rendu au roi*, 3–5, 104.
19. Ibid., 45.

(Cambridge, MA: Belknap Press of Harvard Press, 2005), 326; Eugene Nelson White, "The French Revolution and the Politics of Government Finance, 1770–1815," *Journal of Economic History* 55, no. 2 (1995): 229; Michael Sonenscher, *Before the Deluge: Public Debt, Inequality, and the Intellectual Origins of the French Revolution* (Prince ton, NJ: Princeton University Press, 2007), 1– 3; Dan Edelstein, *The Terror of Natural Right: Republicanism, the State of Nature and the French Revolution* (Chicago: University of Chicago Press, 2009), 102; Edmund Burke, *Reflections on the French Revolution*, in *Readings in Western Civilization: The Old Regime and the French Revolution*, ed. Keith Michael Baker (Chicago: University of Chicago Press, 1987), 432.

9. White, "The French Revolution and the Politics of Government Finance," 230–231; Leonard Burnand, *Les Pamphlets contre Necker. Medias et imginaire politique au XVIIIe siècle* (Paris: Éditions Classiques Garnier, 2009), 81; Rene Stourm, *Les finances de l'Ancien Régime et de la Révolution. Origins du système actuel* (first printing 1885; New York: Burt Franklin, 1968), 2:188.
10. J. F. Bosher, *French Finances 1770–1795: From Business to Bureaucracy* (Cambridge: Cambridge University Press, 1970), 23–25; Joel Felix, *Finances et politiques au siècle des Lumières. Le ministère L'Averdy, 1763–1768* (Paris: Comité pour l' Histoire Économique et Financière de la France, 1999), 144–145.
11. Jean Egret, *Necker, ministre de Louis XVI 1776–1790* (Paris: Honoré Champion, 1975), 123, 170; Michel Antoine, *Le coeur de l'État* (Paris: Fayard, 2003), 506–519; Burnand, *Les pamphlets*, 80–81; Jean Egret, *Parlement de Dauphiné et les affaires publiques dans la deuxième moitié du XVIIIe siècle* (Paris: B. Arthuad, 1942), 2:133–140; Marie-Laure Legay, "The Beginnings of Public Management: Administrative Science and Political Choices in the Eighteenth Century in France, Austria, and the Austrian Netherlands," *Journal of Modern History* 81, no. 2 (2009): 280; Shovlin, *The Political Economy of Virtue*, 148.
12. Charles Alexandre, vicomte de Vergennes, "Lettre de M. le marquis de Caraccioli à M. d' Alembert," in *Collection complette de tous les ouvrages pour et contre M. Necker, avec des notes critiques, politiques et secretes*

For the posters, see "Modelles des Registres Journaux que le Roy, en son Conseil, Veut et ordonne estre tenus par les Receveurs Généraux des Finances, Caissier de leur Caisse commune, Commis aux Recettes générales, Receveurs des Tailles, Et autres Receveurs des Impositions ( . . . ). Execution de l' Edit du mois du juin 1716. des Déclarations des 10 Juin 1716. 4 Octobre & 7 Décembre 1723. Et de l' Arrest du Conseil du 15 Mars 1724 portant Réglement pour la tenuë desdits Registres-Journaux (1724)."

4. Yannick Lemarchand, "Comptabilite, discipline, et finances publiques: Un experience d' introduction de la partie double sous la Régence," *Politiques et Management Public* 18, no. 2 (2000): 93–118.
5. Claude Pâris La Montagne, "Traitté des Administrations des Recettes et des Dépenses du Royaume," (1733) AN 1005, II : 3–8, 48–49, 55, 66, 336. It is not clear if this treatise was earlier than the 1733 date on the manuscript. On the Pâris brothers' accounting reforms of the 1720s, see *Declaration du Roy concernant la tenue des Registres Journaux* (Versailles: October 4, 1723), 1, which codified in law the practice that all "Accountants, Treasurers, Receivers, Cashiers, Accountant' s Apprentices in our Finances, Tax Farms and depositories of public funds" would have to follow a strict law of daily double-entry accounting by keeping a "Daily Register."
6. Pâris La Montagne, "Traitté des Administrations des Recettes et des Dépenses du Royaume," 128.
7. Jean-Claude Perrot, *Une histoire intellectuelle de l'économie politique XVIIe–XVIIIe siècle* (Paris: Éditions de l' EHESS, 1992), 162; Sophus Reinert, *Translating Empire: Emulation and the Origins of Political Economy* (Cambridge, MA: Harvard University Press, 2011), 177; Steven L. Kaplan, *Bread, Politics, and Political Economy in the Reign of Louis XIV* (The Hague: Martinus Nijhof, 1976),2: 660–675.
8. David Hume, "Of Public Credit," in *Essays, Moral, Political and Literary*, 2:ix, 2, and 2:x, 28; J. G. A. Pocock, *The Machiavellian Moment*, 496–497; Istvan Hont, "The Rhapsody of Public Debt: David Hume and Voluntary State Bankruptcy," in *Jealousy of Trade: International Competition and the Nation-State in Historical Perspective*, ed. Istvan Hont

1790, 3:149; Josiah Wedgwood Jr. to Wedgwood, July 28, 1789, 3:95.

31. Wedgwood to Priestley, November 30, 1791, in Wedgwood, *Correspondence*, 3:178.
32. Dolan, *Josiah Wedgwood*, 368.
33. Ibid., 380.
34. Adam Smith, *Wealth of Nations*, 3:3, 2; 4:5, 34.
35. Jeremy Bentham, *An Introduction to the Principles of Morals and Legislation* (1789), 1–13.

第九章

1. On France' s role as the center of Enlightenment and financial debate, see Robert Darnton, "Trends in Radical Propaganda on the Eve of the French Revolution (1782–1788)" (DPhil diss., Oxford University, 1964), 196–232; John Shovlin, *The Political Economy of Virtue: Luxury, Patriotism, and the Origins of the French Revolution* (Ithaca, NY: Cornell University Press, 2006), 148.
2. Marc Nikitin, "The Birth of a Modern Public Sector Accounting System in France and Britain and the Influence of Count Mollien," *Accounting History* 6, no. 1 (2001): 75–101; Yannick Lemarchand, "Accounting, the State and Democracy: A Long-Term Perspective on the French Experiment, 1716–1967," *LEMNA* WP 2010 43 (2010): 1–26; Seaward, "Parliament and the Idea of Political Accountability in Early Modern Britain," 59. In English, this clearly meant both financial and political accountability. In Romance languages, *accountability* is still translated as "responsibility." Also see "Accountability" in the OED. On English public accounting, see William F. Willoughby, Westel W. Willoughby, and Samuel McCune Lindsay, *The System of Financial Administration of Great Britain: A Report* (New York: D. Appleton, 1917); P. G. M. Dickson, *The Financial Revolution in England*, 81; John Torrance, "Social Class and Bureaucratic Innovation: The Commissioners for Examining the Public Accounts 1780–1787," *Past and Present* 78 (1978): 65; Henry Roseveare, *The Treasury, 1660–1870*, 1.
3. Yannick Lemarchand, "Introducing Double-Entry Bookkeeping in Public Finance," *Accounting, Business, and Financial History* 9 (1999): 228–229.

*Wedgwood: Entrepreneur to the Enlightenment* (London: Harper Perennial, 2005), 288; Nancy F. Koehn, "Josiah Wedgwood and the First Industrial Revolution," in *Creating Modern Capitalism: How Entrepreneurs, Companies, and Countries Triumphed in Three Industrial Revolutions*, ed. Thomas K. McCraw (Cambridge, MA: Harvard University Press, 1997), 40.

18. Wedgwood to Bentley, September 27, 1769, in Wedgwood, *Correspondence*, 1:291; Koehn, "Josiah Wedgwood and the First Industrial Revolution," 45.
19. Quoted in Neil McKendrick, "Josiah Wedgwood and Cost Accounting in the Industrial Revolution," *Economic History Review* 23, no. 1 (1970): 49. Also see Wedgwood to Bentley, August 23, 1772, in Wedgwood, *Correspondence*, 1:477.
20. McKendrick, "Josiah Wedgwood and Cost Accounting in the Industrial Revolution," 50–54.
21. Ibid., 54–55.
22. Dolan, *Josiah Wedgwood*, 40; McKendrick, "Josiah Wedgwood and Cost Accounting in the Industrial Revolution," 58–59.
23. McKendrick, "Josiah Wedgwood and Cost Accounting in the Industrial Revolution," 60–62.
24. T. S. Ashton, *Economic Fluctuations in En gland, 1700–1800* (Oxford: Oxford University Press, 1959), 128; McKendrick, "Josiah Wedgwood and Cost Accounting in the Industrial Revolution," 64.
25. Dolan, *Josiah Wedgwood*, 52.
26. Carl B. Cone, "Richard Price and Pitt' s Sinking Fund of 1786," *Economic History Review* 4, no. 2 (1951): 243; Peter Dickson, *The Financial Revolution in England: A Study in the Development of Public Credit 1688–1756* (New York: St. Martin' s Press, 1967).
27. Binney, *British Public Finance and Administration*, 254, 207–208, 254.
28. Ibid., 254.
29. Ibid.
30. In Wedgwood, *Correspondence*, Wedgwood to Bentley, June 1, 1780, 2:466; Wedgwood to Bentley, June 10, 1780, 2:469; Wedgwood to Bentley, June 5, 1780, 2:468; Josiah Wedgwood Jr. to Wedgwood, July 5,

6. Edwards, "Teaching 'merchants accompts' in Britain During the Early Modern Period," 19.
7. Quotations from Richard Bentley, *Sermons Preached at Boyle's Lecture*, ed. Alexander Dyce (London: Francis Macpherson, 1838), 227–228; Margaret Jacob, *The Newtonians and the English Revolution 1689–1720* (Ithaca, NY: Cornell University Press, 1976), 160; Deborah Harkness, "Accounting for Science: How a Merchant Kept His Books in Elizabethan London," in *Self-Perception and Early Modern Capitalists*, ed. Margaret Jacob and Catherine Secretan (London: Palgrave Macmillan, 2008), 214–215.
8. Matthew Kadane, *The Watchful Clothier: The Life of an Eighteenth-Century Protestant Capitalist* (New Haven, CT: Yale University Press, 2013), 45; Adam Smyth, *Autobiography in Early Modern Britain* (Cambridge: Cambridge University Press, 2010), chap. 2.
9. Kadane, *The Watchful Clothier*, 162, 169.
10. Wedgwood to Bentley, October 26, 1762, in Josiah Wedgwood, *Correspondence of Josiah Wedgwood*, ed. Katherine Eufemia Farrer (Cambridge: Cambridge University Press, 2010), 1:6.
11. Ibid. Quotations are in the same volume, from Wedgwood to Bentley, October 1, 1769, 1:297; Wedgwood to Bentley, September 3, 1770, 1:375; Wedgwood to John Wedgwood, June 4, 1766, 1:87; Wedgwood to his brother, John Wedgwood, March 1765, 1:39. Also see Sidney Pollard, *The Genesis of Modern Management: A Study of the Industrial Revolution in Great Britain* (London: Edward Arnold, 1965), 211.
12. Yamey, *Art and Accounting*, 36.
13. Pollard, *The Genesis of Modern Management*, 210.
14. Ibid., 222–223.
15. James Watt Papers, James Watt to his father, July 21, 1755, MS 4/11 letters to father, 1754–1774, Birmingham City Library.
16. A. E. Musson and Eric Robinson, *Science and Technology in the Industrial Revolution* (Manchester, UK: Manchester University Press, 1969), 210–211; Pollard, *The Genesis of Modern Management*, 214, 229, 231.
17. Quotation from Josiah Wedgwood to Thomas Bentley, August 2, 1770, in Wedgwood, *Correspondence*, 1:357. Also see Brian Dolan, *Josiah*

*Working Paper Series in Accounting and Finance* A2009/2 (2009), 20; Deringer, "Calculated Values," 146.
23. Paul, "Limiting the Witch- Hunt," 7; Pearce, *The Great Man*, 95; John Carswell, *The South Sea Bubble* (Stanford, CA: Stanford University Press, 1960), 260–261.
24. Plumb, *Sir Robert Walpole*, 1:332.
25. Deringer, "Calculated Values," 149; Carswell, *The South Sea Bubble*, 237; Paul, "Limiting the Witch- Hunt," 3.
26. Thomas Gordon, *Cato's Letters* (Saturday, January 19, 1723), Liberty Fund, http://oll.libertyfund.org /index, IV: no. 112.
27. Brisco, *The Economic Policy of Robert Walpole*, 61; Black, *Robert Walpole*, 27.
28. Brisco, *The Economic Policy of Robert Walpole*, 62–65; Black, *Robert Walpole*, 29.
29. Samuel Johnson, *London* (1738), ed. Jack Lynch, http://andromeda.rutgers.edu/~jlynch /Texts /london.html; Henry Fielding, *Shamela*, ed. Jack Lynch, http://andromeda .rutgers.edu/~jlynch/Texts/shamela.html .

**第八章**

1. Eric Hobsbawm, *Industry and Empire: The Birth of the Industrial Revolution* (New York: Free Press, 1998), xi.
2. Roger North, *The Gentleman Accomptant* (London, 1714), i recto–v recto, 1–2; Binney, *British Public Finance and Administration*, 256.
3. Edwards, "Teaching 'merchants accompts' in Britain During the Early Modern Period," 1, 13–17; N. A. Hans, *New Trends in Education in the Eighteenth Century* (London: Routledge & Keegan Paul, 1951), 66–69, 92–93.
4. Edwards, "Teaching 'merchants accompts' in Britain During the Early Modern Period," 25–27.
5. Margaret C. Jacob, "Commerce, Industry and the Laws of Newtonian Science: Weber Revisited and Revised," *Canadian Journal of History* 35, no. 2 (2000): 272–292; Jan de Vries, "The Industrial Revolution and the Industrious Revolution," *Journal of Economic History* 54, no. 2 (1994): 249– 270.

12. Jeremy Black, *Robert Walpole and the Nature of Politics in Early Eighteenth Century England* (New York: St. Martin' s Press, 1990), 27.
13. Norris Arthur Brisco, *The Economic Policy of Robert Walpole* (New York: Columbia University Press, 1907), 43– 45; Richard Dale, *The First Crash: Lessons from the South Sea Bubble* (Prince ton, NJ: Prince ton University Press, 2004), 74.
14. Dale, *The First Crash*, 130. For an alternative view on French industrial growth in the eighteenth century, see Jeff Horn, *The Path Not Taken: French Industrialization in the Age of Revolution* (Cambridge, MA: MIT Press, 2008).
15. Dale, *The First Crash*, 82. Deringer, "Calculated Values," 39–47.
16. Quotations from Deringer, "Calculated Values," 85–88; Archibald Hutcheson, *A Collection of Calculations and Remarks Relating to the South Sea Scheme & Stock, Which have been already Published with an Addition of Some Others, which have not been made Publick 'till Now* (London, 1720).
17. Deringer, "Calculated Values," 84.
18. J. H. Plumb, *Sir Robert Walpole: The Making of a Statesman* (Boston: Houghton Mifflin, 1956), 1:306–319.
19. Ibid., 1:302.
20. Deringer, "Calculated Values," 145; Quotations from John Trenchard, *An Examination and Explanation of the South Sea Company's Scheme for Taking in the Publick Debts. Shewing, That it is Not Encouraging to Those Who Shall Become Proprietors of the Company, at Any Advanced Price. And That it is Against the Interest of Those Proprietors Who Shall Remain with Their Stock Till They are Paid Off by the Government, That the Company Should Make Annually Great Dividend Than Their Profits Will Warrant. With Some National Considerations and Useful Observations* (London, 1720), 8, 16–17, 25–26.
21. Edward Pearce, *The Great Man: Sir Robert Walpole: Scoundrel, Genius and Britain's First Prime Minister* (London: Jonathan Cape, 2007), 427.
22. Quotations from Helen Paul, "Limiting the Witch- Hunt: Recovering from the South Sea Bubble," *Past, Present and Policy Conference* 3–4 (2011): 2 and John Richard Edwards, "Teaching 'merchants accompts' in Britain During the Early Modern Period," *Cardiff Business School*

(Oxford: Oxford University Press, 1958), 5.

2. Quotations from Paul Seaward, "Parliament and the Idea of Political Accountability in Early Modern Britain," in *Realities of Representation: State Building in Early Modern Europe and European America*, ed. Maija Jansson (New York: Palgrave Macmillan, 2007), 55– 56.
3. Samuel Pepys, *Diary*, Thurs 21 December 1665; Sunday 4 March 1665/6; and Friday 2 March 1665/6. The Diary of Samuel Pepys Online: www .pepysdiary.com .
4. Henry Roseveare, *Th e Trea sury, 1660–1870: The Foundations of Control* (London: Allen and Unwin, 1973), 1, 21–28.
5. William Peter Deringer, "Calculated Values: The Politics and Epistemology of Economic Numbers in Britain, 1688–1738" (PhD diss., Princeton University, 2012), 79; Raymond Astbury, "The Renewal of the Licensing Act in 1693 and Its Lapse in 1695," *The Library* 5, no. 4 (1978): 311; Charles Davenant, *Discourses on the Publick Revenues* (London: James Knapton, 1698), 1:266, 14–15.
6. *The Mercator* 36, August 13–15, 1713, quoted in Deringer, "Calculated Values," 222.
7. Angus Vine, "Francis Bacon' s Composition Books," *Transactions of the Cambridge Bibliographical Society* 14, no. 1 (2008): 1–31; Margaret C. Jacob, *Scientific Culture and the Making of the Industrial West* (Oxford: Oxford University Press, 1997), 29–33; Thomas Hobbes, *Leviathan*, ed. Richard Tuck (Cambridge: Cambridge University Press, 1996), chap. 4, p. 29; chap 5., p. 31.
8. William Coxe, *Memoirs of the Life and Administration of Sir Robert Walpole* (London: Longman, Hurst, Reese, Orme and Brown, 1816), 1:2.
9. Robert Walpole, *A State of the Five and Thirty Millions Mention'd in the Report of a Committee of the House of Commons* (London: E. Baldwin, 1712), 2.
10. Ibid., 4–5; Hubert Hall, "The Sources for the History of Sir Robert Walpole' s Financial Administration," *Transactions of the Royal Historical Society* 4, no. 1 (1910): 34.
11. John Brewer, *The Sinews of Power: War, Money and the English State 1688–1783* (New York: Alfred A. Knopf, 1989), 116–117.

to Louis XIV, May 22, 1670, ccxxviii; Colbert to Louis XIV, May 24, 1673, with Louis's undated marginal responses in parentheses, ccxxxii. Also see Richard Bonney, "Vindication of the Fronde? The Cost of Louis XIV's Versailles Building Programme," French History 21, no. 2 (2006): 212.

23. For Colbert's administrative folios, see Charles de La Roncière and Paul M. Bondois, Catalogue des Manuscrits de la Collection des Melanges Colbert (Paris: Éditions Ernest Leroux, 1920), 1–100.
24. Colbert, "Memoire pour l'instruction du Dauphin," manuscript in Colbert's hand, 1665, in Colbert, Lettres, 2:1, ccvx and ccxvii.
25. Colbert, Lettres, Colbert to Louis XIV, "Au Roi. Pour le Conseil Royal," 2:1, cci.
26. Bnf Ms. Fr. 6769-91. The figures from the notebook for the year 1680 are reproduced in the Lettres, 2:2, 771–782; "Receuil de Finances de Colbert," Bnf. Ms. Fr. 7753. On the history of the personal agenda and notebook, see Peter Stallybrass, Roger Chartier, J. Franklin Mowrey, and Heather Wolfe, "Hamlet's Tables and the Technologies of Writing in Renaissance England," Shakespeare Quarterly 55, no. 4 (2004): 379–419.
27. Jean-Baptiste Colbert, "Abrégé des finances 1665," Bnf. Ms. Fr. 6771, fols. 4-verso–7-recto; "Abrégé des finances 1671," Bnf. Ms. Fr. 6777, final "table." Colbert, Lettres, 2:2, 771–783 contains all the figures from the agenda of 1680, yet with no mention of their remarkable decoration.
28. Clement, in Colbert, Lettres, 7:xxxviii.
29. Claude Le Pelletier, "Mémoire présenté au Roi par M. Le Pelletier, après avoir quitté les finances, par lequel il rend compte de son administration," June 1691, in Arthur Andre Gabriel Michel de Boislisle and Pierre de Brotonne, eds., Correspondance des Contrôleurs Généraux des Finances (Paris: Imprimerie Nationale, 1874), 1:544; Lionel Rothkrug, Opposition to Louis XIV: The Political and Social Origins of the French Enlightenment (Princeton, NJ: Princeton University Press, 1965), 212–213.

## 第七章

1. J. E. D. Binney, *British Public Finance and Administration 1774–92*

8. Jean Villain, Mazarin, homme d'argent (Paris: Club du Livre d'Histoire, 1956); Gabriel-Jules, comte de Cosnac, Mazarin et Colbert (Paris: Plon, 1892), vol. 1; Murat, Colbert, 22–25.
9. Quotations are from Colbert to Mazarin, September 31, 1651, in Colbert, Lettres, 1:132–141 at 132; and Colbert to Mazarin, September 14, 1652, in Cosnac, Mazarin et Colbert, 1:324. On Mazarin's finances, see Dessert, Colbert ou le serpent venimeux, 52; J. A Bergin, "Cardinal Mazarin and His Benefices," French History 1, no. 1 (1987): 3–26.
10. Colbert to Mazarin, September 14, 1652, in Cosnac, Mazarin et Colbert, 1:324; Daniel Dessert, Argent, pouvoir, et société au Grand Siècle (Paris: Fayard, 1984), 294.
11. Mazarin to Colbert, July 27, 1654, in Cosnac, Mazarin et Colbert, 1:324.
12. Smith, Wealth of Nations, 446.
13. Marie de Rabutin-Chantal de Sévigné, Lettres, ed. M. Suard (Paris: Firmin Didot, 1846), 59.
14. Ibid., 63.
15. Dessert, Argent, pouvoir et société au grand Siècle, 210–237, 300; Murat, Colbert, 61–63; Jean- Baptiste Colbert, "Arrestation de Fouquet; Mésures préparatoires," 1661, in Colbert, Lettres, 2:cxcvi.
16. Pierre-Adolphe Chéruel, ed., Mémoires sur la vie publique et privée de Fouquet, Surintendant des finances. D'apres ses lettres et des pièces inédites conservées à la Bibliothèque Impériale (Paris: Charpentier Éditeur, 1862), 1:489.
17. Dessert, Colbert ou le serpent venimeux, 34; Colbert, Lettres, 7:cxcvi.
18. Colbert, "Mémoires sur les affaires de finances de France pour servir à l'histoire," 1663, in Colbert, Lettres, 2:1, section 2, 17–68. See Dessert's analysis of this text in his Colbert ou le serpent venimeux, 17–37.
19. Colbert, "Mémoires sur les affaires de finances de France pour servir à l'histoire," 19–20, 30–32, 50–51.
20. Ibid., 40–45.
21. Ibid., 44–45.
22. Quotations from Louis XIV, Instructions of the Dauphin, 29; Louis to Ann of Austria, 1661, cited by Murat, Colbert, 69; Colbert, Lettres, 2:1, ccxxvi–cclvii; Louis XIV, marginal notes on letter, May 24, 1670, Colbert

*dix- septième siècle. Jan de Witt, Grand Pensionnaire de Hollande* (Paris: E. Plon, Nourrit & Cie, 1884), 1:313–318; Herbert H. Rowen, *John de Witt, Grand Pensionary of Holland 1625–1672* (Princeton, NJ: Prince ton University Press, 1978), 391–398, esp. 393.

31. Pontalis, *Jan de Witt*, 1:88– 89; Jan de Witt, *Elementa curvarum linearum liber primus*, trans. and ed. Albert W. Grootendorst and Miente Bakker (New York: Springer Verlag, 2000), 1.

## 第六章

1. Louis XIV, *Memoires for the Instruction of the Dauphin*, trans. and ed. Paul Sonnino (New York: Free Press, 1970), 64.
2. Jacob Soll, *The Information Master: Jean-Baptiste Colbert's Secret State Information System* (Ann Arbor: University of Michigan Press, 2009), 3–15; Daniel Dessert, *Colbert ou le serpent venimeux* (Paris: Editions Complexe, 2000), 44. For biographies of Colbert, see Inès Murat, *Colbert*, trans. Robert Francis Cook and Jeannie Van Asselt (Charlottesville: University Press of Virginia, 1984); and Jean Meyer, *Colbert* (Paris: Hachette, 1981). For the finest work on Colbert' s government, see Daniel Dessert and Jean-Louis Journet, "Le lobby Colbert: un Royaume, ou une affaire de famille?" *Annales. Histoire, Sciences sociales* 30, no. 6 (1975): 1303–1336; *Colbert 1619–1683* (Paris: Ministère de la Culture, 1983); Douglas Clark Baxter, *Servants of the Sword: French Intendants of the Army 1630–1670* (Urbana: University of Illinois Press, 1976).
3. Dessert, *Colbert ou le serpent venimeux*, 43.
4. François de Dainville, L'education des jésuites XVI–XVIII siècles, ed. Marie-Madeleine Compère (Paris: Éditions de Minuit, 1978), 315–322.
5. Dessert, Colbert ou le serpent venimeux, 44–45.
6. Pierre Jeannin, Merchants of the Sixteenth Century, trans. Paul Fittingoff (New York: Harper and Row, 1972), 91–103.
7. Colbert to Le Tellier, June 23, 1650, in Jean-Baptiste Colbert, Lettres, instructions et memoires, ed. Pierre Clement (Paris: Imprimerie Impériale, 1865), 1:14; David Parrott, Richelieu's Army: War, Government and Society in France 1624–1642 (Cambridge: Cambridge University Press, 2001), 370–375; Murat, Colbert, 8.

17. Quotations from Barlaeus, *Marie de Medicis entrant dans l'Amsterdam*, 16, 59–63.
18. J. Matthijs de Jongh, "Shareholder Activism at the Dutch East India Company in 1622: *Redde Rationem Villicationis Tuae! Give an Account of Your Stewardship!*" (paper presented at the Conference on the Origins and History of Shareholder Advocacy, Yale School of Management, Millstein Center for Corporate Governance and Performance, November 6–7, 2009), 1–56; *A Translation of the Charter of the Dutch East India Company (Verenigde Oostindische Compagnie, or VOC)*, trans. Peter Reynders (Canberra: Map Division of the Australasian Hydrographic Society, 2009).
19. *A Translation of the Charter of the Dutch East India Company*, 3.
20. Jeffrey Robertson and Warwick Funnell, "The Dutch East India Company and Accounting for Social Capital at the Dawn of Modern Capitalism 1602–1623," *Accounting Organizations and Society* 37, no. 5 (2012): 342–360.
21. Schama, *The Embarrassment of Riches*, 338–339; De Jongh, "Shareholder Activism at the Dutch East India Company in 1622," 16.
22. Kristof Glamann, *Dutch Asiatic Trade 1620–1740* (The Hague: Martinus Nijhof, 1981), 245.
23. De Jongh, "Shareholder Activism at the Dutch East India Company in 1622," 22.
24. Ibid., 22–23, 31.
25. Glamann, *Dutch Asiatic Trade 1620–1740*, 252.
26. Ibid., 253–254.
27. Quotations from ibid., 253–256.
28. Ibid., 257–261.
29. Pieter de la Court and Jan de Witt, *The True Interest and Political Maxims of the Republic of Holland* (London: John Campbell, 1746), 4–6, 49–50. On new attitudes of merchant virtue, see J. G. A. Pocock, *The Machiavellian Moment: Florentine Political Thought and the Atlantic Republican Tradition* (Prince ton, NJ: Prince ton University Press, 1975), 478.
30. Antonin Lefevre Pontalis, *Vingt années de république parlementaire au*

Economic Crisis of the Seventeenth Century After Fifty Years," *Journal of Interdisciplinary History* 40, no. 2 (2009): 151–194.

9. Oscar Gelderblom, "The Governance of Early Modern Trade: The Case of Hans Thijs, 1556–1611," *Enterprise and Society* 4, no. 4 (2003): 606–639; Harold John Cook, *Matters of Exchange: Commerce, Medicine, and Science in the Dutch Golden Age* (New Haven, CT: Yale University Press, 2007), 20–21; Peter Burke, *A Social History of Knowledge from Gutenberg to Diderot* (Cambridge: Polity Press, 2000), 164.
10. Karel Davids, "The Bookkeepers Tale: Learning Merchant Skills in the Northern Netherlands in the Sixteenth Century," in *Education and Learning in the Netherlands 1400–1600. Essays in Honour of Hilde de Ridder-Symeons*, ed. Koen Goodriaan, Jaap van Moolenbroek, and Ad Tervoort (Leiden: Brill, 2004), 235–241.
11. Raymond de Roover, "Aux origins d' une technique intellectuelle. La formation et l' expansion de la comptabilite a partie double," *Annales d'histoire économique et sociale* 9, no. 45 (1937): 285; M. F. Bywater and B. S. Yamey, *Historic Accounting Literature: A Companion Guide* (London: Scolar Press, 1982), 46; Yamey, "Bookkeeping and the Rise of Capitalism," 106.
12. Yamey, "Bookkeeping and the Rise of Capitalism," 237; Bywater and Yamey, *Historic Accounting Literature*, 54–55, 80.
13. Quotation from Yamey, *Art and Accounting*, 115. It appears that this image derives from a corresponding hieroglyphic in Francesco Colonna' s *Hypnerotomachia Poliphili* (Venice: Aldus Manutius, 1499).
14. O. ten Have, "Simon Stevin of Bruges," in *Studies in the History of Accounting*, ed. A. C. Littleton and B. S. Yamey (New York: Arno Press, 1978), 236; J. T. Devreese and G. Vanden Berghe, *"Magic Is No Magic," the Wonderful World of Simon Stevin* (Boston: Southampton, 2008), 201–212.
15. Bywater and Yamey, *Historic Accounting Literature*, 87.
16. Ibid., 16, 120; Ten Have, "Simon Stevin of Bruges," 242, 244; Geijsbeek, *Ancient Double-Entry Bookkeeping*, 114; Kees Zandvliet, *Maurits Prins van Oranje [Exhibition catalogue Rijksmuseum]* (Amsterdam: Rijksmuseum Amsterdam/Waanders Uitgevers Zwolle, 2000), 276–277.

taxes were collected, and the central state never taxed these returns above 1 percent. Wantje Fritschy, "The Efficiency of Taxation in Holland," in *The Political Economy of the Dutch Republic*, ed. Oscar Gelderblom (London: Ashgate, 2009), 56, 88; Wantje Fritschy, " 'A Financial Revolution' Reconsidered: Public Finance in Holland During the Dutch Revolt 1568–1648," *Economic History Review* 56, no. 1 (2003): 78.

4. Quotation from Henry Kamen, *Philip of Spain* (New Haven, CT: Yale University Press, 1997), 267.
5. Woodruff D. Smith, "The Function of Commercial Centers in the Modernization of European Capitalism: Amsterdam as an Information Exchange in the Seventeenth Century," *Journal of Economic History* 44, no. 4 (1984): 986.
6. Poem quotation from Robert Colinson, *Idea rationaria, or the Perfect Accomptant* (Edinburgh: David Lindsay, 1683), in B. S. Yamey, "Scientific Bookkeeping and the Rise of Capitalism," *Economic History Review* 1, no. 2–3 (1949): 102; Lodewijk J. Wagenaar, "Les mécanismes de la prospérité," in *Amsterdam XVIIe siècle. Marchands et philosophes: les bénéfices de la tolerance*, ed. Henri Méchoulan (Paris: Editions Autrement, 1993), 59–81; Adam Smith, *An Inquiry into the Nature and Causes of the Wealth of Nations* (Amherst, NY: Prometheus Books, 1991), 4: chap. 3, part 1; Jan de Vries and Ad van der Woude, *The First Modern Economy: Success, Failure, and Perseverance of the Dutch Economy, 1500–1815* (Cambridge: Cambridge University Press, 1997), 129–131.
7. Caspar Barlaeus, *Marie de Medicis entrant dans l'Amsterdam; ou Histoire de la reception faicte à la Reyne Mère du Roy très-Chrestien, par les Bourgmaistres et Bourgeoisie de la Ville d'Amsterdam* (Amsterdam: Jean & Corneille Blaeu, 1638), 57; Simon Schama, *The Embarrassment of Riches: An Interpretation of Dutch Culture in the Golden Age*, 2nd ed. (New York: Vintage, 1997), 301; Clé Lesger, *The Rise of the Amsterdam Market and Information Exchange: Merchants, Commercial Expansion and Change in the Spatial Economy of the Low Countries c. 1550–1630*, trans. J. C. Grayson (London: Ashgate, 2006), 183–214.
8. Michel Morineau, "Or brésilien et gazettes hollandaises," *Revue d'Histoire Moderne et Contemporaine* 25, no. 1 (1978): 3–30; Jan de Vries, "The

37. Ibid., 15.
38. Ibid., 17.
39. Ibid., 19.
40. Ibid.
41. Marie-Laure Legay, ed., *Dictionnaire historique de la comptabilite publique 1500–1850* (Rennes: Presses Universitaires de Rennes, 2010), 394–396.
42. Esteban Hernandez-Esteve, "The Life of Bartolome Salvador de Solorzano: Some Further Evidence," *Accounting Historians Journal* 1 (1989): 92.
43. Ibid.; Legay, *Dictionnaire historique de la comptabilite publique 1500–1850*, 395.
44. Esteban Hernandez-Esteve, "Pedro Luis de Torregrosa, primer contador del libro de Caxa de Felipe II : Introduccion de la contabilidad por partida doble en la Real Hacienda de Castilla (1592)," *Revista de Historia Economica* 3, no. 2 (1985): 237.
45. Quotation from Jack Lynch, *The Hispanic World in Crisis and Change, 1598–1700* (Oxford: Oxford University Press, 1992), 18; Miguel de Cervantes Saavedra, *The History of don Quixote de la Mancha*, trans. anon. (London: James Burns, 1847), 137.

## 第五章

1. Fernand Braudel, *Civilisation materielle, economie et capitalisme XVe–XVIIIe siècle* (Paris: Armand Colin, 1979), 2:41; Jacob Soll, "Accounting for Government: Holland and the Rise of Political Economy in Seventeenth Century Europe," *Journal of Interdisciplinary History* 40, no. 2 (2009): 215–238.
2. Wantje Fritschy, "Three Centuries of Urban and Provincial Public Debt: Amsterdam and Holland," in *Urban Public Debts: Urban Government and the Market for Annuities in Western Europe (14th–18th Centuries)*, ed. M. Boone, K. Davids and P. Janssens (Turnhout, Belgium: Brepols, 2003), 75; James D. Tracy, *A Financial Revolution in the Habsburg Netherlands: Renten and Renteniers in the County of Holland, 1515–1565* (Berkeley: University of California Press, 1985), 221.
3. Provincial tax collectors paid bond interest (4 percent) at the moment

Metals in Spain 1557–83," *Accounting, Business and Financial History* 4, no. 1 (1994): 84; Rafael Donoso Anes, "Accounting for the Estates of Deceased Travellers: An Example of Early Spanish Double- Entry Bookkeeping," *Accounting History* 7, no. 1 (2002): 80–81.

27. Donoso Anes, "Accounting for the Estates of Deceased Travellers," 84.
28. Donoso Anes, *Una Contribucion a la Historia de la Contabilidad*, 122. See the reproduction of the *Reales Ordenancas y Pragmaticas 1527–1567* (Vallaolid: Editorial Lex Nova, 1987), 176–177.
29. Ramon Carande, *Carlos V y sus banqueros. Los caminos del oro y de la plata (Deuda exterior y tesoros ultramarinos)* (Madrid: Sociedad de Estudios y Publicaciones, 1967), 15f.
30. Geoffrey Parker, *The Grand Strategy of Philip II* (New Haven, CT: Yale University Press, 1998), 21, 50; Jose Luis Rodriguez de Diego and Francisco Javier Alvarez Pinedo, *Los Archivos de Simancas* (Madrid: Lunwerg Editores, 1993); José Luis Rodriguez de Diego, ed., *Instruccion para el gobierno del archivo de Simancas (ano 1588)* (Madrid: Direccion General de Bellas Artes y Archivos, 1989); José Luis Rodriguez de Diego, "La formacion del Archivo de Simancas en el siglo xvi. Funcion y orden interno," in *El libro antiguo espanol IV*, ed. Lopez Vidriero and Catedra (Salamanca: Ediciones Universidad de Salamanca, 1998), 519–557; David C. Goodman, *Power and Penury: Government, Technology and Science in Philip II's Spain* (Cambridge: Cambridge University Press, 1988), chap. 4.
31. Quotation from Stafford Poole, *Juan de Ovando: Governing the Spanish Empire in the Reign of Philip II* (Norman: University of Oklahoma Press, 2004), 162.
32. A. W. Lovett, "The Castillian Bankruptcy of 1575," *Historical Journal* 23, no. 4 (1980): 900.
33. Lovett, "Juan de Ovando and the Council of Finance (1573–1575)," 4, 7.
34. Ibid., 9–11.
35. Ibid., 12; Antonio Calabria, *The Cost of Empire: The Finances of the Kingdom of Naples in the Time of the Spanish Rule* (Cambridge: Cambridge University Press, 1991), 44–45.
36. Lovett, "Juan de Ovando and the Council of Finance (1573–1575)," 12, 19.

*Moderns in Sixteenth-Century Rome* (Cambridge: Cambridge University Press, 1998), 73–80.
14. Domenico Manzoni, *Quaderno doppio col suo giornale* [Double entry books and their journal] (Venice: Comin de Tridino, 1540); Raymond de Roover, "Aux origines d'une technique intellectuelle: La formation et l'expansion de la comptabilité à partie double," *Annales d'histoire economique et sociale* 9, no. 44 (1937): 279–280; M. F. Bywater and B. S. Yamey, *Historic Accounting Literature: A Companion Guide* (London: Scolar Press, 1982), 41; Basil S. Yamey, "Fifteenth and Sixteenth Century Manuscripts on the Art of Bookkeeping," *Journal of Accounting Research* 5, no. 1 (1967): 53; Bywater and Yamey, *Historic Accounting Literature*, 42.
15. Brown, *A History of Accounting and Accountants*, 120.
16. Baldesar Castiglione, *The Book of the Courtier*, trans. and ed. George Bull (London: Penguin Books, 1976), 10.
17. Ibid., 39.
18. Peter Burke, *The Fortunes of the Courtier: The European Reception of Castiglione's Cortegiano* (Cambridge: Polity Press, 1995), 39.
19. Paolo Quattrone, "Accounting for God: Accounting and Accountability Practices in the Society of Jesus (Italy, XVI– XVII Centuries)," *Accounting Organizations and Society* 29, no. 7 (2004): 664.
20. Philippe Desan, *L'imaginaire economiqe de la Renaissance* (Paris: Presses Université de Paris-Sorbonne, 2002), 85.
21. Yamey, *Art and Accounting*, 45.
22. Ibid., 47.
23. Ibid., 53.
24. A. W. Lovett, "Juan de Ovando and the Council of Finance (1573–1575)," *Historical Journal* 15, no. 1 (1972): 1–2.
25. Rafael Donoso-Anes, *Una Contribucion a la Historia de la Contabilidad. Analisis de las Praticas Contables Desarrolladas por la Tesoreria de la Casa de la Contratacion de la Indias en Sevilla, 1503–1717* (Seville: Universidad de Sevilla, 1996), 122.
26. Rafael Donoso Anes, "The Casa de la Contratacion de Indias and the Application of the Double Entry Bookkeeping to the Sale of Precious

27. Quotation from Warburg, "Francesco Sassetti's Last Injunctions to His Sons," 237– 238.
28. Ibid.; de Roover, *Money, Banking and Credit in Medieval Bruges*, 88; de Roover, *The Rise and Decline of the Medici Bank*, 363; Edler de Roover, "Francesco Sassetti and the Downfall of the Medici Banking House," 76.
29. De Roover, *Money, Banking and Credit in Medieval Bruges*, 87; de Roover, *The Rise and Decline of the Medici Bank*, 87, 93.
30. The balance sheet is reproduced and discussed in de Roover, "Francesco Sassetti and the Downfall of the Medici Banking House," 72–74; Warburg, "Francesco Sassetti's Last Injunctions to His Sons," 237.

**第四章**

1. Grendler, *Schooling in Re nais sance Italy*, 321–323.
2. Anthony Grafton, *Leon Battista Alberti: Master Builder of the Renaissance* (London: Allen Lane/Penguin Press, 2000), 154; Yamey, *Art and Accounting*, 130.
3. Yamey, *Art and Accounting*, 130.
4. Quotation from Louis Goldberg in *Journey into Accounting Thought*, ed. Stewart A. Leech (London: Routledge, 2001), 217.
5. Pacioli's text is reproduced in John B. Geijsbeek, *Ancient Double-Entry Bookkeeping: Luca Pacioli's Treatise 1494* (Denver, 1914), 33.
6. Ibid., 39.
7. Ibid.; Brown, *A History of Accounting and Accountants*, 40, 111.
8. Grendler, *Schooling in Renaissance Italy*, 321.
9. Pacioli citations from Geijsbeek, *Ancient Double- Entry Bookkeeping*, 27, 37.
10. Ibid., 41, 51–53.
11. Ibid., 41, 75.
12. Bruce G. Carruthers and Wendy Nelson Espeland, "Accounting for Rationality: Double-Entry Bookkeeping and the Rhetoric of Economic Rationality," *American Journal of Sociology* 97, no. 1 (1991): 30–67; Mary Poovey, *A History of the Modern Fact: Problems of Knowledge in the Sciences of Wealth and Society* (Chicago: University of Chicago Press, 1998), 31.
13. Ingrid D. Rowland, *The Culture of the High Renaissance: Ancients and*

della Fattoria del Mugello," 1448, filza 104, page 6 recto, Mediceo Avanti il Principato, Archivio di Stato di Firenze.

14. Goldthwaite, *The Economy of Renaissance Florence*, 355, 460–461.
15. Raymond de Roover, *Money, Banking and Credit in Medieval Bruges* (Cambridge, MA: Medieval Academy of America, 1948), 35.
16. Ibid., 34, 37.
17. Ibid., 57–58; Federico Arcelli, *Il banchiere del Papa: Antonio della Casa, mercante e banchiere a Roma, 1438–1440* (Soveria Manelli, Italy: Rubbettino Editore, 2001), 79.
18. Plato, *The Republic*, trans. Benjamin Jowett (Oxford: Oxford University Press, 1892), book Ⅶ.
19. De Roover, *The Rise and Decline of the Medici Bank 1397–1494*, 75.
20. Francesco Sassetti, "Memorandum of My Last Wishes, 1488," reproduced in Aby Warburg, "Francesco Sassetti's Last Injunctions to His Sons," in *The Renewal of Pagan Antiquity: Contributions to the Cultural History of the European Renaissance*, ed. Gertrude Bing (Los Angeles: Getty Research Institute, 1999), 451–465. Warburg reproduces and translated Marsilio Ficino's *Epistle to Giovanni Rucellai*, 255–258.
21. Giovanni Pico della Mirandola, *On the Dignity of Man*, trans. Charles Glenn Wallis, Paul J. W. Miller, and Douglas Carmichael (Indianapolis, IN: Hackett, 1998), stanza 212.
22. De Roover, *The Rise and Decline of the Medici Bank*, 71; de Roover, *Money, Banking and Credit in Medieval Bruges*, 86; Florence Edler de Roover, "Francesco Sassetti and the Downfall of the Medici Banking House," *Bulletin of the Business Historical Society* 17, no. 4 (1943): 66.
23. De Roover, *The Rise and Decline of the Medici Bank*, 97.
24. Cited in Miles Ungar, *Magnifico: The Brilliant Life and Violent Times of Lorenzo de' Medici* (New York: Simon and Shuster, 2008), 58.
25. Quotation is from Ungar, *Magnifico*, 58; Machiavelli citation is from de Roover, *The Rise and Decline of the Medici Bank*, 364.
26. Giorgio Vasari, *The Lives of the Artists*, trans. Julia Conaway Bonadella and Peter Bonadella (Oxford: Oxford University Press, 1991), 212; Ficino cited by Warburg, "Francesco Sassetti's Last Injunctions to His Sons," 233.

2007), 45.
24. Ibid., 80–81.
25. Anthony Molho, "Cosimo de' Medici: *Pater Patriae* or *Padrino*?" in *The Italian Renaissance: The Essential Readings*, ed. Paula Findlen (Malden, MA: Wiley-Blackwell, 2002), 69–86.
26. Origo, *The Merchant of Prato*, 154.
27. Ibid., 315, 323.
28. Ibid., 342–346.

## 第三章

1. Roover, *The Rise and Decline of the Medici Bank 1397–1494*, 47.
2. Quotation from Coluccio Salutati, *Invectiva contra Atonium Luscum*, quoted in Curt S. Gutkind, *Cosimo de' Medici: Pater Patriae, 1389–1464* (Oxford: Clarendon Press, 1938), 1.
3. Ronald Witt, "What Did Giovanni Read and Write? Literacy in Early Renaissance Florence," *I Tatti Studies* 6 (1995): 87–88; Richard Goldthwaite, *The Economy of Renaissance Florence* (Baltimore: Johns Hopkins University Press, 2009), 354.
4. Lauro Martines, *The Social World of the Florentine Humanists 1390–1460* (Princeton, NJ: Princeton University Press, 1963), 320–336.
5. Machiavelli, *The Discourses*, trans. Leslie J. Walker (London: Penguin Books, 1983), 1:192.
6. Anthony Molho, *Firenze nel quattrocento* (Rome: Edizioni di Storia e Letteratura, 2006), 58.
7. De Roover, *The Rise and Decline of the Medici Bank 1397–1494*, 53–76.
8. Ibid., 120.
9. Ibid., 69–70, 227, 265.
10. Nicolai Rubenstein, *The Government of Florence under the Medici 1434–1494* (Oxford: Oxford University Press, 1998); Parks, *Medici Money*, 98.
11. Goldthwaite, *The Economy of Renaissance Florence*, 355; Gutkind, *Cosimo de' Medici*, 196–199; Parks, *Medici Money*, 39.
12. Goldthwaite, *The Economy of Renaissance Florence*, 355.
13. For Cosimo's personal account book, see Cosimo de' Medici, "Calcolo

5. Origo, *The Merchant of Prato*, 259, 276; Tim Parks, *Medici Money: Banking, Metaphysics and Art in Fifteenth-Century Florence* (New York: W. W. Norton, 2006), 32–33.
6. Pierre Jouanique, "Three Medieval Merchants: Francesco di Marco Datini, Jacques Coeur, and Benedetto Cotrugli," *Accounting, Business and Financial History* 6, no. 3 (1996): 263–264.
7. Origo, *The Merchant of Prato*, 149.
8. Ibid., 115–116, 258.
9. Ibid., 257, 280.
10. Ibid., 119.
11. Ibid., 103, 117, 137.
12. Ibid., 115, 137, 122.
13. Basil S. Yamey, *Art and Accounting* (New Haven, CT: Yale University Press, 1989), 16.
14. Richard K. Marshall, *The Local Merchants of Prato: Small Entrepreneurs in the Late Medieval Economy* (Baltimore: Johns Hopkins University Press, 1999), 66–69.
15. Sebregondi and Parks, eds., *Money and Beauty*, 147; Dante, *The Inferno*, trans. Robert Pinsky (New York: Farrar, Straus and Giroux, 1995), Canto XⅦ, vv. 55–57.
16. Origo, *The Merchant of Prato*, 151.
17. Yamey, *Art and Accounting*, 68.
18. Matthew 25:14–30 (Revised Standard Version).
19. Augustine, *Sermon 30 on the New Testament*, New Advent Catholic Encyclopedia, www.newadvent.org/fathers/160330.htm, stanza 2.
20. Giovanni Boccaccio, "First Day," in *The Decameron*, trans. J. M. Rigg (London: A. H. Bullen, 1903), 12.
21. Dante, "Purgatory," in *The Divine Comedy*, trans. Allen Mandelbaum (Berkeley: University of California Press, 1981), 2:10.105–111.
22. Jean Delumeau, *Sin and Fear: The Emergence of a Western Guilt Culture 13th–18th Centuries*, trans. Eric Nicholson (New York: St. Martin's Press, 1990), 189–197.
23. Robert W. Schaffern, *The Penitent's Treasury: Indulgences in Latin Christendom, 1175–1375* (Scranton, PA: University of Scranton Press,

in *Business, Banking and Economic Thought in Late Medieval and Early Modern Europe: Selected Studies of Raymond de Roover*, ed. Julius Kirschner (Chicago: University of Chicago Press, 1974), 119–180; Pietro Santini, "Frammenti di un libro di banchieri fi orentini scritto in volgare nel 1211," *Giornale storico della litteratura italiana* 10 (1887): 161–177; Geoffrey Alan Lee, "The Oldest European Account Book: A Florentine Bank Ledger of 1211," *Nottingham Medieval Studies* 16, no. 1 (1972): 28–60; Geoffrey Alan Lee, "The Development of Italian Bookkeeping 1211–1300," *Abacus* 9, no. 2 (1973): 137–155.

27. De Roover, "The Development of Accounting Prior to Luca Pacioli,"124, 122.
28. Edward Peragallo, *Origin and Evolution of Double Entry Bookkeeping: A Study of Italian Practice from the Fourteenth Century* (New York: American Institute Publishing Company, 1938), 4–5; Brown, *Accounting and Accountants*, 99; Alvaro Martinelli, "The Ledger of Cristianus Lomellinus and Dominicus De Garibaldo, Stewards of the City of Genoa (1340–41)," *Abacus* 19, no. 2 (1983): 90–91.
29. For an analysis and reproduction of the Genoese pepper account see Alvaro Martinelli, "The Ledger of Cristianus Lomellinus and Dominicus De Garibaldo, Stewards of the City of Genoa (1340–41)," *Abacus* 19, no. 2 (1983): 90–91.
30. Ibid., 85.
31. Ibid., 86.

## 第二章

1. Quotation from Iris Origo, *The Merchant of Prato: Daily Life in a Medieval Italian City* (London: Penguin Books, 1992), 66.
2. Ibid., 66, 259, 194.
3. Raymond de Roover, *The Rise and Decline of the Medici Bank 1397–1494* (Cambridge, MA: Harvard University Press, 1963), 2– 3; Ludovica Sebregondi and Tim Parks, eds., *Money and Beauty: Bankers, Botticelli and the Bonfire of the Vanities* (Florence: Giunti Editore, 2011), 121.
4. Origo, *The Merchant of Prato*, 194; De Roover, *The Rise and Decline of the Medici Bank 1397–1494*, 38, 194.

(London: Blackwell, 1979); F. E. L. Carter and D. E. Greenway, *Dialogus de Scaccario (The Course of the Exchequer), and Constitutio Domus Regis (The Establishment of the Royal House hold)* (London: Charles Johnson, 1950), 64.

17. Clanchy, *From Memory to Written Record*, 2–92.
18. Robert-Henri Bautier, "Chancellerie et culture au moyen age," in *Chartes, sceaux et chancelleries: Etudes de diplomatique et de sigillographie medievales*, ed. Robert-Henri Bautier (Paris: Ecole des Chartes, 1990), 1:47–75; Brown, *A History of Accounting and Accountants*, 53–121.
19. Brown, *A History of Accounting and Accountants*, 54.
20. Th omas Madox, *Th e Anqituities and the History of the Exchequer of the Kings of En gland* (London: Matthews and Knaplock, 1711); Clanchy, *From Memory to Written Record*, 78.
21. John W. Durham, "The Introduction of 'Arabic' Numerals in European Accounting," *Accounting Historians Journal* 19, no. 2 (1992): 26.
22. Quentin Skinner, *The Foundations of Modern Political Thought* (Cambridge: Cambridge University Press, 1978), 1:3.
23. Quotations from Grendler, *Schooling in Renaissance Italy*, 307; Ingrid D. Rowland, *The Culture of the High Renaissance: Ancients and Moderns in Sixteenth-Century Rome* (Cambridge: Cambridge University Press, 1998), 110–113.
24. Grendler, *Schooling in Renaissance Italy*, 307.
25. Ibid., 308.
26. Carte Strozziane, 2a serie, n. 84 bis, Archivio di Stato, Florence. Also see Geoffrey A. Lee, "The Coming of Age of Double Entry: The Giovanni Farolfi Ledger of 1299–1300," *Accounting Historians Journal* 4, no. 2 (1977): 80. On Italian origins of double-entry bookkeeping, see Federigo Melis, *Storia della ragioneria* (Bologna: Cesare Zuffi, 1950); Federigo Melis, *Documenti per la storia economica dei secoli XIII– XVI* (Firenze: Olschki, 1972); Raymond de Roover, "The Development of Accounting Prior to Luca Pacioli According to the Account-Books of Medieval Merchants," in *Studies in the History of Accounting*, ed. A. C. Littleton and B. S. Yamey (London: Sweet & Maxwell, 1956), 114–174; Raymond de Roover, "The Development of Accounting Prior to Luca Pacioli,"

*Economy and Society* 37, no. 4 (2008): 528.

## 第一章

1. Suetonius, *The Twelve Caesars*, trans. Robert Graves (Harmondsworth, UK: Penguin Books, 1982), 69; *Res gestae divi Augusti*, trans. P. A. Brunt and J. M. Moore (Oxford: Oxford University Press, 1973), stanza 17.
2. Salvador Carmona and Mahmous Ezzamel, "Ancient Accounting," in *The Routledge Companion to Accounting History*, ed. John Richard Edwards and Stephen P. Walker (Oxford: Routledge, 2009), 79.
3. Ibid., 14; Max Weber, *The Theory of Social and Economic Organizations*, trans. and ed. A. M. Henderson and Talcott Parsons (New York: Free Press, 1947), 191–192; also see Aho, *Confession and Bookkeeping*, 8.
4. Littleton, *Accounting Evolution*, 83; Richard Brown, *A History of Accounting and Accountants* (Edinburgh: T. C. & E. C. Jack, 1905), 17.
5. Augustus Boeckh, *The Public Economy of Athens* (London: John W. Parker, 1842), 185–189, 194; Aristotle, *The Athenian Constitution*, trans. P. J. Rhodes (London: Penguin Books, 1984), 93–94.
6. Boecke, *The Public Economy of Athens*, 194.
7. Brown, *A History of Accounting and Accountants*, 30.
8. David Oldroyd, "The Role of Accounting in Public Expenditure and Monetary Policy in the First Century AD Roman Empire," *Accounting Historians Journal* 22, no. 2 (1995): 121–122.
9. Ibid., 31.
10. Cicero, *The Orations of Marcus Tullius Cicero (Philippics)*, trans. C. D. Yonge (London: Henry J. Bohn, 1852), 2:34.
11. Oldroyd, "The Role of Accounting," 123.
12. *Res gestae divi Augusti*, stanzas 15–16; Oldroyd, "The Role of Accounting," 125.
13. Oldroyd, "The Role of Accounting," 124.
14. Moses I. Finley, *The Ancient Economy* (Berkeley: University of California Press, 1973), 19.
15. Edward Gibbon, *History of the Decline and Fall of the Roman Empire*, 4th ed. (London: W. and T. Cadell, 1781), 1: chap. XⅦ, 55.
16. M. T. Clanchy, *From Memory to Written Record: En gland 1066–1307*

# 注釋

## 前言

1. Louise Story and Eric Dash, "Lehman Channeled Risks Through 'Alter Ego' Firm," *New York Times*, April 12, 2010.
2. Alain Desrosières, *The Politics of Large Numbers: A History of Statistical Reasoning*, trans. Camille Nash (Cambridge, MA: Harvard University Press, 1998), 177; Keith Thomas, "Numeracy in Early Modern En gland," *Transactions of the Royal Historical Society* 37 (1987): 103–132. On eighteenth-century North America, see Patricia Cline Cohen, *A Calculating People: The Spread of Numeracy in Early America* (Chicago: University of Chicago Press, 1982); Daniel Defoe, chapter 20 in *The Complete English Tradesman* (Edinburgh, 1839); Ceri Sullivan, *The Rhetoric of Credit: Merchants in Early Modern Writing* (Madison, NJ: Associated University Presses, 2002), 12–17.
3. Domenico Manzoni, *Quaderno doppio col suo giornale* (Venice: 1540), sig. ii verso. Paul F. Grendler, *Schooling in Renaissance Italy: Literacy and Learning 1300–1600* (Baltimore: Johns Hopkins University Press, 1989), 322.
4. A. C. Littleton, *Accounting Evolution to 1900* (New York: American Institute Publishing, 1933), 25.
5. Max Weber, *General Economic History*, trans. Frank Hyneman Knight(New York: Free Press, 1950), 275.
6. Werner Sombart, *Der Moderne Kapitalismus*, 6th ed. (Leipzig, 1924), 118. The translation is from J. A. Aho, *Confession and Bookkeeping: The Religious, Moral, and Rhetorical Roots of Modern Accounting* (Albany: State University of New York Press, 2005), 8. Also see Joseph A. Schumpeter, *History of Economic Analysis*, ed. Elizabeth Boody Schumpeter (New York: Oxford University Press, 1954), 156. Schumpeter cited in Yuri Bondi, "Schumpeter's Economic Theory and the Dynamic Accounting View of the Firm: Neglected Pages from the *Theory of Economic Development*,"

——. *The Protestant Ethic and the Spirit of Capitalism*. Translated by Talcott Parsons. New York: Charles Scribner's Sons, 1958.

——. *The Theory of Social and Economic Organizations*. Translated and edited by A. M. Henderson and Talcott Parsons. New York: Free Press, 1947.

Wedgwood, Josiah. *Correspondence of Josiah Wedgwood*. Edited by Katherine Eufemia Farrer. 3 vols. Cambridge: Cambridge University Press, 2010.

White, Eugene Nelson. "The French Revolution and the Politics of Government Finance, 1770–1815." *Journal of Economic History* 55, no. 2 (1995): 227–255.

Willoughby, William F., Westel W. Willoughby, and Samuel McCune Lindsay. *The System of Financial Administration of Great Britain: A Report*. New York: D. Appleton, 1917.

Witt, Ronald. "What Did Giovanni Read and Write? Literacy in Early Renaissance Florence." *I Tatti Studies* 6 (1995): 83–114.

Woloch, Isser. *The New Régime: Transformations of the French Civic Order, 1789–1820s*. New York: W. W. Norton, 1994.

Yamey, Basil S. *Art and Accounting*. New Haven, CT: Yale University Press, 1989.

——. "Fifteenth and Sixteenth Century Manuscripts on the Art of Bookkeeping." *Journal of Accounting Research* 5, no. 1 (1967): 51–76.

——. "Scientific Bookkeeping and the Rise of Capitalism." Economic History Review 1, no. 2–3 (1949): 99–113.

Ympyn De Christoffels, Yan. *Nieuwe instructie ende bewijs der looffelijcker consten des Rekenboecks. Ghedruckt . . . in . . . Antwerpen: Ten versoecke ende aenlegghene van Anna Swinters, der weduwen wylen Jan Ympyns . . . duer Gillis Copyns van Diest*. Antwerp, 1543.

Zandvliet, Kees. *Maurits Prins van Oranje [Exhibition catalogue Rijksmuseum]*. Amsterdam: Rijksmuseum Amsterdam/Waanders Uitgevers Zwolle, 2000.

Zeff , Stephen A. "The SEC Rules Historical Cost Accounting: 1934 to the 1970s." *Accounting and Business Research* 37 (2007): S1–S14.

Twain, Mark. Letter to *The San Francisco Alta California*, May 26, 1867.

Ungar, Miles. *Magnifico: The Brilliant Life and Violent Times of Lorenzo de' Medici*. New York: Simon and Schuster, 2008.

U.S. Congress. *Securities Act of 1933*. Washington, DC, 1933. www.sec.gov/about/laws/sa33.pdf.

U.S. District Court. *Securities and Exchange Commission v. David F. Myers*. New York and Washington, DC, 2002. www.sec.gov/litigation/complaints/comp17753.htm.

Vasari, Giorgio. *The Lives of the Artists*. Translated by Julia Conaway Bonadella and Peter Bonadella. Oxford: Oxford University Press, 1991.

Vickerey, Amanda. "His and Hers: Gender, Consumption and Household Accounting in Eighteenth-Century England." *Past and Present* 1 (2006): S12–S38.

Villain, Jean. *Mazarin, homme d'argent*. Paris: Club du Livre d'Histoire, 1956.

Vine, Angus. "Francis Bacon's Composition Books." *Transactions of the Cambridge Bibliographical Society* 14, no. 1 (2008): 1–31.

Wagenaar, Lodewijk J. "Les mécanismes de la prosperite." In *Amsterdam XVIIe siècle. Marchands et philosophes: les bénefices de la tolerance*, edited by Henri Méchoulan. Paris: Editions Autrement, 1993.

Walpole, Robert. *A State of the Five and Thirty Millions mention'd in the Report of a Committee of the House of Commons*. London: E. Baldwin, 1712.

Warburg, Aby. "Francesco Sassetti's Last Injunctions to His Sons." In *The Renewal of Pagan Antiquity: Contributions to the Cultural History of the European Renaissance*, translated by David Britt, 222–264. Los Angeles: Getty Research Institute, 1999.

Washington, George. Facsimile of the *Accounts of G. Washington with the United States, Commencing June 1775, and Ending June 1783, Comprehending a Space of 8 Years*. Washington, DC: Trea sury Department, 1833. http://memory.loc.gov/ammem/gwhtml/gwseries5.html.

Watt, James. *James Watt to his father, 21 July 1755*. James Watt Papers, MS 4/11, letters to father, 1754–74, Birmingham City Library.

Weber, Max. *General Economic History*. Translated by Frank Hyneman Knight. New York: Free Press, 1950.

Suetonius. *The Twelve Caesars*. Translated by Robert Graves. Harmondsworth, UK: Penguin Books, 1982.

Sullivan, Ceri. *The Rhetoric of Credit: Merchants in Early Modern Writing*. Madison, WI: Associated University Presses, 2002.

Taibbi, Matt. "The People vs. Goldman Sachs," *Rolling Stone*, May 11, 2011.

Ten Have, O. "Simon Stevin of Bruges." In *Studies in the History of Accounting*, edited by A. C. Littleton and B. S. Yamey, 236–246. New York: Arno Press, 1978.

Thomas, Keith. "Numeracy in Early Modern England." *Transactions of the Royal Historical Society* 37 (1987): 103–132.

Thoreau, Henry David. *Walden or Life in the Woods*. Mansfield Centre, CT: Martino, 2009.

Toffler, Barbara Ley. *Final Accounting: Ambition, Greed and the Fall of Arthur Andersen*. New York: Crown, 2003.

Torrance, John. "Social Class and Bureaucratic Innovation: The Commissioners for Examining the Public Accounts 1780–1787." *Past and Present* 78 (1978): 56–81.

Tracy, James D. *A Financial Revolution in the Habsburg Netherlands: Renten and Renteniers in the County of Holland, 1515–1565*. Berkeley: University of California Press, 1985.

*A Translation of the Charter of the Dutch East India Company (Verenigde Oostindische Compagnie, or VOC)*. Translated by Peter Reynders. Canberra: Map Division of the Australasian Hydrographic Society, 2009.

Trenchard, John. *An Examination and Explanation of the South Sea Company's Scheme for Taking in the Publick Debts. Shewing, That it is Not Encouraging to Those Who Shall Become Proprietors of the Company, at Any Advanced Price. And That it is Against the Interest of Those Proprietors Who Shall Remain with Their Stock Till They are Paid Off by the Government, Th at the Company Should Make Annually Great Dividend Than Their Profits Will Warrant. With Some National Considerations and Useful Observations*. London, 1720.

Trenchard, John, and Thomas Gordon. *Cato's Letter's, or, Essays on Liberty, Civil and Religious, and Other Important Subjects*. Edited and annotated by Ronald Hamowy. 2 vols. Indianapolis, IN: Liberty Fund, 1995.

Smith, Woodruff D. "The Function of Commercial Centers in the Modernization of European Capitalism: Amsterdam as an Information Exchange in the Seventeenth Century." *Journal of Economic History* 44, no. 4 (1984): 985–1005.

Smyth, Adam. *Autobiography in Early Modern Britain*. Cambridge: Cambridge University Press, 2010.

Snell, Charles. *Accompts for landed-men: or; a plain and easie form which they may observe, in keeping accompts of their estates*. London: Th omas Baker, 1711.

Soll, Jacob. "Accounting for Government: Holland and the Rise of Political Economy in Seventeenth Century Europe." *Journal of Interdisciplinary History* 40, no. 2 (2009): 215–238.

——. *The Information Master: Jean-Baptiste Colbert's Secret State Information System*. Ann Arbor: University of Michigan Press, 2009.

Sombart, Werner. *Der Moderne Kapitalismus*. 6th ed. Leipzig, 1924.

Sonenscher, Michael. *Before the Deluge: Public Debt, Inequality, and the Intellectual Origins of the French Revolution*. Princeton, NJ: Prince ton University Press, 2007.

Sorkin, Andrew Ross. "Realities Behind Prosecuting Big Banks." *New York Times*, March 11, 2013.

Soulavie, Jean-Louis. *Mémoires historiques et politiques du règne de Louis XIV*. 6 vols. Paris: Treuttel et Würtz, 1801.

Stallybrass, Peter, Roger Chartier, J. Franklin Mowrey, and Heather Wolfe. "Hamlet's Tables and the Technologies of Writing in Renaissance England." *Shakespeare Quarterly* 55, no. 4 (2004): 379–419.

Stevens, Mark. *The Big Six: The Selling Out of America's Accounting Firms*. New York: Simon and Schuster, 1991.

Stevin, Simon. *Livre de Compte de Prince* à *la maniere de l'Italie*. Leiden: J. Paedts Jacobsz, 1608.

——. *Vorstelicke Bouckhouding op de Italiaensche wyse*. Leiden: Ian Bouwensz, 1607.

Stourm, Rene. *Les finances de l'Ancien Régime et de la Révolution. Origins dusystème actuel*. 2 vols. New York: Burt Franklin, 1968.

Sarjeant, Thomas. *An Introduction to the Counting House*. Philadelphia: Dobson, 1789.

Savary, Jacques. *Le parfait Pégociant*. Paris, 1675.

Say, Jean-Baptiste. *Traité d'économie politique ou simple exposition de la manière dont se forment, se distribuent et se composent les richesses*. Paris: Crapalet, 1803.

Schaffern, Robert W. *The Penitent's Treasury: Indulgences in Latin Christendom, 1175–1375*. Scranton, PA: University of Scranton Press, 2007.

Schama, Simon. *The Embarrassment of Riches: An Interpretation of Dutch Culture in the Golden Age*. 2nd ed. New York: Vintage, 1997.

Schiff , Stacy. *A Great Improvisation: Franklin, France, and the Birth of America*. New York: Henry Holt, 2005.

Schoderbek, Michael P. "Robert Morris and Reporting for the Treasury Under the U.S. Continental Congress." *Accounting Historians Journal* 26, no. 2 (1999): 1–34.

Schumpeter, Joseph A. *History of Economic Analysis*. Edited by Elizabeth Boody Schumpeter. New York: Oxford University Press, 1954.

Seaward, Paul. "Parliament and the Idea of Political Accountability in Early Modern Britain." In *Realities of Representation: State Building in Early Modern Europe and European America*, edited by Maija Jansson, 45–62. New York: Palgrave Macmillan, 2007.

Sebregondi, Ludovica, and Tim Parks, eds. *Money and Beauty: Bankers, Botticelli and the Bonfire of the Vanities*. Florence: Giunti Editore, 2011.

Sévigné, Marie de Rabutin-Chantal. *Lettres de Mme de Sévigné*. Paris: Firmin Didot, 1846.

Shovlin, John. *The Political Economy of Virtue: Luxury, Patriotism, and the Origins of the French Revolution*. Ithaca, NY: Cornell University Press, 2006.

Skinner, Quentin. *The Foundations of Modern Political Thought*. 2 vols. Cambridge: Cambridge University Press, 1978.

Smallwood, Stephanie E. *Saltwater Slavery: A Middle Passage from Africa to American Diaspora*. Cambridge, MA: Harvard University Press, 2008.

Smith, Adam. *An Inquiry into the Nature and Causes of the Wealth of Nations*. Amherst, NY: Prometheus Books, 1991.

Quattrone, Paolo. "Accounting for God: Accounting and Accountability Practices in the Society of Jesus (Italy, XVI– XVII centuries)." *Accounting Organizations and Society* 29, no. 7 (2004): 647–683.

Rakove, Jack. *Original Meanings: Politics and Ideas in the Making of the Constitution*. New York: Vintage Books, 1997.

——. *Revolutionaries: A New History of the Invention of America*. New York: Houghton Mifflin Harcourt, 2010.

Rappleye, Charles. *Robert Morris: Financier of the American Revolution*. New York: Simon and Schuster, 2010.

*Reales Ordenancas y Pragmaticas 1527–1567*. Valladolid, Spain: Editorial Lex Nova, 1987.

Reinert, Sophus. *Translating Empire: Emulation and the Origins of Political Economy*. Cambridge, MA: Harvard University Press, 2011.

Richardson, Samuel. *Pamela; or, Virtue Rewarded*. London: Riverton and Osborn, 1741.

Ripley, William Z. "Stop, Look, Listen! The Shareholder's Right to Adequate Information," *Atlantic Monthly*, January 1, 1926.

Robertson, Jeffrey, and Warwick Funnell. "The Dutch East India Company and Accounting for Social Capital at the Dawn of Modern Capitalism 1602–1623." *Accounting Organizations and Society* 37, no. 5 (2012): 342–360.

Roseveare, Henry. *The Treasury, 1660–1870: The Foundations of Control*. London: Allen and Unwin, 1973.

Rothkrug, Lionel. *Opposition to Louis XIV: The Political and Social Origins of the French Enlightenment*. Prince ton, NJ: Prince ton University Press, 1965.

Rowen, Herbert H. *John de Witt. Grand Pensionary of Holland 1625–1672*. Princeton, NJ: Prince ton University Press, 1978.

Rowland, Ingrid D. *The Culture of the High Renaissance: Ancients and Moderns in Sixteenth-Century Rome*. Cambridge: Cambridge University Press, 1998.

Rubenstein, Nicolai. *The Government of Florence Under the Medici 1434–1494*. Oxford: Oxford University Press, 1998.

Santini, Pietro. "Frammenti di un libro di banchieri fiorentini scritto in volgare nel 1211." *Giornale storico della litteratura italiana* 10 (1887): 161–177.

Martin. Vol. 2, 298–328. Paris: Fayard/Promodis, 1984.
——. *Une histoire intellectuelle de l'économie politique XVIIe–XVIIIe siècle*. Paris: Éditions de l'EHESS, 1992.
Pico della Mirandola, Giovanni. *On the Dignity of Man*. Translated by Charles Glenn Wallis, Paul J. W. Miller, and Douglas Carmichael. Indianapolis, IN: Hackett, 1998.
Plato. *The Republic*. Book 7. Translated by Benjamin Jowett. Oxford: Oxford University Press, 1892.
Pliny the Elder. *Natural History*. Translated by H. Rackham. Cambridge, MA: Loeb Classical Library, 1942.
Plumb, J. H. *Sir Robert Walpole: The Making of a Statesman*. 2 vols. Boston: Houghton Mifflin, 1956.
Pocock, J. G. A. *The Machiavellian Moment: Florentine Political Thought and the Atlantic Republican Tradition*. Princeton, NJ: Prince ton University Press, 1975.
Pollard, Sidney. *The Genesis of Modern Management: A Study of the Industrial Revolution in Great Britain*. London: Edward Arnold, 1965.
Pontalis, Antonin Lefèvre. *Vingt annees de république parlementaire au dix-septième siècle. Jan de Witt, Grand Pensionnaire de Hollande.* 2 vols. Paris: E. Plon, Nourrit, 1884.
Poole, Stafford. *Juan de Ovando: Governing the Spanish Empire in the Reign of Philip II.* Norman: University of Oklahoma Press, 2004.
Poovey, Mary. *A History of the Modern Fact: Problems of Knowledge in the Sciences of Wealth and Society*. Chicago: University of Chicago Press, 1998.
Popkin, Jeremy. "Pamphlet Journalism at the End of the Old Regime." *Eighteenth-Century Studies* 22, no. 3 (1989): 351–367.
Porter, Theodore M. *Trust in Numbers: The Pursuit of Objectivity in Science and Public Life*. Princeton, NJ: Prince ton University Press, 1995.
Previts, Gary John, and Barbara Dubis Merino. *A History of Accountancy in the United States*. Columbus: Ohio State University Press, 1998.
Price, Munro. *Preserving the Monarchy: The Comte de Vergennes 1784–1787*. Cambridge: Cambridge University Press, 1995.
Price, Richard. *Two Tracts on Civil Liberty, the War with America, and the Debts and Finances of the Kingdom with a General Introduction and Supplement*. London: T. Cadell, 1778.

Nicholson, John. *Accounts of Pennsylvania*. Philadelphia: Comptroller-General's Office, 1785.

Nikitin, Marc. "The Birth of a Modern Public Sector Accounting System in France and Britain and the Influence of Count Mollien." *Accounting History* 6, no. 1 (2001): 75–101.

North, Roger. *Gentleman Accomptant*. London: E. Curll, 1714.

Ogle, Vanessa. *Contesting Time: The Global Struggle for Uniformity and Its Unintended Consequences, 1870s–1940s*. Cambridge, MA: Harvard University Press, forthcoming.

Oldroyd, David. "The Role of Accounting in Public Expenditure and Monetary Policy in the First Century AD Roman Empire." *Accounting Historians Journal* 22, no. 2 (December 1995): 117–129.

Origo, Iris. *The Merchant of Prato: Daily Life in a Medieval Italian City*. London: Penguin Books, 1992.

Pêris La Montagne, Claude. *Traitté des Administrations des Recettes et des Dépenses du Royaume*. 1733. Archives Nationales, 1005, 2.

Parker, Geoffrey. *The Grand Strategy of Philip II*. New Haven, CT: Yale University Press, 1998.

Parks, Tim. *Medici Money: Banking, Metaphysics and Art in Fifteenth-Century Florence*. New York: W. W. Norton, 2006.

Parrott, David. *Richelieu's Army: War, Government and Society in France 1624–1642*. Cambridge: Cambridge University Press, 2001.

Paul, Helen. "Limiting the Witch-Hunt: Recovering from the South Sea Bubble." *Past, Present and Policy Conference* 3–4 (2011): 1–12.

Pearce, Edward. *The Great Man: Sir Robert Walpole: Scoundrel, Genius and Britain's First Prime Minister*. London: Jonathan Cape, 2007.

Peden, William. "Thomas Jefferson: The Man as Reflected in His Account Books." *Virginia Quarterly Review* 64, no. 4 (1988): 686–694.

Pepys, Samuel. *Diary of Samuel Pepys*. www.pepysdiary.com .

Peragallo, Edward. *Origin and Evolution of Double Entry Bookkeeping: A Study of Italian Practice from the Fourteenth Century*. New York: American Institute, 1938.

Perrot, Jean-Claude. "Nouveautés: L'économie politique et ses livres." In *L'Histoire de l'édition francaise*, edited by Roger Chartier and Henri- Jean

*commune, Commis aux Recettes générales, Receveurs des Tailles, Et autres Receveurs des Impositions. . . Execution de l'Edit du mois du juin 1716. des Déclarations des 10 Juin 1716. 4 Octobre & 7 Decembre 1723. Et de l'Arrest du Conseil du 15 Mars 1724 portant Réglement pour la tenuë desdits Registres-Journaux*. 1724.

Molho, Anthony. "Cosimo de' Medici: *Pater Patriae* or *Padrino*?" In *The Italian Renaissance: The Essential Readings*, edited by Paula Findlen, 64–90. Malden, MA: Wiley-Blackwell, 2002.

——. *Firenze nel quattrocento*. Rome: Edizioni di Storia e Letteratura, 2006.

Monks, Robert A. G., and Nell Minow. *Corporate Governance*. New York: John Wiley & Sons, 2008.

Montaigne, Michel de. *The Complete Essays*. Translated by M. A. Screech. London: Penguin, 2003.

Moody, John. *How to Analyze Railroad Reports*. New York: Analyses, 1912.

Morineau, Michel. "Or brésilien et gazettes hollandaises." *Revue d'Histoire Moderne et Contemporaine* 25, no. 1 (1978): 3–30.

Morris, Robert. *A general View of Receipts and Expenditures of Public Monies, by Authority from the Superintendent of Finance, from the Time of his entering on the Administration of the Finances, to the 31st December, 1781*. Philadelphia: Register's Office, 1782.

——. *A State of the Receipts and Expenditures of Public Monies upon Warrants from the Superintendent of Finance, from the 1st of January, 1782, to the 1st of January 1783*. Philadelphia: Register's Office, 1783.

Murat, Ines. *Colbert*. Translated by Robert Francis Cook and Jeannie Van Asselt. Charlottesville: University Press of Virginia, 1984.

Musson, A. E., and Eric Robinson. *Science and Technology in the Industrial Revolution*. Manchester, UK: Manchester University Press, 1969.

*The Necessary Discourse*. 1622.

Necker, Jacques. *Compte rendu au roi*. Paris: Imprimerie du Cabinet du Roi, 1781.

——. *De l'administration des fi nances de la France*. 1784.

——. *Nouveaux éclaircissemens par M. Necker*. Paris: Hotel de Thou, 1788.

——. *Sur le Compte Rendu au Roi en 1781. Nouveaux eclaircissemens par M. Necker*. Paris: Hotel de Thou, 1788.

Malthus, Thomas. *An Essay on the Principle of Population*. New York: Oxford University Press, 1999.

Manzoni, Domenico. *Quaderno doppio col suo giornale*. Venice: Comin de Tridino, 1540.

Marshall, Richard K. *The Local Merchants of Prato: Small Entrepreneurs in the Late Medieval Economy*. Baltimore: Johns Hopkins University Press, 1999.

Martinelli, Alvaro. "The Ledger of Cristianus Lomellinus and Dominicus De Garibaldo, Stewards of the City of Genoa (1340–41)." *Abacus* 19, no. 2 (1983): 83–118.

Martines, Lauro. *The Social World of the Florentine Humanists 1390–1460*. Princeton, NJ: Prince ton University Press, 1963.

Mathon de la Cour, Charles-Joseph. *Collection de Compte-Rendu, pièces authentiques, états et tableaux, concernant les finances de France depuis 1758 jusqu'en 1787*. Paris: Chez Cuchet, Chez Gatteu, 1788.

Maynwaring, Arthur. *A Letter to a Friend Concerning the Publick Debts, particularly that of the Navy*. London, 1711.

McCraw, Thomas K. *The Found ers and Finance: How Hamilton, Gallatin, and Other Immigrants Forged a New Economy*. Cambridge, MA: Harvard University Press, 2012.

McKendrick, Neil. "Josiah Wedgwood and Cost Accounting in the Industrial Revolution." *Economic History Review* 23, no. 1 (1970): 45–67.

Melcher, Richard. "Where Are the Accountants?" *BusinessWeek*, October 5, 1998.

Melis, Federigo. *Documenti per la storia economica dei secoli XIII–XVI*. Firenze: Olschki, 1972.

——. *Storia della ragioneria*. Bologna: Cesare Zuffi, 1950.

Meyer, Jean. *Colbert*. Paris: Hachette, 1981.

Mierzejewski, Alfred C. *Most Valuable Asset of the Reich: A History of the German National Railway*. 2 vols. Chapel Hill: University of North Carolina Press, 2000.

Mignet, Francois-Auguste-Marie-Alexis. *History of the French Revolution, from 1789–1814*. London: George Bell and Sons, 1891.

*Modelles des Registres Journaux que le Roy, en son Conseil, Veut et ordonne estre tenus par les Receveurs Généraux des Finances, Caissier de leur Caisse*

Perspective on the French Experiment, 1716–1967," *LEMNA* WP 2010 43 (2010): 1–26

——."Comptabilite, discipline, et fi nances publiques: Une experience d'introduction de la partie double sous la Regence." *Politiques et Management Public* 18, no. 2 (2000): 93–118.

——. "Introducing Double-Entry Bookkeeping in Public Finance." *Accounting, Business, and Financial History* 9 (1999): 225–254.

Lesger, Clé. *The Rise of the Amsterdam Market and Information Exchange: Merchants, Commercial Expansion and Change in the Spatial Economy of the Low Countries c.1550–1630*. Translated by J. C. Grayson. London: Ashgate, 2006.

Littleton, A. C. *Accounting Evolution to 1900*. New York: American Institute, 1933.

Littleton, Charles, and Basil S. Yamey, eds. *Studies in the History of Accounting*. New York: Arno Press, 1978.

Littleton, Charles, and V. K. Zimmerman. *Accounting Theory: Continuity and Change*. Englewood Cliffs, NJ: Prentice Hall, 1962.

Locke, John. *Two Treatises of Government*. Edited by Peter Laslett. Cambridge: Cambridge University Press, 1988.

Louis XIV. *Memoires for the Instruction of the Dauphin*. Translated and edited by Paul Sonnino. New York: Free Press, 1970.

Lovett, A. W. "The Castillian Bankruptcy of 1575." *Historical Journal* 23, no. 4 (1980): 899–911.

——. "Juan de Ovando and the Council of Finance (1573–1575)." *Historical Journal* 15, no. 1 (1972): 1–21.

Lynch, Jack. *The Hispanic World in Crisis and Change, 1598–1700*. Oxford: Oxford University Press, 1992.

Machiavelli. *The Discourses*. Translated by Leslie J. Walker. London: Penguin Books, 1983.

Madox, Thomas. *The Anqituities and the History of the Exchequer of the Kings of England*. London: Matthews and Knaplock, 1711.

Mair, John. *Book-Keeping Methodiz'd; or A Methodical Treatise of Merchant-Accompts, According to the Italian Form*. Edinburgh: W. Sands, A. Murray, and J. Cochran, 1765.

*Policymaking*. Washington, DC: Georgetown University Press, 2011.
Kadane, Matthew. *The Watchful Clothier: The Life of an Eighteenth-Century Protestant Capitalist*. New Haven, CT: Yale University Press, 2013.
Kamen, Henry. *Philip of Spain*. New Haven, CT: Yale University Press, 1997.
Kaplan, Steven L. *Bread, Politics, and Political Economy in the Reign of Louis XIV*. 2 vols. The Hague: Martinus Nijhof, 1976.
Keister, D. A. "The Public Accountant." *The Book-Keeper* 8, no. 6 (1896): 21–23.
Kitman, Marvin. *George Washington's Expense Account*. New York: Grove Press, 1970.
Koehn, Nancy F. "Josiah Wedgwood and the First Industrial Revolution." In *Creating Modern Capitalism: How Entrepreneurs, Companies, and Countries Triumphed in Three Industrial Revolutions*, edited by Thomas K. McCraw, 19–48. Cambridge, MA: Harvard University Press, 1997.
Labaton, Stephen. "Bush Tries to Shrink S.E.C. Raise Intended for Corporate Cleanup." *New York Times*, October 19, 2002.
Landes, David. *The Wealth and Poverty of Nations: Why Some Are Rich and Some Are Poor*. New York: W. W. Norton, 1998.
La Ronciere, Charles de, and Paul M. Bondois. *Catalogue des Manuscrits de la Collection des Melanges Colbert*. Paris: Éditions Ernest Leroux, 1920.
Lee, Geoffrey Alan. "The Coming of Age of Double Entry: Th e Giovanni Farolfi Ledger of 1299–1300." *Accounting Historians Journal* 4, no. 2 (1977): 79–95.
——. "The Development of Italian Bookkeeping 1211–1300." *Abacus* 9, no. 2 (1973): 137–155.
——. "The Oldest European Account Book: A Florentine Bank Ledger of 1211." *Nottingham Medieval Studies* 16, no. 1 (1972): 28–60.
Legay, Marie-Laure. "The Beginnings of Public Management: Administrative Science and Political Choices in the Eighteenth Century in France, Austria, and the Austrian Netherlands." *Journal of Modern History* 81, no. 2 (2009): 253–293.
——, ed. *Dictionnaire historique de la comptabilite publique 1500–1850*. Rennes: Presses Universitaires de Rennes, 2010.
Lemarchand, Yannick. "Accounting, the State and Democracy: A Long-Term

——. *Some Calculations Relating to the Proposals Made by the South Sea Company and the Bank of England, to the House of Commons*. London: Morphew, 1720.

*The Irish Jurist: Reports of Cases Decided on All the Courts of Equity and Common Law in Ireland for the Year 1855*. Dublin, 1849–1855.

Irwin, Timothy. "Accounting Devices and Fiscal Illusions." *IMF Staff Discussion Note*, March 28, 2012. www.imf.org/external/pubs/ft/sdn/2012/sdn1202. pdf.

Jacob, Margaret C. "Commerce, Industry and the Laws of Newtonian Science: Weber Revisited and Revised." *Canadian Journal of History* 35, no. 2 (2000): 272–292.

——. *The Newtonians and the English Revolution 1689–1720*. Ithaca, NY: Cornell University Press, 1976.

——. *Scientific Culture and the Making of the Industrial West*. Oxford: Oxford University Press, 1997.

Jeannin, Pierre. *Merchants of the Sixteenth Century*. Translated by Paul Fittingoff. New York: Harper and Row, 1972.

Jefferson, Thomas. "Inscription for an African Slave." In *The Works of Thomas Jefferson*, Federal Edition, vol. 2. New York: G. P. Putnam's Sons, 1904–1905.

Johnson, Samuel. *London: A Poem*. London: R. Dodsley, 1738. Edited by Jack Lynch. http:// andromeda.rutgers.edu/~jlynch/Texts/london.html.

Jones, Adam. "Auditors Criticized for Role in Financial Crisis." *Financial Times*, March 30, 2011.

——. "Big Four Rivals Welcome Audit Shake-Up." *Financial Times*, February 2, 2013.

Jouanique, Pierre. "Three Medieval Merchants: Francesco di Marco Datini, Jacques Coeur, and Benedetto Cotrugli." *Accounting, Business and Financial History* 6, no. 3 (1996): 261–275.

*Journal of the First Session of the Second House of Representatives of the Commonwealth of Pennsylvania*. Philadelphia: Francis Bailey and Thomas Lang, 1791.

Joyce, Philip G. *Congressional Budget Office: Honest Numbers, Power, and*

Harris, Robert D. "Necker's Compte Rendu of 1781: A Reconsideration." *Journal of Modern History* 42, no. 2 (1970): 161–183.

Haskins, Charles Waldo. *Business Education and Accountancy*. New York: Harper & Brothers, 1904.

——. *How to Keep House hold Accounts: A Manual of Family Accounts*. New York: Harper & Brothers, 1903.

Henning, Peter J. "Justice Department Again Signals Interest to Pursue Financial Crisis Cases." *New York Times*, August 26, 2013.

Hernández-Esteve, Esteban. "Th e Life of Bartolome Salvador de Solórzano: Some Further Evidence." *Accounting Historians Journal* 1 (1989): 87–99.

——. "Pedro Luis de Torregrosa, primer contador del libro de Caxa de Felipe II : Introducción de la contabilidad por partida doble en la Real Hacienda de Castilla (1592)." *Revista de Historia Económica* 3, no. 2 (1985):221–245.

Hobbes, Thomas. *Leviathan*. Edited by Richard Tuck. Cambridge: Cambridge University Press, 1996.

Hobsbawm, Eric. *Industry and Empire: Th e Birth of the Industrial Revolution*. New York: Free Press, 1998.

Holland, Saba, Lady. *A Memoir of the Reverend Sydney Smith*. 2 vols. London: Longman, Brown, Green and Longmans, 1855.

Hont, Istvan. "The Rhapsody of Public Debt: David Hume and Voluntary State Bankruptcy." In *Jealousy of Trade: International Competition and the Nation-State in Historical Perspective*, edited by Istvan Hont, 325–253. Cambridge, MA: Belknap Press of Harvard University Press, 2005.

Horn, Jeff . *The Path Not Taken: French Industrialization in the Age of Revolution*. Cambridge, MA: MIT Press, 2008.

Huer, John. *Auschwitz USA*. Lanham, MD: Hamilton Books, 2010.

Hume, David. "Of Public Credit." In *Essays, Moral, Political and Literary*. Vol. 2, *Political Discourses*. Edinburgh: Fleming, 1752.

Hutcheson, Archibald. *A Collection of Calculations and Remarks Relating to the South Sea Scheme & Stock, Which have been already Published with an Addition of Some Others, which have not been made Publick 'till Now*. London, 1720.

——.*Some Calculations and Remarks Relating to the Present State of the Public Debts and Funds*. London, 1718.

*Annuities in Western Europe (14th–18th Centuries)*, edited by M. Boone, K. Davids, and P. Janssens, 75–92. Turnhout: Brepols, 2003.

Galbraith, John Kenneth. *The Great Crash of 1929*. New York: Houghton, Mifflin, Harcourt, 2000.

Gallatin, Albert. *Sketch of the Finances of the United States*. New York, 1796.

Geijsbeek, John B. *Ancient Double-Entry Bookkeeping: Luca Pacioli's Treatise 1494*. Denver, 1914.

Gelderblom, Oscar. "The Governance of Early Modern Trade: The Case of Hans Thijs, 1556– 1611." *Enterprise and Society* 4, no. 4 (2003): 606–639.

Gibbon, Edward. *History of the Decline and Fall of the Roman Empire*. 4th ed. 6 vols. London: W. and T. Cadell, 1781–1788.

Glamann, Kristof. *Dutch Asiatic Trade 1620–1740*. The Hague: Martinus Nijhof, 1981.

Goldberg, Louis. *Journey into Accounting Thought*. Edited by Stewart A. Leech. London: Routledge, 2001.

Goodman, David C. *Power and Penury: Government, Technology and Science in Philip II's Spain*. Cambridge: Cambridge University Press, 1988.

Grafton, Anthony. *Leon Battista Alberti: Master Builder of the Renaissance*. London: Allen Lane/Penguin Press, 2000.

Graves, Robert. *I Claudius*. London: Arthur Barker, 1934.

Grendler, Paul F. *Schooling in Renaissance Italy: Literacy and Learning 130-- 1600*. Baltimore: Johns Hopkins University Press, 1989.

Gutkind, Curt S. *Cosimo de' Medici: Pater Patriae, 1389–1464*. Oxford: Clarendon Press, 1938.

Hall, Hubert. "The Sources for the History of Sir Robert Walpole's Financial Administration." *Transactions of the Royal Historical Society* 4, no. 1 (1910): 33–45.

Hamilton, Alexander. *The Papers of Alexander Hamilton*. Edited by Harold C. Syrett et al. 26 vols. New York: Columbia University Press, 1961–1979.

Hans, N. A. *New Trends in Education in the Eigh teenth Century*. London: Routledge & Keegan Paul, 1951.

Harkness, Deborah. "Accounting for Science: How a Merchant Kept His Books in Elizabethan London." In *Self-Perception and Early Modern Capitalists*, edited by Margaret Jacob and Catherine Secretan, 205–228. London: Palgrave Macmillan, 2008.

Fielding, Henry. *Shamela*. Edited by Jack Lynch. http://andromeda.rutgers.edu/~jlynch/Texts/shamela.html.

Financial Accounting Standards Board and the International Accounting Standards Board. *The Norwalk Agreement*. Norwalk, CT, 2002. www.fasb.org/news/memorandum.pdf.

Finley, Moses I. *The Ancient Economy*. Berkeley: University of California Press, 1973.

Franklin, Benjamin. *The Autobiography and Other Writings on Politics, Economics and Virtue*. Edited by Alan Houston. Cambridge: Cambridge University Press, 2004.

——. *Directions to the Deputy Post-Masters, for Keeping Their Accounts*. Broadside, Philadelphia, 1753. Pennsylvania Historical Society, Ab [1775].

——. *Instructions Given by Benjamin Franklin, and William Hunter, Esquires, His Majesty's Deputy Post-Masters General of All his Dominions on the Continent of North America*. University of Pennsylvania Library, 1753.

——. *The Ledger of Doctor Benjamin Franklin, Postmaster General, 1776. A Facsimile of the Original Manuscript Now on File on the Records of the Post Office Department of the United States*. Washington, DC, 1865.

——. *Papers of Franklin*. Edited by Leonard W. Lebaree and Whitfield Bell Jr. 40 vols. New Haven, CT: Yale University Press, 1960.

——. *The Writings of Benjamin Franklin*. Edited by Albert Henry Smyth. 10 vols. New York: Macmillan, 1907.

Franklin, Benjamin, and George Simpson Eddy. "Account Book of Benjamin Franklin Kept by Him During His First Mission to England as Provincial Agent 1757–1762." *Pennsylvania Magazine of History and Biography* 55, no. 2 (1931): 97–133.

Fritschy, Wantje. "The Efficiency of Taxation in Holland." In *The Political Economy of the Dutch Republic*, edited by Oscar Gelderblom. London: Ashgate, 2009.

——. " 'A Financial Revolution' Reconsidered: Public Finance in Holland During the Dutch Revolt 1568–1648." *Economic History Review* 56, no. 1 (2003): 57–89.

——. "Three Centuries of Urban and Provincial Public Debt: Amsterdam and Holland." In *Urban Public Debts: Urban Government and the Market for*

las Práticas Contables Desarrolladas por la Tesoreria de la Casa de la Contratacion de la Indias en Sevilla, 1503–1717. Seville: Universidad de Sevilla, 1996.

Durham, John W. "The Introduction of 'Arabic' Numerals in European Accounting." Accounting Historians Journal 19, no. 2 (1992): 25–55.

The Economist. "An Aberrant Abacus: Coming to Terms with China's Untrustworthy Numbers," May 1, 2008.

——. "Government Accounting Book-Cooking Guide: The Public Sector Has Too Much Freedom to Dress Up the Accounts," April 7, 2012.

Edelstein, Dan. The Terror of Natural Right: Republicanism, the State of Nature and the French Revolution. Chicago: University of Chicago Press, 2009.

Edwards, John Richard. "Teaching 'Merchants Accompts' in Britain During the Early Modern Period." *Cardiff Business School Working Paper Series in Accounting and Finance* A2009/2 (2009): 1–38.

Edwards, John Richard, and Stephen P. Walker, eds. *The Routledge Companion to Accounting History*. London: Routledge, 2009.

Egret, Jean. *Necker, ministre de Louis XVI 1776–1790*. Paris: Honore Champion, 1975.

——. *Parlement de Dauphiné et les aff aires publiques dans la deuxième moitié du XVIIIe siècle*. 2 vols. Paris: B. Arthuad, 1942.

Erasmus, Desiderius. *The Education of a Christian Prince*. Edited and translated by Lisa Jardine. Cambridge: Cambridge University Press, 1997.

Evans, Oliver. "Steamboats and Steam Wagons." *Hazard's Register of Pennsylvania* 16 (July–January 1836): 12.

*The Federalist (The Gideon Edition)*. Edited by George W. Carey and James McClellan. Indianapolis, IN: Liberty Fund, 2001.

Félix, Joël. *Finances et politiques au siècle des Lumières. Le ministère L'Averdy, 1763–1768*. Paris: Comité pour l'Histoire Économique et Financière de la France, 1999.

Ficino, Marsilio. *Epistle to Giovanni Rucellai*. In *The Renewal of Pagan Antiquity: Contributions to the Cultural History of the European Renaissance*, edited by Aby Warburg and translated by David Britt, 222–264. Los Angeles: Getty Research Institute, 1999.

De Vries, Jan. "The Economic Crisis of the Seventeenth Century After Fifty Years." *Journal of Interdisciplinary History* 40, no. 2 (2009): 151–194.

——. "The Industrial Revolution and the Industrious Revolution." *Journal of Economic History* 54, no. 2 (1994): 249–270.

De Vries, Jan, and Ad van der Woude. *The First Modern Economy: Success, Failure, and Perseverance of the Dutch Economy, 1500–1815*. Cambridge: Cambridge University Press, 1997.

De Witt, Jan. *Elementa curvarum linearum liber primus*. Translated and edited by Albert W. Grootendorst and Miente Bakker. New York: Springer Verlag, 2000.

De Witt, Johan. *Treatise on Life Annuities*. 1671. www.stat.ucla.edu/history / dewitt.pdf.

Dickens, Charles. *A Christmas Carol*. Clayton, DE: Prestwick House, 2010.

——. Little Dorrit. Edited by Peter Preston. Ware, UK: Wordsworth Editions,1996.

Dickinson, Arthur Lowes. Accounting Practice and Procedure. New York: Ronald Press, 1918.

Dickson, Peter G. M. The Financial Revolution in England: A Study in the Development of Public Credit 1688–1756. London: Macmillan, 1967.

Dictionary of National Biography. Edited by Sydney Lee. Vol. 50. London: Smith, Elder, 1897.

Dobija, Dorota. Early Evolution of Corporate Control and Auditing: The British East India Company (1600–1643 CE). July 16, 2011. http://ssrn.com/abstract=1886945 .

Dolan, Brian. Josiah Wedgwood: Entrepreneur to the Enlightenment. London: Harper Perennial, 2005.

Donoso Anes, Rafael. "Accounting for the Estates of Deceased Travellers: An Example of Early Spanish Double-Entry Bookkeeping." Accounting History 7, no. 1 (2002): 80–99.

——. "The Casa de la Contratación de Indias and the Application of the Double Entry Bookkeeping to the Sale of Precious Metals in Spain 1557–83." Accounting, Business and Financial History 4, no. 1 (1994): 83–98.

——. Una Contribución a la Historia de la Contabilidad. Análisis de

De Roover, Raymond. "Aux origins d'une technique intellectuelle. La formation et l'expansion de la comptabilité à partie double." *Annales d'histoire économique et sociale* 9, no. 45 (1937): 270–298.

——. "The Development of Accounting Prior to Luca Pacioli." In *Business, Banking and Economic Thought in Late Medieval and Early Modern Europe: Selected Studies of Raymond de Roover*, edited by Julius Kirschner, 119–180. Chicago: University of Chicago Press, 1974.

——. "The Development of Accounting Prior to Luca Pacioli According to the Account-Books of Medieval Merchants." In *Studies in the History of Accounting*, edited by A. C. Littleton and B. S. Yamey, 114–174. London: Richard D. Irwin, 1956.

——. *Money, Banking and Credit in Medieval Bruges*. Cambridge, MA: The Medieval Academy of America, 1948.

——. *The Rise and Decline of the Medici Bank 1397–1494*. Cambridge, MA: Harvard University Press, 1963.

Desan, Philippe. *L'imaginaire économiqe de la Renaissance*. Paris: Presses Université de Paris-Sorbonne, 2002.

De Solórzano, Bartolomé Salvador. *Libro de Caxa y Manual de cuentas de Mercaderes, y otras personas, con la declaracion dellos*. Madrid: Pedro Madrigal, 1590.

Desrosières, Alain. *The Politics of Large Numbers: A History of Statistical Reasoning*. Translated by Camille Nash. Cambridge, MA: Harvard University Press, 1998.

Dessert, Daniel. *Argent, pouvoir, et société au Grand Siècle*. Paris: Fayard, 1984.

——. *Colbert ou le serpent venimeux*. Paris: Éditions Complexe, 2000.

Dessert, Daniel, and Jean- Louis Journet. "Le lobby Colbert." *Annales* 30, no. 6 (1975): 1303–1329.

De Vergennes, Vicomte, Charles Alexandre. "Lettre de M. le marquis de Caraccioli à M. d'Alembert." In *Collection complette de tous les ouvrages pour et contre M. Necker, avec des notes critiques, politiques et secretes*. Vol. 3, 42– 64. Utrecht, 1782.

Devreese, J. T., and G. Vanden Berghe, *"Magic Is No Magic," Th e Wonderful World of Simon Stevin*. Boston: WIT Press, 2008.

De Créquy, Marquise, Renée-Caroline. *Souvenirs de 1710 à 1803*. 10 vols. Paris: Garnier Frères, 1873.

De Diego, José Luis Rodriguez, ed. *Instruccion para el gobierno del archivo de Simancas (año 1588)*. Madrid: Direccion General de Bellas Artes y Archivos, 1989.

——. "La formacion del Archivo de Simancas en el siglo xvi. Función y orden interno." In *El libro antiguo español IV*, edited by Maria Luisa López Vidriero and Pedro M. Cátedra. Salamanca: Ediciones Universidad de Salamanca, 1998.

De Diego, José Luis Rodriguez, and Francisco Javier Alvarez Pinedo. *Los Archivos de Simancas*. Madrid: Lunwerg Editores, 1993.

Defoe, Daniel. *The Complete English Tradesman*. Edinburgh, 1839.

——. *The Life and Strange Surprizing Adventures of Robinson Crusoe*. London: Taylor, 1719.

De Jongh, J. Matthijs. "Shareholder Activism at the Dutch East India Company in 1622: *Redde Rationem Villicationis Tuae! Give an Account of Your Stewardship!*" Paper presented at the Conference on the Origins and History of Shareholder Advocacy, Yale School of Management, Millstein Center for Corporate Governance and Performance, November 6 and 7, 2009.

De la Court, Pieter, and Jan de Witt. *The True Interest and Political Maxims of the Republic of Holland*. London: John Campbell, 1746.

Della Mirandola, Giovanni Pico. *On The Dignity of Man*. Translated by Charles Glenn Wallis, Paul J. W. Miller, and Douglas Carmichael. Indianapolis: Hackett, 1998.

Delumeau, Jean. *Sin and Fear: The Emergence of a Western Guilt Culture 13th–18th Centuries*. Translated by Eric Nicholson. New York: St. Martin's Press, 1990.

Deringer, William Peter. "Calculated Values: The Politics and Epistemology of Economic Numbers in Britain, 1688–1738." PhD diss., Princeton University, 2012.

De Roover, Florence Edler. "Francesco Sassetti and the Downfall of the Medici Banking House." *Bulletin of the Business Historical Society* 17, no. 4 (1943): 65–80.

Cosnac, Gabriel-Jules, comte de. *Mazarin et Colbert*. 2 vols. Paris: Plon, 1892.

Coxe, William. *Memoires of the Life and Administration of Sir Robert Walpole*. 4 vols. London: Longman, Hurst, Reese, Orme and Brown, 1816.

Dainville, Francois de. *L'éducation des jésuites XVI–XVIII siècles*. Edited by Marie-Madeleine Compère. Paris: Editions de Minuit, 1978.

Dale, Richard. *The First Crash: Lessons from the South Sea Bubble*. Princeton, NJ: Princeton University Press, 2004.

Dante. *The Divine Comedy*. Translated by Allen Mandelbaum. 3 vols. Berkeley: University of California Press, 1981.

——. *The Inferno*. Translated by Robert Pinsky. New York: Farrar, Straus and Giroux, 1995.

Darnton, Robert. "The Memoirs of Lenoir, Lieutenant of Police of Paris, 1774–1785." *English Historical Review* 85, no. 336 (1970): 532–559.

——. "Trends in Radical Propaganda on the Eve of the French Revolution (1782–1788)." DPhil diss., Oxford University, 1964.

Darwin, Charles. *The Descent of Man, and Selection in Relation to Sex*. Vol. 1. London: John Murray, 1871.

——. *On the Origin of the Species*. London, 1859.

Darwin, Francis, ed. *The Life and Letters of Charles Darwin*. Vol. 3. London, 1887.

Davenant, Charles. *Discourses on the Publick Revenues*. 2 vols. London: James Knapton, 1698.

Davids, Karel. "The Bookkeepers Tale: Learning Merchant Skills in the Northern Netherlands in the Sixteenth Century." In *Education and Learning in the Netherlands 1400–1600. Essays in Honour of Hilde de Ridder-Symeons*, edited by Koen Goodriaan, Jaap van Moolenbroek, and Ad Tervoort, 235–251. Leiden: Brill, 2004.

De Calonne, Vicomte, Charles Alexandre. *Réponse de M. de Calonne à l'Écrit de M. Necker; contenant l'Examen des comptes de la situation des Finances Rendus en 1774, 1776, 1781, 1783 & 1787 avec des Observations sur les Résultats de l'Assemblée desNotables*. London: T. Spilsbury, 1788.

*Declaration du Roy concernant la tenue des Registres Journaux*. Versailles: October 4, 1723.

De Cosnac, Comte, Gabriel- Jules. *Mazarin et Colbert*. 2 vols. Paris: Plon, 1892.

November 12, 1999. www.presidency.ucsb.edu/ws/?pid=56922 .
Cohen, Patricia Cline. *A Calculating People: The Spread of Numeracy in Early America*. Chicago: University of Chicago Press, 1982.
Cohn, Ellen R. "The Printer at Passy." In *Benjamin Franklin in Search of a Better World*, edited by Page Talbott, 236–259. New Haven, CT: Yale University Press, 2005.
Colbert, Jean-Baptiste. *Abrégé des finances 1665*. Bnf. Ms. Fr. 6771, fols. 4 verso–7recto.
——. *Abregé des finances 1671*. Bnf. Ms. Fr. 6777, final "table."
——. *Lettres, instructions et mémoires*. Edited by Pierre Clement. 7 vols. Paris: Imprimerie Impériale, 1865.
——. *Receuil de Finances de Colbert*. Bnf. Ms. Fr. 7753.
*Colbert 1619–1683*. Paris: Ministère de la Culture, 1983.
Colinson, Robert. *Idea rationaria, or the Perfect Accomptant*. Edinburgh: David Lindsay, 1683.
Collection complette de tous les ouvrages pour et contre M. Necker, avec des notes critiques, *politiques et secretes*. 3 vols. Utrecht, 1782.
Colonna, Francesco. *Hypnerotomachia Poliphili*. Venice: Aldus Manutius, 1499.
*Compte rendu par le Ministre de la Marine à l'Assemblee Nationale 31 Oct. 1791*. Paris: Imprimerie Nationale, 1791. University of Pennsylvania, Special Collections Library, Maclure 974:19.
Cone, Carl B. "Richard Price and Pitt's Sinking Fund of 1786." *Economic History Review* 4, no. 2 (1951): 243–251.
Conrad, Joseph. *Heart of Darkness*. Edited by Ross C. Murfin. Boston: Bedford/St. Martin's, 1989.
*Convention Nationale: Projet d'organisation du Bureau de Comptabilité*. Paris: Par Ordre de la Convention Nationale, 1792. University of Pennsylvania, Special Collections Library, Maclure 1156:1.
Cook, Harold John. *Matters of Exchange: Commerce, Medicine, and Science in the Dutch Golden Age*. New Haven, CT: Yale University Press, 2007.
Coombs, Hugh, John Edwards, and Hugh Greener, eds. *Double-Entry Bookkeeping in British Central Government, 1822–1856*. London: Routledge, 1997.

Carande, Ramon. *Carlos V y sus banqueros. Los caminos del oro y de la plata (Deuda exterior y tesoros ultramarinos)*. Madrid: Sociedad de Estudios y Publicaciones, 1967.

Carmona, Salvador, and Mahmous Ezzamel. "Ancient Accounting." In *The Routledge Companion to Accounting History*, edited by John Richard Edwards and Stephen P. Walker. Oxford: Routledge, 2009.

Carruthers, Bruce G., and Wendy Nelson Espeland. "Accounting for Rationality: Double-Entry Bookkeeping and the Rhetoric of Economic Rationality." *American Journal of Sociology* 97, no. 1 (1991): 30–67.

Carswell, John. *The South Sea Bubble*. Stanford, CA: Stanford University Press, 1960.

Carter, F. E. L., and D. E. Greenway. *Dialogus de Scaccario (the Course of the Exchequer), and Constitutio Domus Regis (The Establishment of the Royal Household)*. London: Charles Johnson, 1950.

Castiglione, Baldesar. *The Book of the Courtier*. Translated and edited by George Bull. London: Penguin Books, 1976.

Cervantes Saavedra, Miguel de. *The History of don Quixote de la Mancha*. London: James Burns, 1847.

Chandler, Alfred D. *The Visible Hand: The Managerial Revolution in American Business*. Cambridge, MA: Harvard University Press, 1977.

Chatfield, Michael. *A History of Accounting Thought*. Hisdale, IL: Dryden Press, 1974.

Chen, Rosita S., and Sheng-Der Pan. "Frederick Winslow Taylor's Contributions to Cost Accounting." *The Accounting Historians Journal* 7, no. 2 (1980): 1–22.

Chernow, Ron. *Alexander Hamilton*. New York: Penguin Books, 2004.

Chéruel, Pierre-Adolphe, ed. *Mémoires sur la vie publique et privée de Fouquet, Surintendant des finances. D'après ses lettres et des pièces inédites conservées à la Bibliothèque Impériale*. 2 vols. Paris: Charpentier Éditeur, 1862.

Cicero. *The Orations of Marcus Tullius Cicero (Philippics)*. Translated by C. D. Yonge. London: Henry J. Bohn, 1852.

Clanchy, M. T. *From Memory to Written Record: England 1066–1307*. London: Blackwell, 1979.

Clinton, William Jefferson. *Statement on Signing the Gramm-Leach-Bliley Act*.

Brown, Richard. *A History of Accounting and Accountants*. Edinburgh: T. C. & E. C. Jack, 1905.

Browne, Janet. "The Natural Economy of House holds: Charles Darwin's Account Books." In *Aurora Torealis: Studies in the History of Science and Ideas in the Honor Tore Frangsmyr*, edited by Marco Beretta, Karl Grandin, and Svante Lindqvist, 87–110. Sagamore Beach, MA: Watson, 2008.

Bumiller, Elizabeth. "Bush Signs Bill Aimed at Fraud in Corporations." *New York Times*, July 31, 2002.

Burke, Edmund. *Reflections on the French Revolution*. In *Readings in Western Civilization: The Old Regime and the French Revolution*, edited by Keith Michael Baker. Chicago: University of Chicago Press, 1987.

Burke, Peter. *The Fortunes of the Courtier: The European Reception of Castiglione's Cortegiano*. Cambridge: Polity Press, 1995.

——. *A Social History of Knowledge from Gutenberg to Diderot*. Cambridge: Polity Press, 2000.

Burnand, Leonard. *Les Pamphlets contre Necker. Médias et imginaire politique au XVIIIe siècle*. Paris: Éditions Classiques Garnier, 2009.

Burté, Antoine. *Pour L'Assemblée Nationale. Observations rapides sur les conditions d'eligibilité des Commissaires de la Comptabilité*. Paris: Imprimérie Nationale, 1792.

——. "Rapid Observations on the Conditions of Eligibility of the Commissars of Accountability." 1792. University of Pennsylvania, Special Collections Library, Maclure 735:5.

Bywater, M. F., and B. S. Yamey. *Historic Accounting Literature: A Companion Guide*. London: Scholar Press, 1982.

Calabria, Antonio. *The Cost of Empire: The Finances of the Kingdom of Naples in the Time of the Spanish Rule*. Cambridge: Cambridge University Press, 1991.

Camfferman, Kees, and Stephen A. Zeff . *Financial Reporting and Global Capital Markets: A History of the International Accounting Standards Committee 1973–2000*. Oxford: Oxford University Press, 2006.

Cantor, Richard, and Frank Packer. "Sovereign Credit Ratings." *Current Issues in Economics and Finance of the Federal Reserve Board of New York* 1, no. 3 (1995): 37–54.

Black, Jeremy. *Robert Walpole and the Nature of Politics in Early Eighteenth Century England.* New York: St. Martin's Press, 1990.

Blinder, Alan J. "Financial Collapse: A Ten-Step Recovery Plan." *New York Times,* January 19, 2013.

Bocaccio, Giovanni. *The Decameron.* Translated by J. M. Rigg. London: A. H. Bullen, 1903.

Boeckh, Augustus. *The Public Economy of Athens.* London: John W. Parker, 1842.

Boislisle, Arthur André Gabriel Michel de, and Pierre de Brotonne, eds. *Correspondance des Contrôleurs Généraux des Finances.* 3 vols. Paris: Imprimérie Nationale, 1874.

Bondi, Yuri. "Schumpeter's Economic Theory and the Dynamic Accounting View of the Firm: Neglected Pages from the *Theory of Economic Development.*" *Economy and Society* 37, no. 4 (2008): 525–547.

Bonney, Richard. "Vindication of the Fronde? The Cost of Louis XIV's Versailles Building Programme." *French History* 21, no. 2 (2006): 205–225.

Boorstin, Daniel J. *The Americans: The Democratic Experience.* New York: Vintage Books, 1973.

Bosher, J. F. *French Finances 1770–1795: From Business to Bureaucracy.* Cambridge: Cambridge University Press, 1970.

Bowring, John. *Report of the Public Accounts of France to the Right Honorable the Lords Commissioners of His Majesty's Treasury.* London: House of Commons, 1831.

——. *Report on the Public Accounts of the Netherlands.* London: House of Commons, 1832.

Braudel, Fernand. *Civilisation materielle, économie et capitalisme XVe– XVIIIe siècle.* 2 vols. Paris: Armand Colin, 1979.

Brewer, John. *The Sinews of Power: War, Money and the English State 1688–1783.* New York: Alfred A. Knopf, 1989.

Brewster, Mike. *Unaccountable: How the Accounting Profession Forfeited a Public Trust.* Hoboken, NJ: John Wiley & Sons, 2003.

Brisco, Norris Arthur. *The Economic Policy of Robert Walpole.* New York: Columbia University Press, 1907.

*la République des lettres en France*. 36 vols. London: John Adamson, 1777–1787.

Bailly, M. A. *Histoire financière de la France depuis l'origine de la Monarchie jusqu'à la fin de 1786. Un tableau général des anciennes impositions et un état des recettes et desdépenses du trésor royal* à *la même époque*. 2 vols. Paris: Moutardier, 1830.

Bailyn, Bernard. *The New England Merchants in the Seventeenth Century*. New York: Harper Torchbook, 1964.

Baker, Keith Michael. "Politics and Social Science in Eighteenth-Century France: The 'Société de 1789.' " In *French Government and Society 1500–1850: Essays in Memory of Alfred Cobban*, edited by J. F. Bosher, 208–230. London: Athlone Press, 1973.

Balzac, Honoré de. *L'Interdiction*. Paris: Éditions Garnier Frères, 1964.

Barlaeus, Caspar. *Marie de Medicis entrant dans l'Amsterdam; ou Histoire de la reception faicte* à *la Reyne Mère du Roy très-Chrestien, par les Bourgmaistres et Bourgeoisie de la Ville d'Amsterdam*. Amsterdam: Jean & Corneille Blaeu, 1638.

Bautier, Robert-Henri. "Chancellerie et culture au moyen age." In vol. 1 of *Chartes, sceaux et chancelleries: Études de diplomatique et de sigillographie médiévales*, edited by Robert-Henri Bautier, 47–75. Paris: École des Chartes, 1990.

Baxter, Douglas Clark. *Servants of the Sword: French Intendants of the Army 1630–1670*. Urbana: University of Illinois Press, 1976.

Baxter, W. T. "Accounting in Colonial America." In *Studies in the History of Accounting*, edited by Charles Littleton and Basil S. Yamey, 272–287. New York: Arno Press, 1978.

Bentham, Jeremy. *An Introduction to the Principles of Morals and Legislation*. 1789.

Bentley, Richard. *Sermons Preached at Boyle's Lecture*. Edited by Alexander Dyce. London: Francis Macpherson, 1838.

Bergin, J. A. "Cardinal Mazarin and His Benefices." *French History* 1, no. 1 (1987): 3–26.

Binney, J. E. D. *British Public Finance and Administration 1774–92*. Oxford: Oxford University Press, 1958.

# 參考書目

Aho, J. A. *Confession and Bookkeeping: The Religious, Moral, and Rhetorical Roots of Modern Accounting*. Albany: State University of New York Press, 2005.

Alberti, Leon Battista. *The Family in Renaissance Florence*. Book 3. Translated by Renée Neu Watkins. Long Grove, IL: Waveland Press, 1994.

Alcott, Louisa May. *Little Women*. Boston: Roberts Brothers, 1868.

Allen, David Grayson, and Kathleen McDermott. *Accounting for Success: A History of Price Water house in America 1890–1990*. Cambridge, MA: Harvard Business School Press, 1993.

Antoine, Michel. *Le coeur de l'État*. Paris: Fayard, 2003.

Arcelli, Federico. *Il banchiere del Papa: Antonio della Casa, mercante e banchiere a Roma, 1438–1440*. Soveria Manelli, Italy: Rubbettino Editore, 2001.

Aristotle. *The Athenian Constitution*. Translated by P. J. Rhodes. London: Penguin Books, 1984.

——. *Nichomachean Ethics*. Translated by H. Rackham. Cambridge, MA: Loeb Classical Library, 1926.

Ashton, T. S. *Economic Fluctuations in England, 1700–1800*. Oxford: Oxford University Press, 1959.

Astbury, Raymond. "The Renewal of the Licensing Act in 1693 and Its Lapse in 1695." *The Library* 5, no. 4 (1978): 296–322.

Augeard, Jacques-Mathieu. *Letter from Monsieur Turgot to Monsieur Necker*. 1780.

——. *Mémoires Sécrets*. Paris: Plon, 1866.

Augustus. *Res gestae divi Augusti*. Translated by P. A. Brunt and J. M. Moore. Oxford: Oxford University Press, 1973.

*Authentic Copy of the New Constitution of France, Adopted by the National Convention, June 23, 1793*. London: J. Debrett, 1793.

Bachaumont, Louis-Petit de. *Mémoires secrets pour servir à l'histoire de*

大查帳——掌握帳簿就是掌握權力，會計制度與國家興衰的故事 / 雅各 ・ 索爾（Jacob Soll）著；陳儀譯 -- 初版 . -- 台北市：時報文化 ,2017.4；432 面； 21x14.8 公分
（INTO 叢書 ; 59）譯自：THE RECKONING: Financial Accountability and the Rise and Fall of Nations
ISBN 978-957-13-6955-6（平裝）
1. 會計史　2. 經濟史
495.09　　106003780

---



ISBN 978-957-13-6955-6
Printed in Taiwan.

INTO 叢書 59

**大查帳——掌握帳簿就是掌握權力，會計制度與國家興衰的故事**

THE RECKONING: Financial Accountability and the Rise and Fall of Nations

**作者**　雅各 ・ 索爾 Jacob Soll ｜ **譯者**　陳儀 ｜ **主編**　陳盈華 ｜ **編輯**　林貞嫻 ｜ **美術設計**　莊謹銘 ｜ **執行企劃**　黃筱涵 ｜ **董事長**　趙政岷 ｜ **出版者**　時報文化出版企業股份有限公司　108019 台北市和平西路三段 240 號 3 樓　**發行專線**—(02)2306-6842　**讀者服務專線**—0800-231-705・(02)2304-7103　**讀者服務傳真**—(02)2304-6858　**郵撥**—19344724 時報文化出版公司　**信箱**—10899 臺北華江橋郵局第九九信箱　**時報悅讀網**—http://www.readingtimes.com.tw ｜ **法律顧問**　理律法律事務所　陳長文律師、李念祖律師 ｜ **印刷**　勁達印刷有限公司 ｜ **初版一刷**　2017 年 4 月 28 日 ｜ **初版十七刷**　2024 年 7 月 17 日 ｜ **定價**　新台幣 480 元 ｜ 缺頁或破損的書，請寄回更換

時報文化出版公司成立於一九七五年，並於一九九九年股票上櫃公開發行，於二〇〇八年脫離中時集團非屬旺中，以「尊重智慧與創意的文化事業」為信念。